"十三五"职业教育国家规划教材

建筑设备
（第2版）

主　编　王　鹏　李松良　王　蕊
副主编　秦　忠　吕　艳　宋志雄
　　　　张淑静　郭小青　陈小荣

北京理工大学出版社
BEIJING INSTITUTE OF TECHNOLOGY PRESS

内 容 提 要

本书共分8章，主要介绍了建筑给水排水工程、建筑采暖系统、通风空调工程、电工基本知识、供配电系统、电气照明系统、建筑防雷接地系统与安全用电、智能建筑系统等内容，并穿插介绍了一些新规范、新设备和新工艺。此外，相关章节还增加了建筑设备施工图识读以及建筑设备与土建配合施工两部分内容。书中识图案例的选择难度适中，对于培养读者建筑设备施工图识读的基本能力具有点拨作用。

本书可作为高职高专院校建筑工程技术等相关专业的教学用书，也可供从事建筑施工、工程监理、工程管理等一线工作的工程技术人员参考使用。

版权专有　侵权必究

图书在版编目(CIP)数据

建筑设备/王鹏，李松良，王蕊主编.—2版.—北京：北京理工大学出版社，2019.4（2021.9重印）

ISBN 978-7-5682-5900-2

Ⅰ.①建… Ⅱ.①王… ②李… ③王… Ⅲ.①房屋建筑设备—高等学校—教材 Ⅳ.①TU8

中国版本图书馆CIP数据核字（2018）第160142号

出版发行 / 北京理工大学出版社有限责任公司

社　　址 / 北京市海淀区中关村南大街5号

邮　　编 / 100081

电　　话 /（010）68914775（总编室）

　　　　　（010）82562903（教材售后服务热线）

　　　　　（010）68944723（其他图书服务热线）

网　　址 / http://www.bitpress.com.cn

经　　销 / 全国各地新华书店

印　　刷 / 河北鑫彩博图印刷有限公司

开　　本 / 787毫米×1092毫米　1/16

印　　张 / 17.5

插　　页 / 8

字　　数 / 497千字

版　　次 / 2019年4月第2版　2021年9月第4次印刷

定　　价 / 55.00元

责任编辑 / 杜春英

文案编辑 / 杜春英

责任校对 / 周瑞红

责任印制 / 边心超

图书出现印装质量问题，请拨打售后服务热线，本社负责调换

Foreword

第2版前言

为了适应智慧建筑、建筑业信息化等行业快速发展的趋势，贴合新规范、新标准的出台与实施，我们在保持第1版教材优势特色的基础上，对本教材进行了修订，体现了行业的发展要求。

本次教材修订主要突出以下特色：

1. 教材修订以学生为本，符合人才培养目标，符合教学规律和认知规律。教材内容全面，结构合理，涵盖了建筑给水排水、暖通空调、建筑电气三大版块内容，且知识点前后衔接紧密，循序渐进，学生易于理解和接受。

2. 教材修订注重吸收行业发展的新知识、新技术、新工艺、新方法，对接职业标准和岗位要求，各章以实际工程为例，注重专业理论知识传授与识图核心能力的培养。

3. 运用二维码技术，拓展课外学习。通过移动端扫描各章节二维码，为学生提供了广阔的学习平台，拓展资源包含大量的工程图片、PPT、动画、视频、试题库等内容，实现课后的延伸阅读，极大地丰富了教学内容，扩大了教学范围。

4. 运用BIM技术，数字化、立体化展示工程项目。利用BIM相关软件开发的配套三维图纸，让学生从平面到空间，从静态到动态，更加直观进行学习和感知，可迅速提升教学效率、提高教学效果。

本书共8章，分为建筑给水排水、暖通空调以及建筑电气三部分，其中着重对建筑消防系统、建筑弱电等内容进行了修订与完善。本书涉及的知识面宽，编写力求简明，内容介绍深入浅出，注重实用性；将最新规范充分融入专业理论知识中去，强化设备施工图的识读，充分培养学生的施工图识读能力和专业施工中的协调配合能力；专业理论知识与工程实践相结合，符合技能型人才培养的要求。

本书由扬州市职业大学王鹏、李松良、王蕊担任主编，由江苏邗建集团有限公司秦忠，扬州市职业大学吕艳、宋志雄、张淑静，重庆市南川区建设工程质量监督站郭小青，北京电子科技职业学院陈小荣担任副主编。具体编写分工如下：第1章由王鹏、李松良、郭小青修订，第2章和第3章由王鹏、宋志雄、吕艳修订，第4章、第5章和第6章由王蕊、张淑静修订，第7章由王蕊、陈小荣修订，第8章由王蕊、秦忠修订，全书内容及配套电子资源由王鹏统稿。

本次修订过程中，参考和引用了大量的文献资料，部分高职高专院校的老师也提出了很多宝贵的意见供我们参考，在此表示衷心的感谢！

由于编写时间仓促，编者的经验和水平有限，书中难免有疏漏和不妥之处，恳请读者和专家批评指正。

编　者

第1版前言

本书共分8章，主要包括建筑给水排水工程、建筑采暖系统、通风空调工程、电工基本知识、供配电系统、电气照明系统、建筑防雷接地系统与安全用电、智能建筑系统等内容，涉及各种主要设备和技术方面的知识。

本书的编写以培养生产一线技能型人才为落脚点，在内容选取、章节编排和文字阐述上力求做到简明扼要、深入浅出，注重理论联系实际，重点突出建筑设备工程实用技术，并适当介绍了目前建筑设备工程的新技术、新工艺、新材料和新设备，以求扩大学生的知识面，为以后工作打下良好的基础。

本书可作为高等职业院校建筑工程技术、工程造价、工程监理、建筑装饰等专业的教学用书，也可作为从事建筑施工、工程监理、工程管理一线工程技术人员的参考用书。

本书由扬州市职业大学王鹏担任主编，李松良和王蕊担任副主编。北京电子科技职业学院陈小荣和江苏亲亲集团股份有限公司秦忠参与编写。编写分工如下：第1章由李松良编写，第2章和第3章由王鹏编写，第4章、第5章和第6章由王蕊编写，第7章由王蕊和陈小荣编写，第8章由王蕊和秦忠编写，全书最后由王鹏统稿。

本书在编写过程中得到了许多同志的大力支持，并提出了宝贵意见，杨迪为本书绘制了插图，在此一并向他们表示感谢。在编写过程中，编者参考和引用了大量的文献资料，在此谨向原书作者表示衷心的感谢。本书虽经反复讨论修改，但因编者学识有限，难免有疏漏和不妥之处，恳请读者批评指正。

编　者

目 录

第1章 建筑给水排水工程 ... 1
1.1 室外给水排水工程 ... 2
1.2 建筑给水系统 ... 4
- 1.2.1 建筑给水系统分类及组成 ... 4
- 1.2.2 给水压力与给水方式 ... 6
- 1.2.3 给水升压和贮水设备 ... 10
- 1.2.4 给水管材、管件及附件 ... 14
- 1.2.5 给水管道的布置和敷设 ... 18
- 1.2.6 高层建筑给水系统 ... 21

1.3 建筑热水系统 ... 23
- 1.3.1 热水系统分类及组成 ... 23
- 1.3.2 加热方式及供水方式 ... 25
- 1.3.3 热水管道的布置与敷设 ... 26
- 1.3.4 热水管道的保温 ... 26
- 1.3.5 高层建筑热水供应系统 ... 27

1.4 建筑消防系统 ... 27
- 1.4.1 消火栓给水灭火系统 ... 27
- 1.4.2 自动喷水灭火系统 ... 33
- 1.4.3 非水灭火剂灭火系统 ... 39
- 1.4.4 高层建筑消防系统 ... 39

1.5 建筑排水系统 ... 41
- 1.5.1 排水系统分类、组成和排水方式 ... 41
- 1.5.2 排水管材、附件和排水器具 ... 46
- 1.5.3 排水管道的布置与敷设 ... 49
- 1.5.4 高层建筑排水系统 ... 53
- 1.5.5 建筑雨水排水系统 ... 54

1.6 给水排水系统施工与土建配合 ... 57
- 1.6.1 主体施工过程中的配合 ... 57
- 1.6.2 给水排水管道安装过程中的配合 ... 58

1.7 给水排水施工图识读 ... 58
- 1.7.1 常用建筑给水排水图例 ... 59
- 1.7.2 建筑给水排水施工图内容及识读方法 ... 66
- 1.7.3 施工图实例 ... 67

自我测评 ... 81

第2章 建筑采暖系统 ... 85
2.1 采暖系统的组成与分类 ... 86
- 2.1.1 采暖系统的组成与原理 ... 86
- 2.1.2 采暖系统的分类 ... 87

2.2 热水采暖系统 ... 88
- 2.2.1 自然循环热水采暖系统 ... 88
- 2.2.2 机械循环热水采暖系统 ... 89

2.3 蒸汽采暖系统 ... 94
- 2.3.1 蒸汽采暖系统的工作原理与分类 ... 94
- 2.3.2 高压蒸汽采暖系统 ... 95
- 2.3.3 蒸汽采暖系统和一般热水采暖系统的比较 ... 97

2.4 辐射采暖系统 ... 97

2.4.1 辐射采暖分类……97
  2.4.2 辐射采暖的热媒……97
  2.4.3 低温辐射采暖……98
  2.4.4 中温辐射采暖……102
  2.4.5 高温辐射采暖……102
 2.5 供暖系统施工与土建配合……103
  2.5.1 热水供暖系统的安装与土建配合……103
  2.5.2 低温热水地面辐射供暖的施工与土建配合……104
 2.6 采暖工程施工图识读……105
  2.6.1 采暖施工图一般规定……105
  2.6.2 室内供暖施工图的组成……106
  2.6.3 采暖施工图实例……109
 自我测评……114

第3章 通风空调工程……115
 3.1 通风系统的分类及原理……116
  3.1.1 通风的概念……116
  3.1.2 通风系统的分类……117
 3.2 建筑防火分区与防排烟……121
  3.2.1 火灾烟气危害及流动规律……121
  3.2.2 防火分区……121
  3.2.3 建筑防烟与排烟……123
 3.3 通风系统施工与土建配合……124
 3.4 空调制冷系统的组成及原理……125
  3.4.1 蒸汽压缩式制冷基本原理……125
  3.4.2 溴化锂吸收式制冷系统基本原理……127
 3.5 空调系统的分类及组成……129
  3.5.1 空调系统的分类……129
  3.5.2 空调系统的组成……132
  3.5.3 集中式空调系统……134
  3.5.4 半集中式空调系统……136
  3.5.5 分散式空调系统……141
 3.6 地源热泵系统……143
  3.6.1 地源热泵技术概述……143
  3.6.2 地源热泵系统分类……144
  3.6.3 地源热泵系统工作原理……144
 3.7 空气处理方式……145
  3.7.1 空气加热处理……145
  3.7.2 空气冷却处理……146
  3.7.3 空气加湿与减湿处理……146
  3.7.4 空气过滤处理……147
  3.7.5 消声处理……149
 3.8 空调系统施工与土建配合……149
 3.9 通风空调工程施工图识读……150
  3.9.1 通风工程施工图的主要内容和基本表示法……150
  3.9.2 通风空调施工图的基础知识……151
  3.9.3 通风工程图的基本图样……157
  3.9.4 通风空调系统图实例……157
 自我测评……163

第4章 电工基本知识……165
 4.1 直流电路……166
  4.1.1 电路的组成、作用及工作状态……166
  4.1.2 电阻的连接……167
 4.2 交流电路……168
  4.2.1 正弦交流电的基本概念……168
  4.2.2 三相交流电路……169
 4.3 变压器……172
  4.3.1 变压器的基本结构……172
  4.3.2 变压器的基本工作原理……173
  4.3.3 变压器的铭牌与额定值……173
  4.3.4 变压器的用途和分类……174
 4.4 异步电动机……175
  4.4.1 异步电动机的结构和工作原理……175

  4.4.2 异步电动机的铭牌……………177
 自我测评……………………………………179

第5章 供配电系统……………………181

 5.1 建筑变配电系统概述…………………182
  5.1.1 供配电系统概述………………182
  5.1.2 我国电网电压等级及低压线路的
     接线方式………………………183
  5.1.3 电力负荷的分级及负荷计算…185
 5.2 变配电所设备及导线电缆的
   选择………………………………………186
  5.2.1 变配电所主要设备……………186
  5.2.2 建筑配电线路的结构与敷设及
     导线电缆截面的选择…………191
 5.3 配管配线工程……………………………194
  5.3.1 室内配线材料…………………194
  5.3.2 室内配管材料…………………196
 5.4 建筑变配电系统施工图识读…………197
  5.4.1 室内电气施工图的组成………197
  5.4.2 电气施工图的标注方法及常用的
     图形、符号……………………201
 自我测评……………………………………203

第6章 电气照明系统……………………205

 6.1 电气照明的基本知识…………………206
  6.1.1 照明技术概述…………………206
  6.1.2 照明技术的有关概念…………206
  6.1.3 照明方式和种类………………208
 6.2 室内照明线路安装与调试……………209
  6.2.1 电源进线………………………210
  6.2.2 照明配电箱……………………210
  6.2.3 室内照明线路…………………211
  6.2.4 用户设备………………………212
 6.3 建筑电气照明施工图识读……………213

  6.3.1 常用建筑照明图例……………213
  6.3.2 灯具的标注……………………215
  6.3.3 建筑电气照明施工图的组成和
     内容……………………………215
  6.3.4 建筑电气照明施工图识读实例…216
 自我测评……………………………………224

第7章 建筑防雷接地系统与安全用电…226

 7.1 建筑防雷与过电压……………………227
  7.1.1 雷电与雷电过电压……………227
  7.1.2 建筑物防雷……………………229
  7.1.3 建筑物外部及建筑供配电系统
     防雷措施………………………232
  7.1.4 建筑物内部的防雷措施………233
 7.2 电气装置的接地…………………………235
  7.2.1 电气装置接地概述……………235
  7.2.2 接地装置的安装………………238
 7.3 电气安装工程与土建的配合…………241
  7.3.1 电气安装工程在施工前与土建的
     配合……………………………241
  7.3.2 电气安装工程在基础施工阶段与
     土建的配合……………………241
  7.3.3 电气安装工程在主体施工阶段与
     土建的配合……………………241
  7.3.4 电气安装工程在装修阶段与土建
     的配合…………………………242
  7.3.5 电气安装工程对土建的要求…242
 7.4 建筑电气施工图识读…………………243
  7.4.1 建筑电气施工图识读方法……243
  7.4.2 建筑电气施工图识读实例……243
 自我测评……………………………………249

第8章 智能建筑系统……………………251

 8.1 智能建筑系统概述……………………252

8.1.1 智能建筑定义……………252
8.1.2 建筑智能化系统工程………252
8.2 信息化应用系统……………254
  8.2.1 信息化应用系统的组成………254
  8.2.2 住宅小区物业智能卡应用系统图
       示例………………254
8.3 智能化集成系统……………255
  8.3.1 智能化信息集成(平台)系统的
       组成………………255
  8.3.2 智能化集成系统架构…………255
  8.3.3 智能化集成系统通信互联……256
  8.3.4 通信内容………………256
8.4 信息设施系统………………257
  8.4.1 信息接入系统…………257
  8.4.2 综合布线系统…………258
  8.4.3 用户电话交换系统……258

8.4.4 信息网络系统……………260
8.4.5 有线电视及卫星电视接收系统……262
8.4.6 公共广播系统……………263
8.4.7 会议系统…………………265
8.5 建筑设备管理系统……………265
  8.5.1 建筑设备监控系统…………266
  8.5.2 建筑能效监管系统…………266
8.6 公共安全系统…………………267
  8.6.1 火灾自动报警及消防联动
       控制系统……………267
  8.6.2 安全技术防范系统…………267
自我测评………………………269

附录……………………………271
参考文献………………………272

第1章　建筑给水排水工程

学习目标

熟悉建筑给水系统、建筑热水系统、建筑消防系统、建筑排水系统等系统的概念、分类和组成；掌握给水系统的给水方式和排水系统的排水方式；掌握高层建筑给水排水的方式；熟悉给水排水工程常用管材、配件和设备；了解给水排水管道、排水器具的安装方法；熟悉给水排水管道和排水管道的布置与敷设要求；能熟练识读建筑给水排水施工图。

内容概要

项　目	主要内容
室外给水排水工程	室外给水排水工程
建筑给水系统	建筑给水系统分类及组成
	给水压力与给水方式
	给水升压和贮水设备
	给水管材、管件及附件
	给水管道的布置和敷设
	高层建筑给水系统
建筑热水系统	热水系统分类及组成
	加热方式及供水方式
	热水管道的布置与敷设
	热水管道的保温
	高层建筑热水供应系统
建筑消防系统	消火栓给水灭火系统
	自动喷水灭火系统
	非水灭火剂灭火系统
	高层建筑消防系统
建筑排水系统	排水系统分类、组成和排水方式
	排水管材、附件和排水器具
	排水管道的布置与敷设
	高层建筑排水系统
	建筑雨水排水系统
给水排水系统施工与土建配合	主体施工过程中的配合
	给水排水管道安装过程中的配合

续表

项　　目	主要内容
给水排水施工图识读	常用建筑给水排水图例
	建筑给水排水施工图内容及识读方法
	施工图实例

本章导入

我国经济高速发展的同时造成了对环境的破坏，各个城市不同程度地存在着环境污染，其中水污染问题引起人们的重视。随着人们环保与节能意识的逐渐增强，在城市建筑设计中，建筑给水排水工程中的节水节能问题日益受到业内人士的重视，如何在建筑设计阶段达到节能设计标准要求与在建筑施工阶段严格按照节能设计要求操作显得尤为重要。特别对于新建建筑工程，设计人员及有关管理部门应在前期设计过程中做到统筹考虑、全面规划，在强调供水安全可靠性的同时，避免不必要的水电浪费；同时还要做好既有建筑给水系统的挖潜改造工作，降低资源消耗、减少污染，实现最大限度的节水节能，最终实现与自然的和谐统一。

本章中提到的建筑给水排水系统，有的采用传统建筑给水排水设计，有的采用建筑给水排水节能设计，而传统建筑给水排水设计已不能满足绿色建筑节能设计要求，将逐渐被节水节能系统取代。建筑给水排水系统节能设计主要是对建筑内各种水资源的有效利用，进行统筹规划，以达到低耗、节水、减排的效果，最终目标是让建筑给水排水设计达到绿色建筑节能设计要求。

1.1　室外给水排水工程

给水排水工程包括给水工程和排水工程两部分。给水工程可分为室外给水工程和室内给水工程；排水工程可分为室内排水工程和室外排水工程。室外给水工程又可分为市政给水工程和小区给水工程，室外排水工程又可分为市政排水工程和小区排水工程。图 1-1 所示为城市给水排水工程体系组成示意，图 1-2 所示为城市给水排水系统常用流程示意。

PPT 课件

配套资源

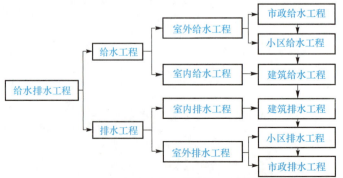

图 1-1　城市给水排水工程体系组成示意

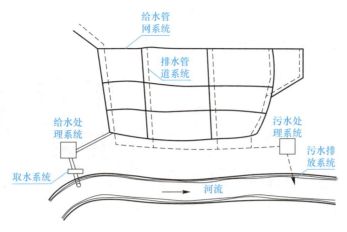

图 1-2 城市给水排水系统常用流程示意

室外给水工程，是指为满足城乡居民及工业生产等用水需要而建造的工程设施。它的任务是从水源取水，将其净化到所要求的水质标准后，经输配水管道输送，供用户使用。室外给水工程包括取水工程、净水工程、输水工程和配水工程。水源的水经取水工程、净水工程处理后，变为通常所称的自来水，再经输配水工程输送到位，以供各类建筑物的使用。而室内给水工程则是指按水量、水压供应不同类型建筑物用水的系统。根据建筑物内用水用途的不同，室内给水工程可分为生活给水系统、生产给水系统和消防给水系统。

室外排水工程，是指为收集各种污废水并及时将其输送至适当地点，再经妥善处理后排放至水体或再利用的工程设施。它包括室外排水管网、污水处理厂、排水泵站、排水口设置等。自来水在满足用户各类需要后变为污废水，而室内排水工程就是把建筑物内的污废水及屋面雨、雪水收集起来，有组织、及时畅通地排至污废水处理构筑物、室外排水管网或水体中，为人们提供良好的生活、生产、工作和学习环境，也为污水的综合利用提供便利条件。经过室外给水工程、室内给水工程、室内排水工程和室外排水工程，水在人们生活中被有效地循环使用。整个给水排水工程中水的流向如图1-3所示。

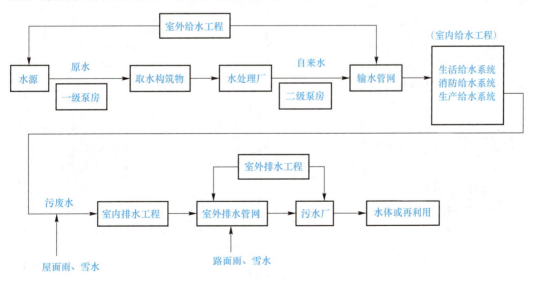

图 1-3 室内外给水排水工程水的流向示意

1.2 建筑给水系统

建筑给水系统是将市政给水管网(或自备水源)中的水引入一幢建筑或一个建筑群体,供人们生活、生产和消防之用,并满足各类用水对水质、水量和水压要求的冷水供应系统。

PPT 课件　　　　配套资源

1.2.1 建筑给水系统分类及组成

1. 建筑给水系统的分类

建筑给水系统按供水对象可分为生活、生产和消防三类基本的给水系统。

(1)生活给水系统。为满足民用建筑和工业建筑内的饮用、盥洗、洗涤、淋浴等日常生活用水需要所设置的给水系统,称为生活给水系统,其水质必须满足国家规定的生活饮用水水质标准。生活给水系统的主要特点是用水量不均匀、用水有规律性。

(2)生产给水系统。为满足工业企业生产过程用水需要所设置的给水系统,称为生产给水系统,如锅炉用水、原料产品的洗涤用水、生产设备的冷却用水、食品的加工用水、混凝土加工用水等。生产给水系统的水质、水压因生产工艺不同而异,应满足生产工艺的要求。生产给水系统的主要特点是用水量均匀、用水有规律性、水质要求差异大。

(3)消防给水系统。为满足建筑物扑灭火灾用水需要而设置的给水系统,称为消防给水系统。消防给水系统对水质的要求不高,但必须根据《建筑设计防火规范》(GB 50016—2014)要求,保证足够的水量和水压。消防给水系统的主要特点是对水质无特殊要求、短时间内用水量大、压力要求高。

生活、生产和消防这三种给水系统在实际工程中可以单独设置,也可以组成共用给水系统,如生活—生产共用的给水系统、生活—消防共用的给水系统、生活—生产—消防共用的给水系统等。采用何种系统,通常根据建筑物内生活、生产、消防等各项用水对水质、水量、水压、水温的要求及室外给水系统的情况,经技术、经济比较后确定。

2. 建筑给水系统的组成

建筑内部给水系统如图 1-4 所示,一般由以下各部分组成:引入管,水表节点,给水管道,配水装置和附件,增压、贮水设备,给水局部处理设施等。

(1)引入管。引入管又称进

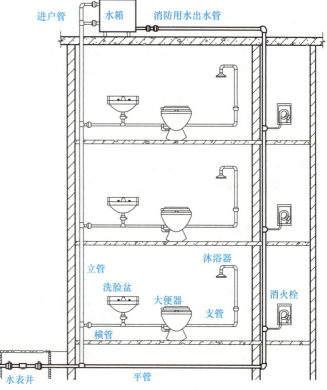

图 1-4　建筑内给水系统的组成

户管,是市政给水管网和建筑内部给水管网之间的连接管道,从市政给水管网引水至建筑内部给水管网,如图 1-5 所示。

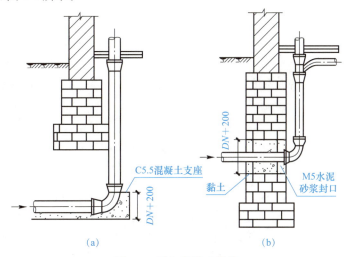

图 1-5　引入管进建筑物
(a)从浅基础下穿过；(b)从基础中穿过

根据建筑特点,引入管引入室内的位置有以下不同:
1)用水点分布不均匀,宜从建筑物用水量最大处和不允许断水处引入。
2)用水点分布均匀,从建筑的中间引入。
3)一般设 1 条引入管；当不允许断水或消火栓数大于 10 个时,从建筑不同侧引入 2 条,同侧引入时,间距大于 15 m。

(2)水表节点。水表节点是指引入管上装设的水表及其前后设置的阀门及泄水装置等的总称。水表用来计量建筑物的总用水量,阀门用于水表检修、更换时关闭管路,泄水阀用于系统检修时排空之用,止回阀用于防止水流倒流。水表节点如图 1-6 所示。

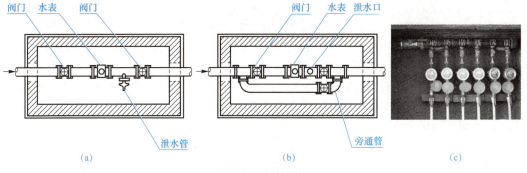

图 1-6　水表节点
(a)不带旁通管的水表节点；(b)带旁通管的水表节点；(c)水表井内

(3)给水管道。给水管道指建筑内给水水平干管、立管和支管。
(4)配水装置和附件。即配水龙头、各类阀门、消火栓、喷头等。
(5)增压、贮水设备。当室外给水管网的水压、水量不能满足建筑给水要求时,或要求供水压力稳定、确保供水安全可靠时,应根据需要在给水系统中设置水泵、气压给水设备和水池、水箱等增压、贮水设备。
(6)给水局部处理设施。当有些建筑对给水水质要求很高,超出《生活饮用水卫生标准》

(GB 5749—2006)的规定或其他原因造成水质不能满足要求时,就需设置一些设备、构筑物进行给水深度处理。

1.2.2 给水压力与给水方式

1. 给水压力

(1) 计算法。建筑内给水系统所需水压是将需要的水量输送到建筑物内最不利点的用水设备处,并保证有符合要求的流出水头。计算公式见式(1-1),所需水压如图1-7所示。

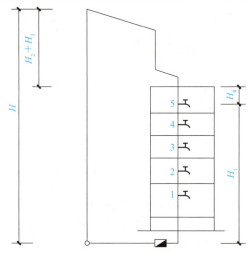

图1-7 建筑内给水系统所需水压图示

所需水压按下式计算:

$$H=H_1+H_2+H_3+H_4 \tag{1-1}$$

式中 H——建筑内给水系统所需压力,自室外引入管起点轴线算起(kPa);
H_1——最不利点(常为最高最远点)与室外引入管起点的标高差(净压差)(kPa);
H_2——计算管路的沿程和局部水头损失之和(kPa);
H_3——通过水表的水头损失(kPa);
H_4——最不利配水点所需最低工作压力(流出水头)(kPa)。

沿程水头损失主要是指水流通过管道时管壁对水的摩擦阻力造成的能量损失,局部水头损失主要是指水流通过阀门、管道转弯、管道变径处造成的能量损失。在进行单位换算时,需要注意以下换算关系:10 mH_2O=100 kPa=1个大气压。

(2) 经验估算法。在方案制作或初步设计阶段,初定生活给水系统的给水方式时,对层高不超过3.5 m的民用建筑,室内给水系统所需压力(自室外地面算起)可用经验法估算:1层为100 kPa;2层为120 kPa;3层及以上每增加1层,水压增加40 kPa,即采用式(1-2)计算:

$$H=120+40\times(n-2) \tag{1-2}$$

式中 n——楼层数,$n \geqslant 2$;
H——室内给水系统所需总水压(kPa)。

适用条件:层高≤3.5 m的民用建筑,其他层高需折算成3 m计算。

2. 给水方式

给水方式是指建筑内部(含小区)给水系统的具体组成与具体布置的给水实施方案。常见的室内给水方式有以下几种。

(1) 直接给水方式。这种方式的给水系统直接在室外管网压力下工作。室外给水管网的水量、水压在任何时间均能满足室内供水要求,无须另设升压设备,由室外管网直接接入室内,如图1-8所示。

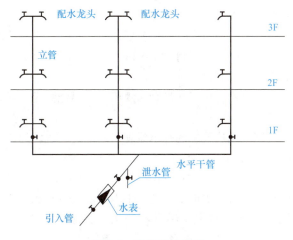

图1-8 直接给水方式

特点:构造简单、经济,维修方便,水质不易被二次污染;但系统内无储水装置,室外一旦停水,室内则无水。

适用范围:室外管网给水压力稳定,水量、水压在任何时候均能满足用水要求的场合。一般用于多层建筑物内。

(2) 单设水箱的给水方式。室外管网大部分时间能满足用水要求,仅在用水高峰时段内不能满足要求,并且建筑具备设置高位水箱的条件时,可采用此方式,如图1-9所示。

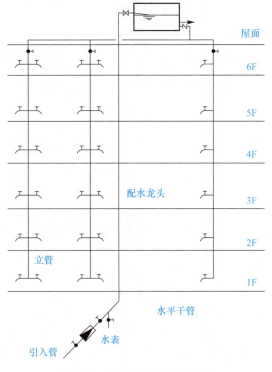

图1-9 单设水箱的给水方式

7

特点：系统简单，能充分利用室外管网压力供水，具有一定的储备水量，可减轻市政管网高峰负荷；但系统设置了高位水箱后，增加了建筑物的结构负荷。

适用范围：室外管网给水压力周期性不足，适用于一天内大部分时间能满足需要，仅在用水高峰期不能满足室内水压要求的建筑物。

(3) 单设水泵的给水方式。这种给水方式是直接从市政供水管网抽水，用水泵加压供水的方式，如图 1-10 所示。此法应征得供水部门的同意，以防外网负压。单设水泵的给水方式又可分为恒速泵供水和变频调速泵供水。

1) 恒速泵供水。恒速泵供水适用于室外管网水压经常不能满足要求，室内用水量大且均匀的建筑物，多用于生产给水。

2) 变频调速泵供水。变频调速技术的基本原理是根据电动机转速与工作电源输入频率成正比的关系，即 $n=60f(1-s)/p$，（式中 n、f、s、p 分别表示转速、输入频率、电动机转差率、电动机磁极对数），通过改变电动机工作频率达到改变电动机转速，从而改变供水流量的目的。因为能变负荷运行，可减少能量浪费，不需要设调节水箱，该给水方式应用越来越广泛。适用范围：适用于室外管网水压经常不能满足要求，室内用水量大且不均匀的建筑物。

(4) 设水泵、水箱的给水方式。室外管网水压经常不足，室内用水不均匀，且允许直接从室外管网抽水时，可采用此种给水方式，如图 1-11 所示。此种给水方式应用情况较少。

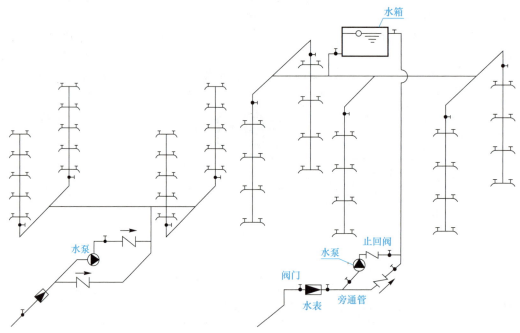

图 1-10　单设水泵的给水方式　　　图 1-11　设水泵、水箱的给水方式

(5) 设水泵、水箱、贮水池的给水方式。该给水方式是在建筑物的底部设贮水池，将室外给水管网的水引至水池内贮存，在建筑物的顶部设水箱，用水泵从贮水池中抽水送至水箱，再由水箱分别给各用水点供水的供水方式，如图 1-12 所示。

特点：具有供水安全、可靠的优点，但系统复杂，投资及运行管理费用高，维修安装不便。

适用范围：室外管网压力经常不足且室内用水又很不均匀，水箱充满水后，由水箱供水，一般用于高层建筑物。

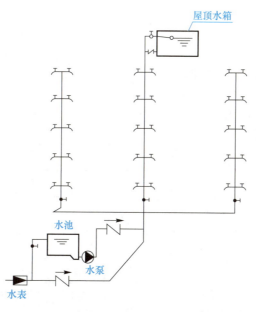

图 1-12 设水泵、水箱、贮水池的给水方式

(6) 气压给水方式。气压给水装置是利用密闭压力水罐内气体的可压缩性贮存、调节和升压送水的给水装置，如图 1-13 所示。

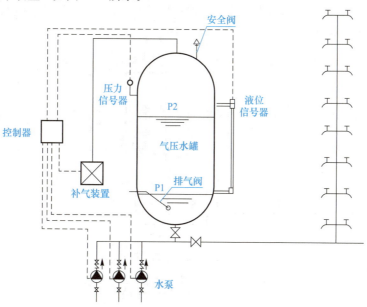

图 1-13 气压给水方式

特点：气压水罐的作用相当于高位水箱或水塔，水泵从贮水池吸水，经加压后送至给水系统和气压罐内，停泵时再由气压罐向室内给水系统供水，并由气压罐调节贮存水量及控制水泵的运行。

适用范围：室外管网压力低于或经常不能满足室内所需水压、室内用水不均匀，且不宜设置高位水箱或设置水箱确有困难的情况。

(7) **分区给水方式**。建筑物层数较多或高度较大时,室外管网的水压只能满足较低楼层的用水要求,而不能满足较高楼层用水要求,如图 1-14 所示。

特点:这种给水方式将建筑物分成上下两个供水区(若建筑物层数较多,可以分成两个以上的供水区域),下区直接在城市管网压力下工作,上区由水箱、水泵联合供水。

适用范围:多层、高层建筑中,室外给水管网提供的水压能满足建筑下层用水要求,此方式对低层设有洗衣房、澡堂、大型餐厅和厨房等大用水量的建筑物尤其有经济意义。

(8) **分质给水方式**。根据不同用途所需的不同水质,分别设置独立的给水系统。图 1-15 所示为饮用水和杂用水分质给水系统,一套系统是由市政提供的自来水为生活饮用水,输送到生活饮用水的用水点;另一套系统是将自来水在水处理装置中进行处理,成为杂用水水源,然后由杂用水管道输送到杂用水用水点。

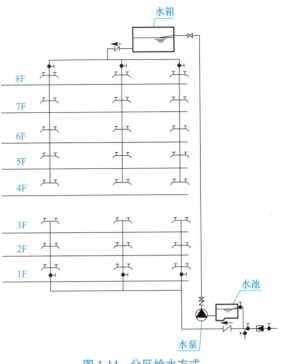

图 1-14 分区给水方式

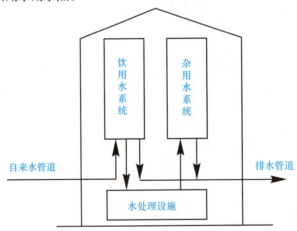

图 1-15 饮用水和杂用水分质给水系统

1.2.3 给水升压和贮水设备

1. 水泵

(1)离心式水泵的构造及工作原理。

1)**构造**。水泵是给水系统中的主要升压设备,在建筑给水系统中,一般采用离心式水泵,它具有结构简单、体积小、效率高且流量和扬程在一定范围内可以调整等优点。离心式水泵的构造包括转动部分(叶轮和泵轴)、固定部分(泵壳和泵座)和防漏密封部分(减漏环和轴封装置)三大部分,如图 1-16 所示。

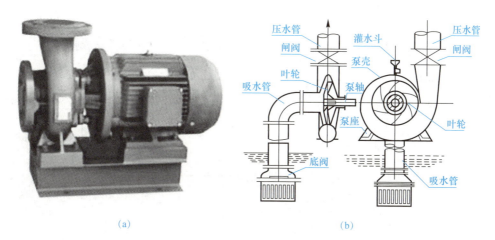

图 1-16 单级单吸式离心式水泵
(a)外观；(b)构造

2)工作原理。离心式水泵工作前，先将泵内充满液体，然后启动离心泵，叶轮快速转动，叶轮驱使液体转动，液体转动时依靠惯性向叶轮外缘流去，同时叶轮从吸入室吸进液体。

(2)离心式水泵的基本性能参数。

1)流量 Q：单位时间内所输送液体的体积，单位为 m^3/h 或 L/s。

2)扬程 H：水泵给予单位质量液体的总能量，单位为 mH_2O 或 Pa。

3)轴功率 N：水泵从电动机处获得的全部功率，单位为 kW。

4)效率 η：水泵的有效功率 N_u 与轴功率 N 之比。

5)转数 n：每分钟转动的圈数，单位为转数/分(r/min)。

6)允许吸上真空高度 H_s：水泵在标准状态下(水温 20 ℃，表面压力为 1 标准大气压)运转时，泵不发生汽蚀，其入口处允许的最低绝对压力(表示为真空度)，以液柱高度 mH_2O 表示，称为泵的允许吸上真空高度。

选择水泵应以节能为原则，使水泵在给水系统中大部分时间保持高效运行。在水泵房面积较小的条件下，可采用结构紧凑、安装方便的离心式立式水泵。

(3)水泵安装工艺流程。放线定位→基础施工→预留孔→埋地脚螺栓→水泵安装→二次灌浆→配管及附件安装→试运转。

(4)水泵安装技术要求。

1)每台水泵宜设置独立的吸水管。水泵宜设置自动开关装置，间歇抽水的水泵装置宜采用自灌式并在吸水管上设置阀门。当水泵中心线高出吸水井或贮水池水面时，均需设引水装置启动水泵。

2)每台水泵的出水管上应设阀门、止回阀和压力表，并应采取防水锤措施，如图 1-17 所示。

3)水泵基础应高出地面 0.1~0.3 m，吸水

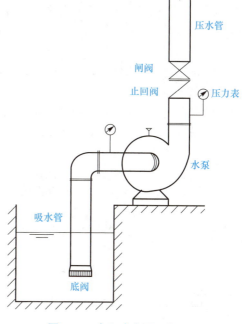

图 1-17 离心式水泵工作原理

管内的流速宜控制在 1.0～1.2 m/s，出水管流速宜控制在 1.5～2.0 m/s。

4) 对于噪声控制要求严格的建筑物，应有减振装置，通常在水泵下设减振装置，在水泵的吸水管和压水管上设隔振装置，如图 1-18 所示。

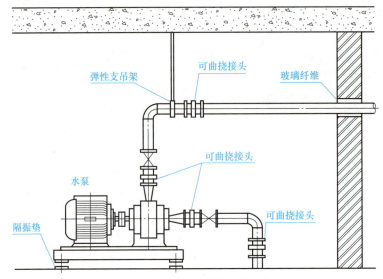

图 1-18　水泵隔振安装结构示意图

① 噪声源：选低噪声水泵。
② 基础——固体传振主要通道：橡胶隔振垫。
③ 管道——固体传振第二通道：吸水、压水管设可曲挠接头。
④ 支吊架——固体传振第三通道：弹性支吊架。
⑤ 在水泵房采取隔声、吸声措施，如双层门窗、墙面，顶棚设多孔吸声板。

5) 水泵机组一般设置在泵房内，泵房应远离需要安静、要求防振和防噪声的房间，有良好的通风、采光、防冻和排水的条件；水泵机组的布置应保证机组工作可靠，运行安全，装卸、维修和管理方便。

2. 贮水池

贮水池是建筑给水常用调节和贮存水的构筑物，采用砖石、钢筋混凝土、不锈钢等材料制作，形状多为矩形。贮水池宜布置在地下室或室外泵房附近，应有严格的防渗防冻措施；贮水池应保证内部贮水经常流动，不得出现滞流和死角，以防水质变坏；贮水池一般应分为两格，并能独立工作，分别泄空，以便清洗和维修；游泳池、戏水池、水景池等在能保证常年贮水不被放空的条件下，可兼作消防贮水池；生活、生产用水与消防用水合用贮水池时，应设有消防贮水平时不被动用的措施，如设置溢流墙或在非消防水泵吸水管上的消防水位处设置透气小孔等，如图 1-19 所示。

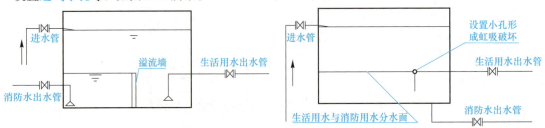

图 1-19　保证生活、生产用水水质与消防贮水平时不被动用的措施

3. 吸水井

不需要设置贮水池，又不允许直接从室外给水管网吸水时，可设置吸水井。吸水井布置在地下，可设在室外，也可设在室内，吸水井容积应不小于最大一台泵 3 min 的出水量。吸水管在井中布置的最小尺寸如图 1-20 所示。

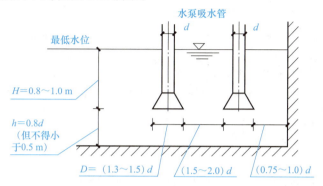

图 1-20　吸水管在井中布置的最小尺寸

4. 水箱

水箱形状多为矩形和圆形，制作材料有不锈钢、钢筋混凝土、玻璃钢和塑料等；水箱可分为高位水箱、减压水箱、冲洗水箱、断流水箱。

建筑内给水系统中广泛采用起保证水压、贮存调节水量作用的高位水箱。下面主要介绍矩形高位水箱的配管、附件及设置要求。

高位水箱的配管、附件及设置要求如图 1-21 所示。

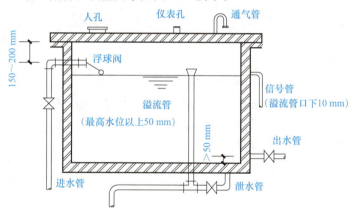

图 1-21　水箱配管和附件示意

(1) 进水管。进水管一般从侧壁接入，侧壁进水管中心距水箱顶应有 150～200 mm 的距离。当水箱由室外管网提供压力充水时，应在进水管上安装自动水位控制阀(如液压阀、浮球阀)，控制阀直径与进水管管径相同，并在进水端设检修用的阀门；利用水泵加压进水时，进水管不得设置自动水位控制阀，应设置水箱水位自动控制水泵开停的装置。

(2) 出水管。出水管可由水箱侧壁或底部接出，其出口应距水箱底部 50 mm 以上，以防沉淀物进入配水管网。水箱进水管、出水管宜分设在水箱两侧。为检修方便，出水管上应设阀门。若水箱进水管、出水管合用一根管道，则应在出水管上设单向阀。

(3) 溢流管。溢流管可从底部或侧壁接出，溢流管口应在水箱设计最高水位以上

50 mm 处，管径一般比进水管大一号。溢流管上不允许设置阀门，并应装设网罩。

（4）信号管。信号管可在溢流管管口下 10 mm 处设置，通至值班室的洗涤盆等处，它是反映水位控制失灵报警的装置。

（5）泄水管。泄水管从水箱底部接出，管上应设置阀门，可与溢流管相接后用同一水管排水，但不得与排水系统直接相连，其管径应≥50 mm。

（6）通气管。通气管供生活饮用水的水箱在储水量较大时，宜在箱盖上设通气管，以使水箱内空气流通，其管径一般≥50 mm，管口应朝下并应设网罩防虫。

水箱容积由生活、生产储水量以及消防储水量组成，生活、生产用水与消防用水合用的水箱，必须设有消防储水平时不被动用的措施，同时保证生活、生产用水的水质。

1.2.4 给水管材、管件及附件

1. 给水管材

室内给水常用管材有金属管材、塑料管材、复合管材等。

（1）金属管材。

1）铸铁管。铸铁管由生铁制成，属于黑色金属管，我国生产的铸铁给水管按其材质分为普通灰口铸铁管和球墨铸铁管。铸铁管的优点是：耐腐蚀性强、使用期长、价格低廉；缺点是：性脆、长度小、质量大，多用于给水管道埋地敷设。

铸铁管的连接通常采用承插连接和法兰连接两种方式，管段之间采用承插连接，需要拆卸和与设备、阀门之间的连接采用法兰连接。

2）钢管。钢管也属于黑色金属管，主要有焊接钢管和无缝钢管两种。

焊接钢管又称有缝钢管，分为镀锌钢管和不镀锌钢管。镀锌钢管极易锈蚀，使用时间不长就会出现自来水发黄、水流变小等问题，现在已基本不用。无缝钢管是用普通碳素钢、优质碳素钢或低合金钢用热轧或冷轧制造而成，其外观特征是纵、横向均无焊缝，常用于生产给水系统来满足各种工业用水要求。

钢管的连接可采用螺纹连接、焊接、法兰连接、卡压式连接、卡箍连接等。螺纹连接多用于明装管道，镀锌钢管必须用螺纹连接；焊接多用于暗装管道，焊接不能用于镀锌钢管；法兰连接一般用于较大管径的管道以及需要经常拆卸、检修的管段上。

3）铜管。铜管的优点是不仅光亮美观、豪华气派，而且化学性能稳定，将耐寒、耐热、耐压、耐腐蚀和耐火(铜的熔点高达 1 083 ℃)等特性集于一身，铜管可以承受极冷和极热的温度，适用范围为－196 ℃～250 ℃，可在不同的环境中长期使用。铜管的使用寿命可以与建筑物寿命一样长，甚至更长，例如北京协和医院 20 世纪 20 年代安装的铜水暖件历经 70 余年，至今依然性能良好。铜管也成为住宅商品房的自来水管道、供热制冷管道安装的首选，特别是在宾馆、酒店等较高级建筑中得到较多采用。

铜管可采用卡套式连接、焊接、螺纹连接、法兰连接、新型快速连接等。铜管接口处连接主要取决于施工的工艺水平，对施工质量要求较高。

（2）塑料管材。塑料给水管根据材料的不同，可分为聚乙烯管(PE 管)、硬聚氯乙烯管(UPVC 管)、工程塑料管(ABS 管)、改性聚丙烯管(PP-R 管)等。塑料管的共同特点是质轻、耐腐蚀、管内壁光滑、流体摩擦阻力小、使用寿命长，逐步成为建筑给水主要管材。

1）聚乙烯管(PE 管)。PE 是聚乙烯塑料最基础的一种塑料，PE 管是传统的钢铁管材、聚氯乙烯饮用水管的换代产品。PE 管可分为 HDPE 管(高密度聚乙烯管)、LDPE 管(低密度聚乙烯管)和 PEX 管(交联聚乙烯管)。聚乙烯的低温脆化温度极低，可在－60 ℃～60 ℃温

度范围内安全使用。PE 管耐腐蚀且韧性好，常用于室外埋地敷设的给水管道和燃气管道中。PE 管可采用电熔焊、对接焊、热熔连接等。

2)硬聚氯乙烯管(UPVC 管)。硬聚氯乙烯塑料管是以 PVC 树脂为主加入必要的添加剂进行混合、加热挤压而成的。UPVC 管材的优点是：抗腐蚀性强、易于黏合、质地坚硬、价格低廉；缺点是在高温下有添加剂渗出，只适用于输送温度不超过 45 ℃的给水系统中。UPVC 管宜采用胶粘剂粘接、弹性密封圈连接。

3)工程塑料管(ABS 管)。ABS 是由丙烯腈-丁二烯-苯乙烯三元共聚物粒料经注射、挤压成型的热塑性塑料管。ABS 管的优点是：ABS 管化学性能稳定，有良好的机械强度和较高的冲击韧性，在遭受突然袭击时仅发生韧性变形；且管质轻，质量仅为钢铁的1/7。ABS 管工作压力高，使用温度范围为－20 ℃～70 ℃，且低温下不脆化。ABS 管宜采用胶粘剂粘接。

4)改性聚丙烯管(PP-R 管)。PP-R 管正式名为无规共聚聚丙烯管，具有较好的抗冲击性能，是目前家装工程中采用较多的一种供水管道。PP-R 管无毒、卫生、可回收利用。其维卡软化温度为 131 ℃，最高使用温度为 95 ℃，长期使用温度为 70 ℃，属耐热、保温节能产品。PP-R 管宜采用热熔连接。

(3)复合管材。复合管包括钢塑复合管、铝塑复合管、铜塑复合管等。

1)钢塑复合管。钢塑复合管内外壁均为聚乙烯塑料，中间以钢材为骨架，兼有钢材强度高和塑料耐腐蚀的优点，是传统镀锌管的升级型产品。钢塑管适用温度为－30 ℃～100 ℃，与管件连接方式可采用螺纹连接、承插连接、法兰连接、沟槽连接、焊接等。

2)铝塑复合管。铝塑复合管内外壁均为聚乙烯塑料，中间以铝合金为骨架，长期使用温度为 95 ℃，最高使用温度为 110 ℃，且铝塑管热膨胀系数小。一般采用螺纹卡套压接，其配件一般是铜制品。广泛用于民用建筑室冷热水、空调水、采暖及室内煤气、天然气管道系统。

3)铜塑复合管。铜塑复合管是一种新型的给水管材，通过外层为热导率小的塑料，内层为稳定性极高的铜管复合而成，有配套的铜质管件，适用温度范围更广。铜塑管可采用卡套式连接、卡压式连接、热熔连接，主要用于星级宾馆的室内热水供应系统。

2. 给水管件

管件是指在管道系统中起连接、变径、转向、分支等作用的零件，又称管道管件或管道配件，主要有同径管箍、异径管箍、丝堵、弯头、三通、四通，如图 1-22 所示。各种不同管材有相应的管道配件。管道配件有带螺纹接头、带法兰接头和带承插接头等几种形式。

图 1-22 各种管道管件
(a)同径管箍；(b)异径管箍；(c)丝堵；(d)弯头；(e)三通；(f)四通

(1)同径管箍：连接两根等径的直管，又称"内丝"。
(2)异径管箍：俗称"大小头"，连接两根异径的直管。
(3)丝堵：又称"管塞"，用来堵塞管件的一端，或堵塞管道的预留口。
(4)弯头：包括 45°和 90°弯头，用来改变管道的方向。
(5)三通：包括等径三通和异径三通，用于管道的分支和汇合处。
(6)四通：包括等径四通和异径四通，用于管道的十字形分支处。

3. 给水附件及水表

给水附件是给水管网系统中调节水量和水压、控制水流方向、关断水流等各类装置的总称，可分为配水附件和控制附件两类。

(1)配水附件。配水附件主要用来调节和分配水流。建筑给水中常用的配水附件主要指各种水龙头。水龙头是"水嘴"的通俗称谓，是用来控制水流的大小开关，有节水的功效。图1-23所示为各式水龙头。

图1-23　各式水龙头
(a)抬启式；(b)扳手式；(c)延时关闭式；(d)感应式；(e)冷热沐浴式

(2)控制附件。控制附件用来调节水量和水压以及关断水流等，如闸阀、截止阀、蝶阀、止回阀、浮球阀、安全阀和减压阀等各种阀门(图1-24)。

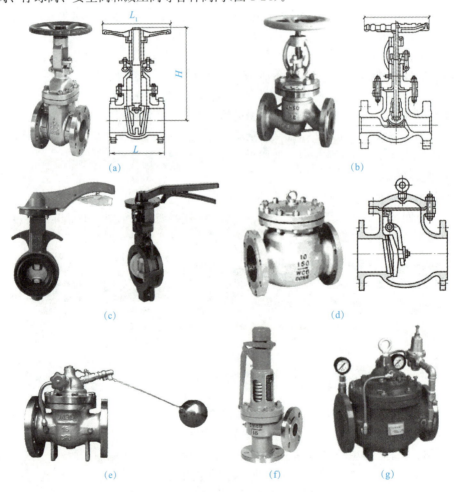

图1-24　各式阀门
(a)闸阀；(b)截止阀；(c)蝶阀；(d)止回阀；(e)浮球阀；(f)安全阀；(g)减压阀

1) 闸阀。闸阀关闭不严,水流直线通过,压力损失小,适用于管径大于或等于50 mm 的管段或双向流动的管段。

2) 截止阀。截止阀关闭严密,但水流阻力较大,适用于管径小于 50 mm 的管段或单向流动管段。

3) 蝶阀。蝶阀绕其自身中轴旋转改变管道轴线间的夹角来控制水流通过;具有结构简单、尺寸紧凑、启闭灵活、开启度指示清楚、水流阻力小等优点,适用于双向流动的管段。

4) 止回阀。室内常用的止回阀有升降式止回阀和旋启式止回阀,其阻力均较大,适用于单向流动的管段上。旋启式止回阀可水平安装或垂直安装,垂直安装时水流只能向上流,不宜用在压力大的管道中;升降式止回阀靠上下游压力差使阀盘自动启闭,宜用于小管径的水平管道上。此外,还有消声止回阀和梭式止回阀等类型。

5) 浮球阀(液位控制阀)。浮球阀是一种利用液位变化而自动启闭的阀门,一般设在水箱、水池和水塔的进水管上开启或切断水流。

6) 安全阀。安全阀是保证系统和设备安全的保安器材,有弹簧式和杠杆式两种。

7) 减压阀。通过减压阀的调节,将阀前较高的压力降低为阀后较低的需求压力。

(3) 水表。水表是用来计量建筑物或设备累计用水量的仪表。

1) 水表的种类。水表可分为流速式和容积式两种,建筑内部的给水系统广泛使用的是流速式水表。根据管径一定时,水流速度与流量成正比的原理来测量用水量。

流速式水表按叶轮构造不同,分为旋翼式和螺翼式两种,如图 1-25 所示。旋翼式水表的叶轮转轴与水流方向垂直,阻力较大,多为小口径水表,用以测量较小流量;螺翼式水表的叶轮转轴与水流方向平行,阻力较小,适用于测量大流量。

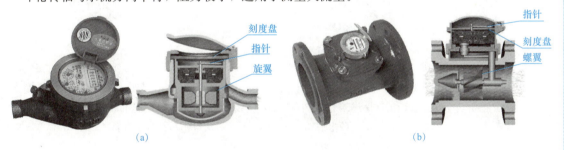

图 1-25 流速式水表
(a)旋翼式水表;(b)螺翼式水表

目前,随着科学技术的进步和供水体制的改革,电子水表、IC 卡水表、远程水表等新型水表也应运而生。

2) 水表的技术参数。

①流通能力:指水表中产生 10 kPa 水头损失时的流量值。

②特性流量:指水表中产生 100 kPa 水头损失时的流量值。

③最大流量:指只允许水表在短时间内超负荷使用的流量上限值。

④额定流量:指水表长期正常运转流量的上限值。

⑤最小流量:指水表开始准确指示的流量值,为水表使用的下限值。

3) 水表选择。一般情况下,公称直径≤50 mm 时应采用旋翼式水表,公称直径>50 mm 时应采用螺翼式水表;计量热水时,宜采用热水水表。按经验,新建住宅分户水表的公称直径一般可采用 15 mm;若住宅中装有自闭式大便器冲洗阀,为保证必要的冲洗强度,水表的公称直径不宜小于 20 mm。

1.2.5 给水管道的布置和敷设

1. 给水管道的布置

(1)布置原则：简短、经济、美观且便于维修，保证使用安全，保护管道不受破坏。

(2)布置形式。

1)按照水平干管的敷设位置，可以布置成上行下给式、下行上给式。

①上行下给式(图1-26)。水平配水干管敷设在顶层顶棚下或吊顶内，设有高位水箱的居住建筑、公共建筑及机械设备、地下管线较多的工业厂房，多采用这种方式。

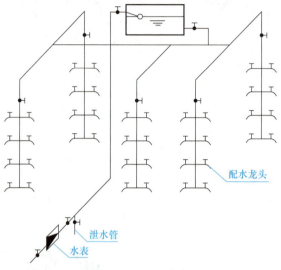

图1-26 上行下给式

②下行上给式(图1-27)。水平配水干管敷设在底层(明装、暗装或沟敷)或地下室顶棚下，居住建筑、公共建筑和工业建筑在用外网水压直接供水时，多采用这种方式。

2)按供水可靠程度可分为枝状(图1-26和图1-27)和环状(图1-28)两种形式。

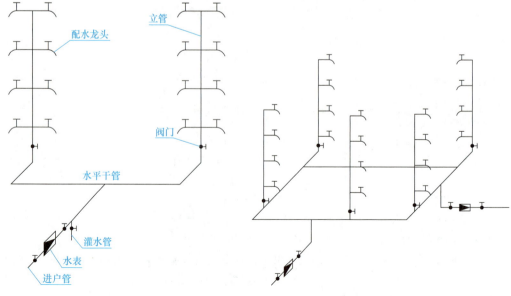

图1-27 下行上给式　　　　　图1-28 环状供水

①枝状单向供水，供水安全可靠性差，但节省管材、造价低。
②环状管道相互连通，双向供水，安全可靠，但管线长、造价高。
3)按管道是否隐蔽，可分为明装和暗装两种形式。
①明装，即管道外露安装，其优点是安装维修方便、造价低，但外露的管道影响美观，表面易结露、积尘，一般用于对卫生、美观没有特殊要求的建筑。
②暗装，即管道隐蔽安装，如敷设在管道井、技术层、管沟、沟槽、顶棚或夹壁墙中，直接埋地或埋在楼板的垫层里，其优点是管道不影响室内的美观、整洁，但施工复杂、维修困难、造价高，适用于对卫生、美观要求较高的建筑(如宾馆、高级公寓)和要求洁净、无尘的车间、试验室、无菌室等。

2. 给水管道的敷设

(1)敷设流程。安装准备→预留孔洞→预制加工→干管安装→立管安装→支管安装→管道试压→管道防腐和保温→管道消毒冲洗。

(2)敷设要求。

1)室内直埋给水金属管道(塑料管和复合管除外)应做防腐处理，埋地管道防腐层材质和结构应符合设计要求。埋地金属管道防腐的主要措施是涂装沥青涂层和包玻璃布，做法通常有正常防腐、加强防腐和特加强防腐。

2)管道穿过地下构筑物外墙、水池壁及屋面时，应采取防水措施，如可使用防水套管。防水套管有两种：一种是刚性防水套管，另一种是柔性防水套管。采取哪一种防水套管由设计选定，一般来说，刚性防水套管适用于有一般防水要求的构筑物，柔性防水套管适用于有严格防水要求的建筑物。

3)给水管道不宜穿过伸缩缝、沉降缝和防震缝，必须穿过时应采取的措施如下：

①螺纹弯头法：建筑物沉降可由螺纹弯头旋转补偿，适用于小管径管道，如图1-29(a)所示。

②软管接头法：用橡胶软管或金属波纹管连接沉降缝、伸缩缝两边管道，如图1-29(b)所示。

③活动支架法：沉降缝两侧的支架使管道能垂直位移而不能水平横向位移，以适应沉降伸缩的应力，如图1-29(c)所示。

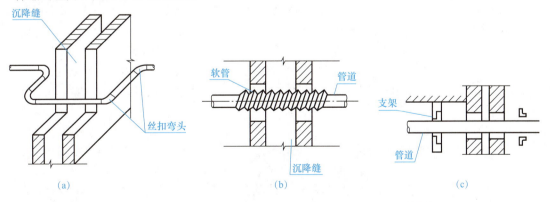

图1-29 给水管道穿过伸缩缝、沉降缝和防震缝时采取的措施
(a)螺纹弯头法；(b)软管接头法；(c)活动支架法

(3)管道支架的敷设要求。

1)冷热水供应及采暖系统的金属管道立管管卡安装应符合下列规定：楼层高度小于或等

于 5 m，每层必须安装 1 个；楼层高度大于 5 m，每层不得少于 2 个；管卡安装高度距地面应为 1.5～1.8 m，2 个以上管卡应匀称安装，同一房间管卡应安装在同一高度上；钢管水平安装的支吊架间距应符合表 1-1 的规定。

表 1-1　钢管管道支吊架的最大间距

公称直径/mm		15	20	25	32	40	50	70	80	100	125	150	200	250	300
支架最大间距/m	保温管	2	2.5	2.5	2.5	3	3	4	4	4.5	6	7	7	8	8.5
	不保温管	2.5	3	3.5	4	4.5	5	6	6	6.5	7	8	9.5	11	12

2）冷热水供应及采暖系统的铜管垂直或水平安装的支吊架的最大间距，应符合表 1-2 的规定。

表 1-2　铜管管道支吊架的最大间距

管径/mm			12	14	16	18	20	25	32	40	50	63	75	90	110
支架最大间距/m	立管		0.5	0.6	0.7	0.8	0.9	1.0	1.1	1.3	1.6	1.8	2.0	2.2	2.4
	水平管	冷水管	0.4	0.4	0.5	0.5	0.6	0.7	0.9	1.0	1.1	1.2	1.35	1.55	
		热水管	0.2	0.2	0.25	0.3	0.3	0.35	0.4	0.5	0.6	0.7	0.8		

3）冷热水供应及采暖系统的塑料管、复合管垂直或水平安装的支吊架的最大间距，应符合表 1-3 的规定。

表 1-3　塑料管、复合管管道支吊架的最大间距

公称直径/mm		15	20	25	32	40	50	65	80	100	125	150	200
支架最大间距/m	垂直管	1.8	2.4	3.0	3.0	3.0	3.0	3.5	3.5	3.5	3.5	4.0	4.0
	水平管	1.2	1.8	1.8	2.4	2.4	2.4	3.0	3.0	3.0	3.0	3.5	3.5

4）管道穿过墙壁和楼板，应设置金属或塑料套管。安装在墙壁内的套管，其两端与饰面相平，如图 1-30 所示；安装在楼板内的套管，其顶部应高出装饰地面 20 mm，穿楼板套管安装在厨房及卫生间内，其顶部应高出装饰地面 50 mm，底部与楼板底面相平，如图 1-31 所示。穿过楼板的套管与管道之间的缝隙，应用阻燃密实材料与防水油膏填实且端面光滑；穿过墙壁的套管与管道之间的缝隙，也应用阻燃密实材料与防水油膏填实且端面光滑，管道的接口不得接在管道内。

5）管道试压与消毒冲洗。

①室内给水管道的水压试验必须符合设计要求。当设计未注明时，各种材质的给水管道系统试验压力均为工作压力的 1.5 倍，但不得小于 0.6 MPa。

检验方法：金属及复合管给水系统在试验压力下观测 10 min，压力降不应大于 0.02 MPa，然后降到工作压力进行检查，应不渗、不漏；塑料管给水系统应在试验压力下稳压 1 h，压力降不得超过 0.05 MPa，然后在工作压力的 1.15 倍状态下稳压 2 h，压力降不得超过 0.03 MPa，同时检查各连接处不得渗漏。

②生活给水管道在交付使用前，必须进行冲洗和消毒，并经有关部门取样检验，符合国家相关标准后方可使用。

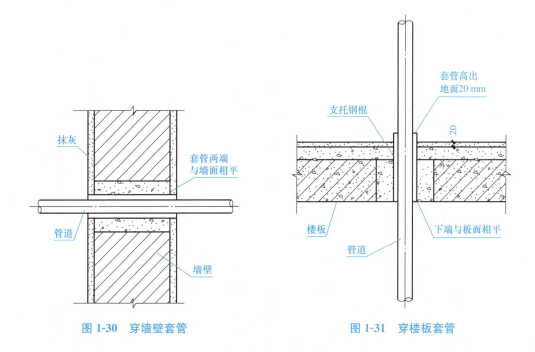

图 1-30　穿墙壁套管　　　　　　图 1-31　穿楼板套管

1.2.6　高层建筑给水系统

高层建筑是指建筑高度大于 27 m 的住宅建筑和建筑高度大于 24 m 的非单层厂房、仓库和其他民用建筑。不同于低层建筑，高层建筑高度高、层数多、面积大、功能复杂、使用人数多、用水标准高，对防震、防沉降、防渗漏等要求也高，因此，这对室内给水系统的设计、施工、运行管理等都提出了更高的要求。

高层建筑给水方式可分为并联给水方式、串联给水方式、减压给水方式等，如图 1-32 所示。

1. 并联给水方式

(1) 高位水箱分区并联给水方式。高位水箱分区并联给水方式的优点是各区独立运行，互不干扰，供水可靠，水泵集中布置，便于维护管理，能耗小；其缺点是水泵型号较多，投资较大，分区水箱占楼层使用面积。

(2) 分区无水箱并联给水方式。分区无水箱并联给水方式的优点是各区独立运行，互不干扰，供水可靠，水泵集中布置，便于维护管理，无高位水箱占用楼层使用面积；其缺点是水泵型号较多，投资较大，能耗大。

2. 串联给水方式

串联给水方式的优点是设备和管道较简单，投资省，能耗小。其缺点是上区供水受下区限制，供水可靠性不高；水泵设在上层，对防振动和防噪声要求高；各区水箱增加结构负荷。

3. 减压给水方式

(1) 水箱减压给水方式。水箱减压给水方式的优点是水泵台数少，设备管理维护简单；其缺点是水泵扬程大，运行费用高，最高层水箱容积较大，增加结构负荷。

(2) 减压阀给水方式。减压阀给水方式的优点是水泵台数少，设备管理维护简单，减压阀代替水箱，节省建筑使用面积；其缺点是水泵扬程大，运行费用高。

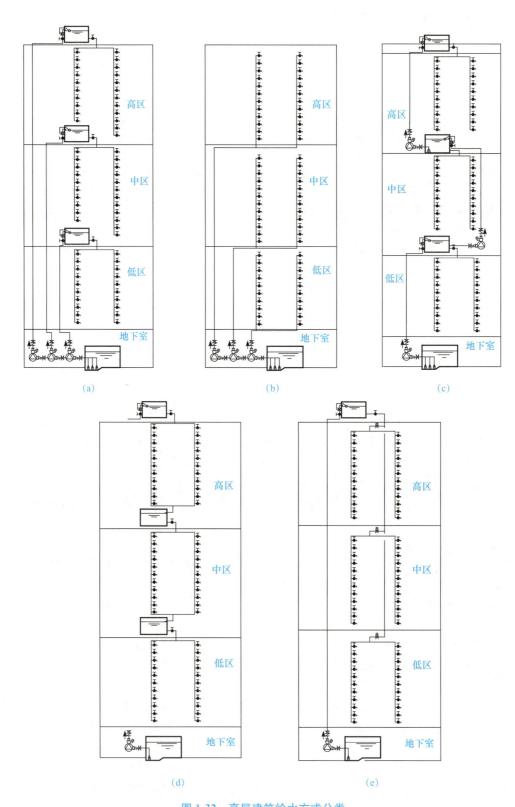

图 1-32 高层建筑给水方式分类

(a)高位水箱分区并联给水方式；(b)分区无水箱并联给水方式；
(c)串联给水方式；(d)水箱减压给水方式；(e)减压阀给水方式

1.3 建筑热水系统

在生产和生活中需要大量使用热水,随着经济的持续发展和人民生活水平的日益提高,热水的需求量成倍增加。热水的使用有利于人民身体的健康。热水供应也属于给水,与冷水供应的区别是对水温有特殊的要求。供水必须满足用水点对水温、水量、水压、水质的要求,因此热水系统除了水的供应系统(如管道、用水器具等)外,还有"热"的供应,如热源、加热系统等。

PPT 课件　　配套资源

1.3.1 热水系统分类及组成

1. 热水系统的分类

热水系统按供水范围的大小可分为局部热水供应系统、集中热水供应系统和区域热水供应系统。

(1)局部热水供应系统。

1)特点。供水范围小,热水分散制备,一般靠近用水点采用小型加热器供局部范围内一个或几个配水点使用,系统简单,造价低,维修管理方便,热水管路短,热损失小。

2)适用场所。该系统适用于使用要求不高、用水点少而分散的建筑,如单元式住宅、诊所和布置较分散的车间、卫生间等建筑。

3)热源。宜采用燃气、太阳能、电热水器等。

(2)集中热水供应系统。

1)特点。供水范围大,热水集中制备,用管道输送到各配水点。一般在建筑内设专用锅炉房或热交换器将水集中加热后,通过热水管道将水输送到一幢或几幢建筑使用。这种系统加热设备集中,管理方便,设备系统复杂,一次性建设投资较高,管路热损失较大。

2)适用场所。该系统适用于热水用量大、用水点多且分布比较集中的建筑,如高级居住建筑及旅馆、医院、疗养院、体育馆等公共建筑。

3)热源。专用锅炉房、热交换器、太阳能(带其他辅助热源)等。

(3)区域热水供应系统。

1)特点。水在热电厂、区域性锅炉房或区域热交换站加热,通过室外热水管网将热水输送至城市各建筑中。该系统便于集中统一维护管理和热能综合利用,并且消除分散的小型锅炉房,减少环境污染,设备、系统复杂,需敷设室外供水和回水管道,基建投资较高。

2)适用场所。该系统适用于要求供热水的集中区域住宅和大型工业企业。

3)热源。热电厂、区域性锅炉房或区域热交换站。

2. 集中热水供应系统的组成

建筑内热水系统中,局部热水供应系统所用的加热器、管路等比较简单;区域热水供应系统管网复杂、设备多;集中热水供应系统应用普遍,如图 1-33 所示。集中热水供应系统一般由下列部分组成:热媒系统(第一循环系统)、加热系统(第二循环系统)、加热设备及附件。

(1)热媒系统(第一循环系统)。热媒系统又称为第一循环系统,由热源、水加热器和热媒管网组成。锅炉生产的蒸汽(或过热水)通过热媒管网输送到水加热器,经散热面加热冷水。蒸汽经过热交换变成凝结水,靠余压经疏水器沉至凝结水箱,凝结水和新补充的冷水经冷凝循环泵再送回锅炉生产蒸汽。如此循环而完成水的加热,此循环为热水制备过程。循环

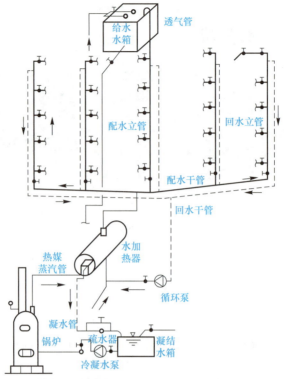

图 1-33 热媒为蒸汽的集中热水供应系统

过程如下：锅炉→热媒管→水加热器→冷凝水管→冷凝水池→冷凝水循环泵→锅炉。

(2) 加热系统(第二循环系统)。加热系统又称为第二循环系统，由热水配水管网和回水管网、循环水泵组成。被加热到一定温度的热水，从水加热器中出来经配水管网送至各个热水配水点，而水加热器中的冷水由屋顶的水箱或给水管网补给。为了保证用水点的水温，在立管和水平干管甚至支管处设置回水管，使部分热水经过循环水泵流回水加热器再加热。

(3) 热源、加热和贮热设备。

1) 热源：局部热水供应系统的热源有燃气、电力、太阳能等。集中热水供应系统的热源，可按下列顺序选择：工业余热、废热、地热和太阳能，能保证全年供热的热力管网，区域锅炉房，专用蒸汽或热水锅炉。

2) 加热设备：锅炉，水加热器(燃气热水器、电热水器、太阳能热水器，如图 1-34 所示)。

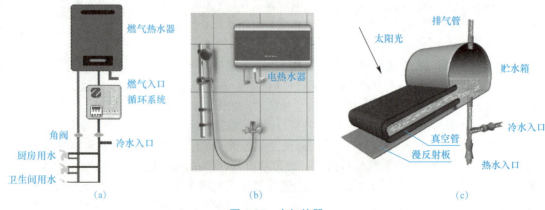

图 1-34 水加热器

(a) 燃气热水器；(b) 电热水器；(c) 太阳能热水器

3) 加热水箱和热水贮水箱。

①加热水箱（图 1-35）：一种简单的热交换设备，在水箱中安装蒸汽多孔管或蒸汽喷射器，可构成直接加热水箱；在水箱中安装排管或盘管，可构成间接加热水箱。

②热水贮水箱（罐）：一种专门调节热水量的容器。可在用水不均匀的热水供应系统中设置，以调节水量，稳定出水温度。

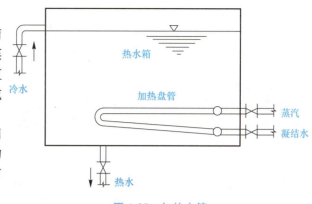

图 1-35 加热水箱

(4) 热水系统附件。热水系统中为满足控制、连接和使用的需要，以及由于温度的变化而引起的水的体积膨胀，常设置的附件有温度自动调节器、减压阀、自动排气阀、膨胀水箱和膨胀管、疏水器、补偿器等。

1) 温度自动调节器。当热水采用蒸汽直接加热或采用容积式水加热器间接加热时，为了控制水加热器的出口温度，调节蒸汽进量时，可在水加热器上安装温度自动调节器。

2) 减压阀。若热水供应系统采用蒸汽为热媒进行加热，且蒸汽供应管网的压力远大于水加热器所规定的蒸汽压力要求，应在水加热器的蒸汽入口管上安装减压阀，以把蒸汽压力降到规定值，确保设备的运行安全。减压阀是利用流体通过阀体内的阀瓣时产生局部阻力，损耗流体的能量来减压的。

3) 自动排气阀。及时排除上行下给式管网中顶部横管中热水汽化产生的气体，保证管内热水通畅，应在管道最高处安装自动排气阀。

4) 膨胀水箱和膨胀管。在开式热水供应系统中应设置高位冷水箱和膨胀管，以缓解给水管道中水压的波动，保证用户用水压力的稳定。膨胀管上严禁装设任何阀门且应防冻，以确保热水供应系统的安全。

5) 疏水器。疏水器的作用是保证凝结水及时排放，同时又阻止蒸汽漏失，在蒸汽的凝结水管道上应装设疏水器。

6) 补偿器。热水系统中直线管段较长，无法利用自然补偿时，应设置不锈钢波纹管、多球橡胶软管等伸缩器解决管道伸缩量。

1.3.2 加热方式及供水方式

1. 加热方式

热水加热方式可分为直接加热方式和间接加热方式。

(1) 直接加热。直接加热也称一次换热，是利用以燃气、燃油、燃煤为燃料的热水锅炉把冷水直接加热或将蒸汽直接通入冷水混合来制备热水，热媒与被加热水直接接触。

(2) 间接加热。间接加热也称二次换热，是将热媒（蒸汽）通过水加热器把热量传递给冷水达到加热冷水的目的。在加热过程中，热媒与被加热水不直接接触。

2. 供水方式

(1) 按照循环方式的不同，可分为全循环、半循环、非循环三种方式。

(2) 根据热水循环系统中采用循环动力的不同，可分为自然循环和机械循环两种方式。

(3) 按照系统是否与大气相通，可分为开式和闭式两种方式。

(4) 根据各循环环路布置长度的不同，可分为同程式和异程式两种方式。

(5)根据其在一天中所供应时间长短的不同，可分为全日制、定时制两种方式。

1.3.3　热水管道的布置与敷设

1. 热水管道的布置

按照水平干管的敷设位置，热水管网可布置成下行上给式、上行下给式两种形式。

(1)下行上给式热水系统的水平干管可布置在地沟内或地下室的顶部，但不允许埋地。为了利用系统最高配水点进行排气，系统的循环回水管应在配水立管最高配水点以下大于或等于0.5 m处连接；水平干管应有大于或等于0.3%的坡度，其坡向与水流的方向相反，并在系统的最低处设泄水阀门，以便检修时泄空管网存水；热水管道通常与冷水管道平行布置，热水管道在上、左，冷水管道在下、右。

(2)上行下给式热水系统的水平干管可布置在建筑最高层吊顶内或专用技术设备层内，应有大于或等于0.3%的坡度，其坡向与水流的方向相反，并在系统的最高点处设自动排气阀进行排气；高层建筑热水供应系统与冷水供应系统一样，应采用竖向分区，以保证系统冷热水的压力平衡，便于调节冷热水混合龙头的出水温度，并要求各区的水加热器和贮水器的进水均应由同区的给水系统供应；当不能满足要求时，应采取保证冷热水压力平衡的措施。

2. 热水管道的敷设

热水管道的敷设应按给水管道有关规定执行，除此之外，还应满足以下要求：

(1)热水管道穿过墙、基础和楼板时应设套管。穿过卫生间楼板的套管应高出室内地面5～10 cm，以避免地面积水从套管渗入下层。

(2)为了避免热胀冷缩对管件或管道接头的破坏作用，热水干管应装设自然补偿管道或管道补偿器。

(3)热水给水立管与横管连接时，为了避免管道因伸缩应力而破坏管道，应采用乙字弯的连接方式。

(4)上行下给式开式系统可利用膨胀管排气，闭式系统一般在系统最高点设置自动排气阀。下行上给式的回水干管在下，可利用最高配水件排气；回水干管在上，需设自动排气阀。

(5)热水给水立管始端、回水立管末端和装设多于五个配水龙头的支管始端均应设置阀门，以便于调节和检修。

(6)为了防止热水倒流或串流，水加热器或热水贮罐的进水管、机械循环的回水管、直接加热混合器的冷热水供水管，均应设止回阀。

1.3.4　热水管道的保温

热水锅炉、燃气及燃油热水机组、水加热设备、热水水箱、贮水器、分(集)水器、热水供水干管与立管、循环回水干管和立管，均应进行保温，以减少能量浪费，保证较远的配水点能得到设计水温的热水。

绝热材料应选用导热系数小、质量小、无腐蚀性并具有一定机械强度的材料，还应考虑施工维修方便、价格便宜、防火性能等。常用的保温材料有岩棉、超细玻璃棉、硬聚氨酯、橡塑泡棉等。

热水供水、回水管和热媒水管的保温层厚度可参考表1-4采用；蒸汽管采用憎水珍珠岩管壳保温时，其保温层厚度见表1-5；水加热器、热水分水器、开水器等设备采用岩棉制品、硬聚氨酯发泡塑料等保温时，保温层厚度可为35 mm。

表 1-4　热水供水、回水管及热媒水管的保温层厚度　　　　　　　　　　　　mm

管径 DN	热水供水、回水管				热媒水、蒸汽凝结水管	
	15～20	25～50	65～100	>100	≤50	>50
保温层厚度	20	30	40	50	40	50

表 1-5　蒸汽管的保温层厚度　　　　　　　　　　　　mm

管径 DN	≤40	50～65	≥80
保温层厚度	50	60	70

管道和设备在保温前应进行防腐蚀处理。

为了增加绝热结构的机械强度及防湿功能，应在保温层外做保护层。一般采用石棉水泥、麻刀灰、油毛毡、玻璃布、铝箔等保护层，用金属薄板做保护层较好。

1.3.5　高层建筑热水供应系统

高层建筑的热水供应系统应做竖向分区，其分区的原则、方法和要求与给水系统相同。由于高层建筑使用热水要求标准高、管路长，因此宜设置机械循环热水供应系统。机械循环热水供应系统主要有以下两种。

1. 集中加热分区热水供应系统

集中加热分区热水供应系统的各区热水管网自成独立系统，其容积式水加热器集中设置在底层或地下室，水加热器的冷水供应来自各区给水水箱，加热后将热水分别送往各区使用，这样可使卫生器具的冷热水水龙头出水均衡。此种系统管道多采用上行下给式布置。

集中加热分区热水供应系统由于各区加热设备均集中设置在一起，故建筑设计易于布置和安排，同时维护管理方便，热媒管道（高压蒸汽管和凝结水管）最短。但这种方式使高层建筑上部各供水分区加热设备（来自本区水源装置高位水箱）的冷水供水管道长，因而造成这些区的用水点冷、热水压差较大，并且加热设备和循环水泵承压高。因此，集中加热分区热水供应系统适用于高度在 100 m 以内的建筑。

2. 分区加热热水供应系统

高层建筑各分区的加热设备各自分别设在本区或邻区的范围内，加热后的水沿本区管网系统送至各用水点，此种热水供应系统称为分区加热热水供应系统。

分区加热热水供应系统由于各区加热设备均设于本区或邻区内，因而用水点处冷水、热水压差小，同时设备承压也小，对设计、制造、安装都比较有利，节省钢材、造价低；其缺点是热媒管道长，设备设置分散，维护管理不方便，占用面积较大。该系统适用于分区较多（三个分区以上）及建筑高度在 100 m 以上的建筑，特别是对超高层建筑尤其适用。

1.4　建筑消防系统

1.4.1　消火栓给水灭火系统

1. 设置场所

消火栓给水系统广泛应用于各类建筑中，是最基

PPT 课件

配套资源

本的灭火系统，设置场所有：

(1)建筑占地面积大于300 m²的厂房和仓库。

(2)高层公共建筑和建筑高度大于21 m的住宅建筑；建筑高度不大于27 m的住宅建筑，设置室内消火栓系统确有困难时，可只设置干式消防竖管和不带消火栓箱的DN65的室内消火栓。

(3)体积大于5 000 m³的车站、码头、机场的候车(船、机)建筑、展览建筑、商店建筑、旅馆建筑、医疗建筑和图书馆建筑等单、多层建筑。

(4)特等、甲等剧场、超过800个座位的其他等级的剧场和电影院等以及超过1 200个座位的礼堂、体育馆等单、多层建筑。

(5)建筑高度大于15 m或体积大于10 000 m³的办公建筑、教学建筑和其他单、多层民用建筑。

2. 系统组成

消火栓给水系统通常由消火栓设备(图1-36)、消防水池、高位消防水箱、消防水泵接合器、消防管网和增压水泵等组成。

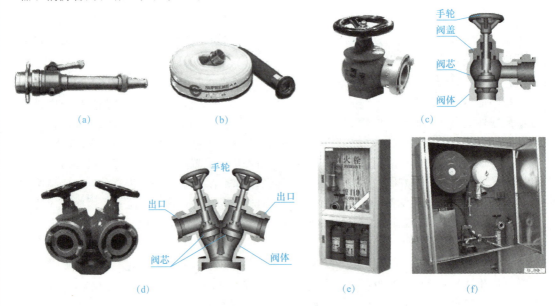

图1-36 消火栓设备
(a)水枪；(b)水带；(c)单口消火栓；(d)双口消火栓；(e)消火栓箱；(f)带消防卷盘的室内消火栓箱

(1)室内消火栓。

室内消火栓的配置应符合下列要求：

1)应采用DN65室内消火栓，并可与消防软管卷盘或轻便水龙设置在同一箱体内。

2)应配置公称直径65有内衬里的消防水带，长度不宜超过25.0 m；消防软管卷盘应配置内径不小于φ19的消防软管，其长度宜为30.0 m；轻便水龙应配置公称直径25有内衬里的消防水带，长度宜为30.0 m。

3)宜配置当量喷嘴直径16 mm或19 mm的消防水枪，但当消火栓设计流量为2.5 L/s时宜配置当量喷嘴直径11 mm或13 mm的消防水枪；消防软管卷盘和轻便水龙应配置当量喷嘴直径6 mm的消防水枪。

4)消防软管卷盘可与DN65消火栓放置在同一个消火栓箱内。图1-36(f)所示为带消防卷盘的室内消火栓箱。

5) 水枪充实水柱长度。根据防火要求，水枪射流灭火，需有一定强度的密实水流才能有效地扑灭火灾。靠近水枪口的一段密集、不分散的射流，称为充实水柱。水枪射流在 260～380 mm 直径圆断面内，包含全部水量 75%～90% 的密实水柱长度，称为充实水柱长度，是直流水枪灭火时的有效射程，如图 1-37 所示。

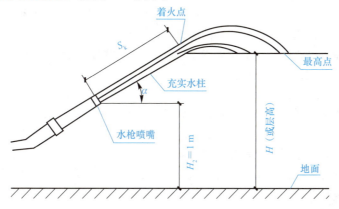

图 1-37 直流水枪的密实射流

火灾发生时，火场能见度低，要使水柱能喷到着火点，防止火焰热辐射和着火物下落烧伤消防员，消防员必须距着火点有一定距离，因此要求水枪的充实水柱有一定长度。充实水柱的确定方法如下：$S_k = \dfrac{H - H_2}{\sin\alpha}$。其中，$S_k$ 指水枪喷流充实水柱长度，H 指室内最高着火点离地面高度(m)，H_2 指水枪喷嘴离地面高度，α 指水枪倾角(一般取 45°～60°)。

高层建筑、厂房、库房和室内净空高度超过 8 m 的民用建筑等场所，消防水枪充实水柱应按 13 m 计算；其他场所，消防水枪充实水柱应按 10 m 计算。

6) 室内消火栓布置间距的确定。室内消火栓宜按直线距离计算其布置间距，并应符合下列规定：消火栓按 2 支消防水枪的 2 股充实水柱布置的建筑物，消火栓的布置间距不应大于 30.0 m；消火栓按 1 支消防水枪的 1 股充实水柱布置的建筑物，消火栓的布置间距不应大于 50.0 m。

7) 室内消火栓设备的布置要求。

① 设置室内消火栓的建筑，包括设备层在内的各楼层均应设置消火栓。

② 室内消火栓应设置在楼梯间及其休息平台和前室、走道等明显易于取用，以及便于火灾扑救的位置；住宅的室内消火栓宜设置在楼梯间及其休息平台；汽车库内消火栓的设置不应影响汽车的通行和车位的设置，并应确保消火栓的开启；同一楼梯间及其附近不同层设置的消火栓，其平面位置宜相同；冷库的室内消火栓应设置在常温穿堂或楼梯间内。

③ 屋顶设有直升机停机坪的建筑，应在停机坪出入口处或非电气设备机房处设置消火栓，且距停机坪机位边缘的距离不应小于 5.0 m。

④ 消防电梯前室应设置室内消火栓，并应计入消火栓使用数量。

⑤ 室内消火栓的布置应满足同一平面有 2 支消防水枪的 2 股充实水柱同时达到任何部位的要求，但建筑高度小于或等于 24.0 m 且体积小于或等于 5 000 m³ 的多层仓库、建筑高度小于或等于 54 m 且每单元设置一部疏散楼梯的住宅，可采用 1 支消防水枪的 1 股充实水柱到达室内任何部位。

⑥ 建筑室内消火栓栓口的安装高度应便于消防水龙带的连接和使用，其距地面高度宜为 1.1 m；其出水方向应便于消防水带的敷设，并宜与设置消火栓的墙面成 90° 角或向下。

⑦设有室内消火栓的建筑应设置带有压力表的试验消火栓,多层和高层建筑应在其屋顶设置,严寒、寒冷等冬季结冰地区可设置在顶层出口处或水箱间内等便于操作和防冻的位置,单层建筑宜设置在水力最不利处,且应靠近出入口。

(2)消防水池。消防水池的主要作用是贮存消防用水以满足火灾延续时间内的消防用水。具体规定如下:

1)符合下列规定之一时,应设置消防水池:当生产、生活用水量达到最大时,市政给水管网或入户引入管不能满足室内、室外消防给水设计流量;当采用一路消防供水或只有一条入户引入管,且室外消火栓设计流量大于 20 L/s 或建筑高度大于 50 m;市政消防给水设计流量小于建筑室内外消防给水设计流量。

2)消防水池有效容积的计算应符合下列规定:当市政给水管网能保证室外消防给水设计流量时,消防水池的有效容积应满足在火灾延续时间内室内消防用水量的要求;当市政给水管网不能保证室外消防给水设计流量时,消防水池的有效容积应满足火灾延续时间内室内消防用水量和室外消防用水量不足部分之和的要求。

3)当消防水池采用两路消防供水且在火灾情况下连续补水能满足消防要求时,消防水池的有效容积应根据计算确定,但不应小于 100 m^3,当仅设有消火栓系统时不应小于 50 m^3。

4)消防水池的总蓄水有效容积大于 500 m^3 时,宜设两格能独立使用的消防水池;当大于 1 000 m^3 时,应设置能独立使用的两座消防水池。每格(或座)消防水池应设置独立的出水管,并应设置满足最低有效水位的连通管,且其管径应能满足消防给水设计流量的要求。

5)消防用水与其他用水共用的水池,应采取确保消防用水量不作他用的技术措施。

(3)高位消防水箱。高位消防水箱的主要作用是供给建筑初期火灾时的消防用水水量,并保证相应的水压要求。具体规定如下:

1)临时高压消防给水系统的高位消防水箱的有效容积应满足初期火灾消防用水量的要求,并应符合下列规定:

①一类高层公共建筑,不应小于 36 m^3,但当建筑高度大于 100 m 时,不应小于 50 m^3。

②当建筑高度大于 150 m 时,不应小于 100 m^3;多层公共建筑、二类高层公共建筑和一类高层住宅,不应小于 18 m^3,当一类高层住宅建筑高度超过 100 m 时,不应小于 36 m^3。

③二类高层住宅,不应小于 12 m^3;建筑高度大于 21 m 的多层住宅,不应小于 6 m^3。

④工业建筑室内消防给水设计流量当小于或等于 25 L/s 时,不应小于 12 m^3;大于 25 L/s 时,不应小于 18 m^3。

⑤总建筑面积大于 10 000 m^2 且小于 30 000 m^2 的商店建筑,不应小于 36 m^3;总建筑面积大于 30 000 m^2 的商店,不应小于 50 m^3,当与上述①规定不一致时应取其较大值。

2)高位消防水箱的设置位置应高于其所服务的水灭火设施,且最低有效水位应满足水灭火设施最不利点处的静水压力,并应按下列规定确定:

①一类高层公共建筑,不应低于 0.10 MPa,但当建筑高度超过 100 m 时,不应低于 0.15 MPa。

②高层住宅、二类高层公共建筑、多层公共建筑,不应低于 0.07 MPa,多层住宅不宜低于 0.07 MPa。

③工业建筑不应低于 0.10 MPa,当建筑体积小于 20 000 m^3 时,不宜低于 0.07 MPa。

④自动喷水灭火系统等自动水灭火系统应根据喷头灭火需求压力确定,但最小不应小于 0.10 MPa。

⑤当高位消防水箱不能满足①~④的静压要求时,应设稳压泵。

(4)消防水泵接合器。消防水泵接合器的主要作用是当建筑物发生火灾,室内消防水泵

不能启动或流量不足时,消防车可从室外消火栓、水池或天然水体取水,通过水泵接合器向室内消防给水管网供水。具体规定如下:

1)下列场所的室内消火栓给水系统应设置消防水泵接合器:

①高层民用建筑。

②设有消防给水的住宅、超过五层的其他多层民用建筑。

③超过两层或建筑面积大于 10 000 m² 的地下或半地下建筑(室)、室内消火栓设计流量大于 10 L/s 平战结合的人防工程。

④高层工业建筑和超过四层的多层工业建筑。

⑤城市交通隧道。

2)自动喷水灭火系统、水喷雾灭火系统、泡沫灭火系统和固定消防炮灭火系统等水灭火系统,均应设置消防水泵接合器。

3)消防水泵接合器的给水流量宜按每个 10～15 L/s 计算。每种水灭火系统的消防水泵接合器设置的数量应按系统设计流量经计算确定,但当计算数量超过 3 个时,可根据供水可靠性适当减少。

4)临时高压消防给水系统向多栋建筑供水时,消防水泵接合器应在每座建筑附近就近设置。

5)消防水泵接合器的供水范围,应根据当地消防车的供水流量和压力确定。

6)消防给水为竖向分区供水时,在消防车供水压力范围内的分区,应分别设置水泵接合器;当建筑高度超过消防车供水高度时,消防给水应在设备层等方便操作的地点设置手抬泵或移动泵接力供水的吸水和加压接口。

7)水泵接合器应设在室外便于消防车使用的地点,且距室外消火栓或消防水池的距离不宜小于 15 m,并不宜大于 40 m。

8)墙壁消防水泵接合器的安装高度距地面宜为 0.70 m;与墙面上的门、窗、孔、洞的净距离不应小于 2.0 m,且不应安装在玻璃幕墙下方;地下消防水泵接合器的安装,应使进水口与井盖底面的距离不大于 0.40 m,且不应小于井盖的半径。

9)水泵接合器处应设置永久性标志铭牌,并应标明供水系统、供水范围和额定压力。

水泵接合器一端与室内消防给水管道连接,另一端供消防车加压向室内管网供水。水泵接合器的接口直径有 DN65 和 DN50 两种,分地上式、地下式和墙壁式三种类型。

(5)消防管网。

1)室内消防给水管网应符合下列规定:

①室内消火栓系统管网应布置成环状,当室外消火栓设计流量不大于 20 L/s,且室内消火栓不超过 10 个时,可布置成枝状。

②当由室外生产生活消防合用系统直接供水时,合用系统除应满足室外消防给水设计流量以及生产和生活最大小时设计流量的要求外,还应满足室内消防给水系统的设计流量和压力要求。

③室内消防管道管径应根据系统设计流量、流速和压力要求经计算确定;室内消火栓竖管管径应根据竖管最低流量经计算确定,但不应小于 DN100。

2)室内消火栓环状给水管道检修时应符合下列规定:

①室内消火栓竖管应保证检修管道时关闭停用的竖管不超过 1 根,当竖管超过 4 根时,可关闭不相邻的 2 根。

②每根竖管与供水横干管相接处应设置阀门。

3)室内消火栓给水管网宜与自动喷水等其他水灭火系统的管网分开设置;当合用消防泵时,供水管路沿水流方向应在报警阀前分开设置。

4)消防给水管道的设计流速不宜大于 2.5 m/s，自动水灭火系统管道设计流速，应符合现行国家标准《自动喷水灭火系统设计规范》(GB 50084—2017)、《泡沫灭火系统设计规范》(GB 50151—2010)、《水喷雾灭火系统技术规范》(GB 50219—2014)和《固定消防炮灭火系统设计规范》(GB 50338—2003)的有关规定，但任何消防管道的给水流速不应大于 7 m/s。

3. 供水方式

室内消火栓系统的供水方式是根据室外给水管网所能提供的水量、水压和室内消火栓给水系统所需的水量、水压的要求，综合考虑确定的。

(1)直接供水方式。当建筑物的高度不大，且室外给水管网的压力和流量在任何时候均能够满足室内不利点消火栓所需的设计流量和压力时，宜采用此种方式，如图 1-38 所示。

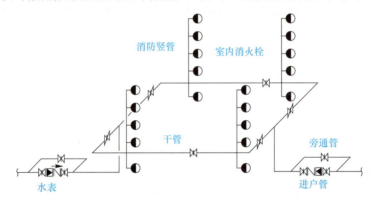

图 1-38　由室外给水管网直接给水的消火栓供水方式

(2)仅设水箱的供水方式。当室外给水管网压力变化较大，其水量能满足室内用水要求时，可采用此种供水方式，如图 1-39 所示。室外管网压力较大时向水箱充水，由水箱贮存一定水量，以备消防使用。

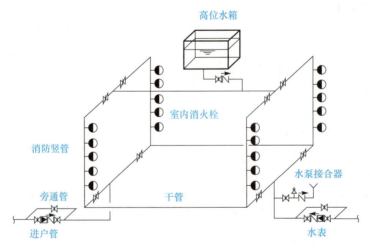

图 1-39　仅设水箱的消火栓供水方式

(3)设消防水泵和消防水箱的供水方式。当室外给水管网的压力经常不能满足室内消火栓系统所需的水量和水压的要求时，宜采用此种供水方式，如图 1-40 所示。当消防用水与生活、生产用水共用室内给水系统时，其消防水泵应保证供应生活、生产、消防用水的最大秒流量，并应满足室内最不利点消火栓的水压要求。水箱的设置高度应保证室内最不利点消火栓所需的水压要求。

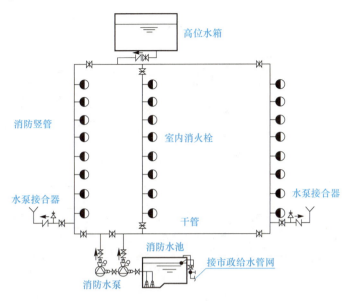

图 1-40　设有消防水泵和消防水箱的消火栓供水方式

1.4.2　自动喷水灭火系统

自动喷水灭火系统是一种在发生火灾时能自动打开喷头喷水灭火，并同时发出火警信号的消防灭火设施，其扑灭初期火灾的效率在97%以上。

1. 分类及组成

根据喷头的开闭形式，自动喷水灭火系统可分为闭式和开式两大类。闭式自动喷水灭火系统可分为湿式、干式和预作用四种自动喷水灭火系统，开式自动喷水灭火系统又可分为雨淋、水幕自动喷水灭火系统。

(1)闭式自动喷水灭火系统。该系统是指在自动喷水灭火系统中采用闭式喷头，平时系统为封闭系统，火灾发生时喷头打开，使得系统为敞开式系统。闭式自动喷水灭火系统由水源、加压贮水设备、喷头、管网、报警装置等组成。

1) 湿式自动喷水灭火系统。此系统由闭式喷头、湿式报警阀、报警装置、管网及供水设施等组成，如图 1-41(a)所示。

① 湿式自动喷水灭火系统的工作原理：火灾发生初期，建筑物的温度随之不断上升，当温度上升到闭式喷头温感元件爆破或熔化脱落时，喷头即自动喷水灭火。此时，管网中的水由静止变为流动，水流指示器被感应送出电信号，在报警控制器上指示某一区域已在喷水。持续喷水造成报警阀的上部水压低于下部水压，其压力差值达到一定值时，原来处于闭装的报警阀就会自动开启。此时，消防水通过湿式报警阀，流向干管和配水管供水灭火。同时，一部分水流沿着报警阀的环形槽进入延迟器、压力开关及水力警铃等设施发出火警信号。此外，根据水流指示器和压力开关的信号或消防水箱的水位信号，控制箱内控制器能自动启动消防泵向管网加压供水，达到持续自动供水的目的。湿式自动喷水灭火系统灭火流程如图 1-41(b)所示。

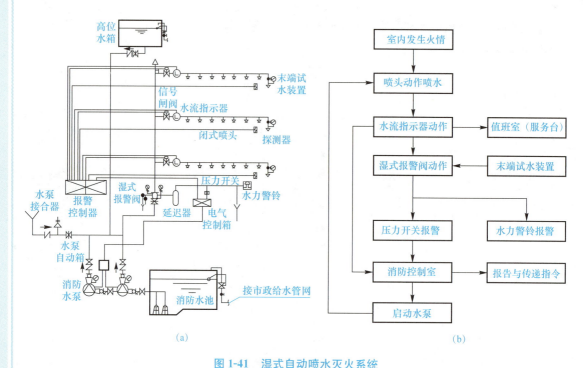

图 1-41 湿式自动喷水灭火系统
(a)湿式自动喷水灭火系统组成；(b)湿式自动喷水灭火系统灭火流程

②湿式自动喷水灭火系统的特点：此系统喷头常闭，管网中平时充满有压水。当建筑物发生火灾，火点温度达到开启闭式喷头温度时，喷头出水灭火。该系统结构简单，使用方便、可靠，便于施工、管理，灭火速度快、控火效率高，比较经济、实用，使用范围广，但由于管网中充有有压水，当渗漏时会损坏建筑装饰部位和影响建筑的使用。

③湿式自动喷水灭火系统的适用场所：该系统适用于环境温度在 4 ℃＜t＜70 ℃且装饰要求不高的建筑物。

2)干式自动喷水灭火系统。该系统由闭式喷头、管道系统、干式报警阀、干式报警控制装置、充气设备、排气设备和供水设施等组成，如图 1-42 所示。

①干式自动喷水灭火系统工作原理：该系统与湿式喷水灭火系统类似，只是控制信号阀的结构和作用原理不同，配水管网与供水管间设置干式控制信号阀将它们隔开，而在配水管网中平时充满有压气体。火灾时，喷头首先喷出气体，导致管网中压力降低，供水管道中的压力水打开控制信号阀而进入配水管网，接着从喷头喷出灭火。

②干式自动喷水灭火系统的特点：此系统喷头常闭，管网中平时不充水，充有有压空气或氮气，当建筑物发生火灾且着火点温度达到开启闭式喷头时，喷头开启，排气、充水、灭火。该系统灭火时需先排气，故喷头出水灭火不如湿式系统及时，干式和湿式系统相比较，多增设一套充气设备，一次性投资高，平时管理较复杂，灭火速度慢，但管网中平时不充水，对建筑物装饰无影响，对环境温度也无要求，也可用在水渍不会造成严重损失的场所。

③干式自动喷水灭火系统的适用场所：该系统适用于温度低于 4 ℃或温度高于 70 ℃的场所。

3)预作用自动喷水灭火系统。该系统由预作用阀门、闭式喷头、管网、报警装置以及探测和控制系统等组成，如图 1-43 所示。

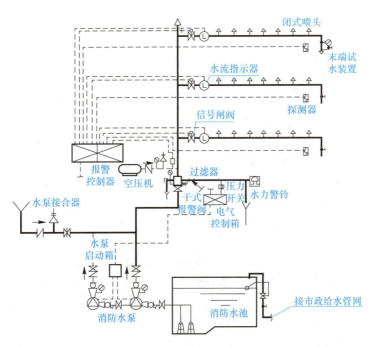

图 1-42 干式自动喷水灭火系统组成

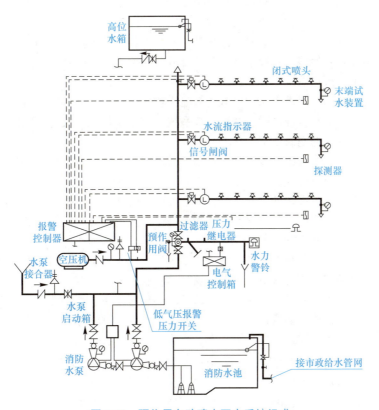

图 1-43 预作用自动喷水灭火系统组成

①预作用自动喷水灭火系统的工作原理：该系统中在雨淋阀（属于干式报警阀）之后的管道，平时充有有压或无压气体（空气或氮气），当火灾发生时，与喷头一起安装在现场的火灾探测器首先探测出火灾的存在，发出声响报警信号，控制器在将报警信号做声光显示的同时，开启雨淋阀，使消防水进入管网，并在很短时间内完成充水（不大于 3 min），即原为干式系统迅速转变为湿式系统，完成预作用程序。该过程靠温感尚未形成动作，滞后闭式喷头才会喷水灭火。

②预作用自动喷水灭火系统的特点：该系统综合运用了火灾自动探测控制技术和自动喷水技术灭火，兼容了湿式和干式系统的特点。系统平时为干式，火灾发生时立刻变成湿式，同时进行火灾初期报警。系统由干式转为湿式的过程含有灭火预备功能，故称为预作用喷水灭火系统。这种系统由于有独到的功能和特点，因此，有取代干式灭火系统的趋势。

③预作用自动喷水灭火系统的适用场所：适用于对建筑装饰要求高、不允许有误而造成水渍损失的建筑物（如高级旅馆、医院、重要办公楼、大型商场等）和构筑物以及灭火要求及时的建筑物。

(2)开式自动喷水灭火系统。该系统是指在自动喷水灭火系统中采用开式喷头，平时系统为敞开状态，报警阀处于关闭状态，管网中无水，火灾发生时报警阀开启，管网先充水，喷头再喷水灭火。

1)雨淋自动喷水灭火系统。该系统由开式喷头、管道系统、雨淋阀、火灾探测器、报警控制装置、控制组件和供水设备等组成。

①雨淋自动喷水灭火系统的工作原理：平时，雨淋阀后的管网充满水或压缩空气，其中的压力与进水管中水压相同，此时，雨淋阀由于传动系统中的水压作用而紧紧关闭着。当建筑物发生火灾时，火灾探测器感受到火灾因素，便立即向控制器送出火灾信号，控制器将此信号做声光显示并相应输出控制信号，由自动控制装置打开集中控制阀门，自动地释放掉传动管网中有压力的水，使传动系统中水压骤然降低，使整个保护区域所有喷头喷水灭火。

②雨淋自动喷水灭火系统的特点：此系统喷头常开，当建筑物发生火灾时，由自动控制装置打开集中控制阀门，使整个保护区域所有喷头喷水灭火。

③雨淋自动喷水灭火系统的适用场所：该系统具有出水量大、灭火及时的优点，适用于火势蔓延快、危险性大的建筑或部位。

2)水幕自动喷水灭火系统。该系统由水幕喷头、控制阀（雨淋阀或干式报警阀等）、探测系统、报警系统和管道等组成。

①水幕自动喷水灭火系统的工作原理：该系统中用的开式水幕喷头，将水喷洒成水帘幕状，不能直接用来扑灭火灾，与防火卷帘、防火幕配合使用，对它们进行冷却和提高其耐火性能，可阻止火势扩大和蔓延。

②水幕自动喷水灭火系统的特点：此系统喷头沿线状布置，发生火灾时主要起阻火、冷却、隔离作用，该系统具有出水量大、灭火及时的优点。

③水幕自动喷水灭火系统的适用场所：适用于火势蔓延快、危险性大的建筑或部位，以及需防火隔离的开口部位，如舞台与观众之间的隔离水帘、消防防火卷帘的冷却等。

2. 主要消防构件

(1)喷头。闭式喷头的喷口用由热敏元件组成的释放机构封闭，当达到一定温度时能自动开启，如玻璃球爆炸、易熔合金脱离等，如图 1-44 所示。

闭式喷头的构造按溅水盘的形式和安装位置分为直立型、下垂型、边墙型、普通型等洒水喷头，如图 1-45 所示。

开式喷头根据其用途不同分为开启式、水幕式和喷雾式三种类型，如图 1-46 所示。

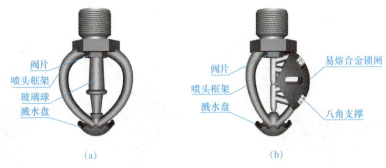

图 1-44　不同热敏元件的闭式喷头
(a)玻璃球喷头；(b)易熔合金喷头

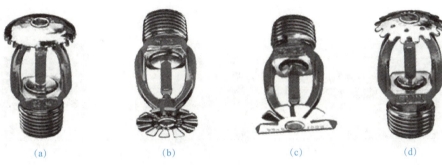

图 1-45　闭式喷头的类型
(a)直立型；(b)下垂型；(c)边墙型；(d)普通型

图 1-46　开式喷头的类型

喷头的布置间距要求：在所保护的区域内任何部位发生火灾都能得到一定强度的水量。喷头的布置应根据天花板、吊顶的装修要求，布置成正方形、长方形和菱形三种形式。

(2)报警阀。报警阀有湿式、干式和雨淋式三种类型，如图 1-47 所示，作用是开启和关闭管网的水流，传递控制信号至控制系统并启动水力警铃直接报警。报警阀安装在消防给水立管上，距地面的高度一般为 1.2 m。

湿式报警阀用于湿式自动喷水灭火系统；干式报警阀用于干式自动喷水灭火系统；雨淋式报警阀用于预作用、雨淋、水幕、水喷雾自动喷水灭火系统。

(3)水流报警装置。水流报警装置主要有水力警铃、水流指示器和压力开关，如图 1-48 所示。

1)水力警铃主要用于湿式系统，宜装在报警阀附近(其连接管不宜超过 6 m)。当报警阀开启，具有一定压力的水流冲动叶轮打铃报警。水力警铃不得由电动报警装置取代。

2)水流指示器用于湿式系统，一般安装于各楼层的配水干管或支管上。当某个喷头开启

图 1-47 报警阀类型

(a)湿式；(b)干式；(c)雨淋式

图 1-48 水流报警装置

(a)水力警铃；(b)水流指示器；(c)压力开关

喷水或管网发生水量泄漏时，管道中的水产生流动，引起水流指示器中浆片随水流而动作，接通电信号报警并指示火灾楼层。

3)压力开关垂直安装于延迟器和报警阀之间的管道上。在水力警铃报警的同时，依靠警铃管内水压的升高自动接通电触点，完成电动警铃报警，向消防控制室传送电信号或启动消防水泵。

(4)延迟器。延迟器是一个罐式容器，安装于报警阀与水力警铃(或压力开关)之间的信号管道上，作用是防止由于水压波动引起水力警铃的误动作而造成误报警，如图 1-49 所示。

(5)火灾探测器。火灾探测器有感温和感烟两种类型，布置在房间或走道的顶棚下面。其作用是接到火灾信号后，通过电气自控装置进行报警或启动消防水泵，如图 1-50 所示。

 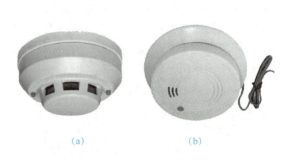

图 1-49 延迟器　　　　图 1-50 火灾探测器

(a)感温探测器；(b)感烟探测器

1.4.3 非水灭火剂灭火系统

灭火剂的灭火原理可分为四种：冷却、窒息、隔离和化学抑制。其中冷却、窒息和隔离三种灭火作用主要是物理过程，化学抑制是化学过程。

消火栓灭火系统与自动喷水灭火系统的灭火原理主要为水冷却作用，可用于多种火灾。

使用非水灭火剂的灭火系统主要有：二氧化碳灭火系统、泡沫灭火系统、干粉灭火系统、卤代烷灭火系统等。

二氧化碳灭火系统的灭火原理主要是二氧化碳的窒息作用，并起到一定的冷却降温作用，可用于大型计算机房、电信广播的重要设备机房和自备发电机房等的火灾灭火。

泡沫灭火系统的灭火原理主要是泡沫的隔离作用，可有效扑灭烃类液体火灾与油类火灾。

干粉灭火系统的灭火原理主要是化学抑制作用，并起到一定的冷却降温作用，可用于扑救可燃气体、易燃与可燃液体、电气设备火灾。

卤代烷灭火系统的灭火原理主要也是化学抑制作用，灭火后不留残渍、不污染、不损坏设备，可用于贵重仪表、档案及总控制室等的火灾灭火。

1.4.4 高层建筑消防系统

1. 发生火灾时的特点

高层建筑发生火灾时有以下特点：火种多、火势猛、蔓延快；人员疏散困难；消防扑救困难；经济损失大。因此，必须重视高层建筑的消防问题，除积极地将建筑、结构、装饰、设备等方面在设计和选材上做到符合消防要求外，对已发生的火灾必须及时报警，疏导并以最快的速度扑灭。高层建筑必须设置完善的消防设备。

2. 消防系统给水方式

(1) 按消防给水的服务范围分类。

1) 独立的消火栓给水系统：每幢高层建筑设置一个单独加压的室内消火栓给水系统。其特点是系统安全性高，但管理分散、投资较大。

2) 区域集中的消火栓给水系统：数幢或数十幢高层建筑共用一个加压泵房的消火栓给水系统。其特点是系统安全性低，但便于集中管理、节省投资。

(2) 按建筑高度分类。

1) 不分区消火栓给水系统。建筑高度在 50 m 以内或建筑内最低消火栓处静水压力不超过 0.8 MPa 时，可采用不分区消火栓给水系统，如图 1-51 所示。火灾发生时，首先动用屋顶水箱的消防水量并开启消防水泵，消防队到达后也可从室外消火栓取水通过水泵接合器往室内管网供水，协助室内扑灭火灾。

2) 分区并联式消火栓给水系统。建筑高度超过 50 m 或建筑内最低消火栓处静水压力大于 0.8 MPa 时，一般应分区供水，如图 1-52 所示。该方式给水管网竖向分区，每区分别用各自水泵提升供水。其特点是：水泵集中布置于地下室或首层，便于管理，安全可靠，但高区水泵扬程较大，需用耐压管材和管件。对于高区上部楼层的消火栓需用带高压水泵的消防车，否则水泵接合器将失去作用。分区并联式消火栓给水系统适用于高度超过 50 m 但不超过 100 m 的建筑。

3) 分区串联式消火栓给水系统。如图 1-53 所示，给水管网竖向分区，将消防泵分散设置在各区。其特点是：上分区的消防给水需通过下分区的高位水箱中转，这样上分区消防水泵的扬程就可减少，不再需要高扬程式的水泵和耐高压的管材和管件，但水泵分散在各层，管理不便。

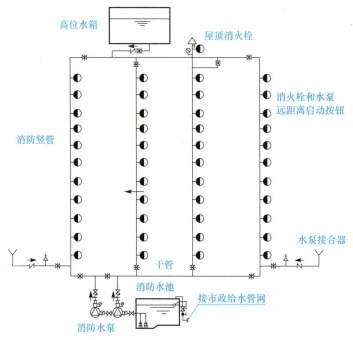

图 1-51 不分区消火栓给水系统

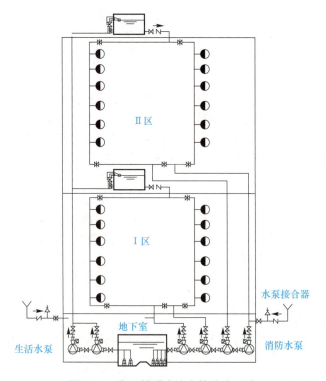

图 1-52 分区并联式消火栓给水系统

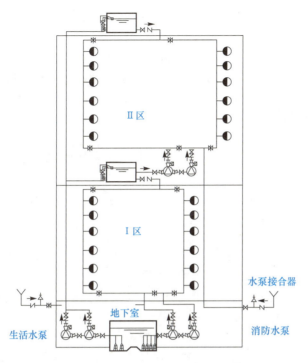

图 1-53 分区串联式消火栓给水系统

(3)按消防给水压力分类。

1)高压消防给水系统。消防给水管网内经常保持足够的压力,直接从消火栓接上水带和水枪灭火,无须另外启动消防水泵或使用消防车加压。

2)临时高压给水系统。消防给水管网内平时水压不高,在水泵房内设有高压消防水泵,发生火灾时自动启动高压消防水泵,满足管网消防要求。

1.5 建筑排水系统

1.5.1 排水系统分类、组成和排水方式

1. 排水系统的分类

建筑排水系统的任务,就是将建筑物内卫生器具和生产设备产生的污废水、降落在屋面上的雨、雪水加以收集后,顺畅地排放到室外排水管道系统中,便于排入污水处理厂或综合利用。根据系统接纳的污废水类型,建筑排水系统可分为三大类:

PPT课件

配套资源

(1)生活排水系统。生活排水系统用于排除居住建筑、公共建筑及工厂生活间人们日常生活产生的盥洗、洗浴和冲洗便器等污废水。为有效利用水资源,可进一步分为生活污水排水系统和生活废水排水系统。生活污水含有大量的有机杂质和细菌,污染程度较重,需排至城市污水处理厂进行处理,然后排放至河流或加以综合利用;生活废水污染程度较轻,经过

适当处理后可以回用于建筑物或居住小区，用来冲洗便器、浇洒道路、绿化草坪植被等，可减轻水环境的污染，增加可利用的水资源。

(2) <u>工业废水排水系统</u>。工业废水排水系统用于排除生产过程中产生的污废水。由于工业生产种类繁多，生产工艺存在不同，所排水质极为复杂，为有效利用水资源，根据其污染程度又可分为<u>生产污水排水系统</u>和<u>生产废水排水系统</u>。<u>生产污水污染较重</u>，需要经过工厂自身处理，达到排放标准后再排至室外排水系统。<u>生产废水污染较轻</u>，可经简单处理后回收利用或排入河流。

(3) <u>雨水排水系统</u>。雨水排水系统用于收集排除建筑屋面上的雨水和融化的雪水。

2. 排水系统的组成

建筑排水系统一般由污废水受水器、排水管道、通气管、清通构筑物、提升设备、污水局部处理构筑物等组成，如图1-54所示。

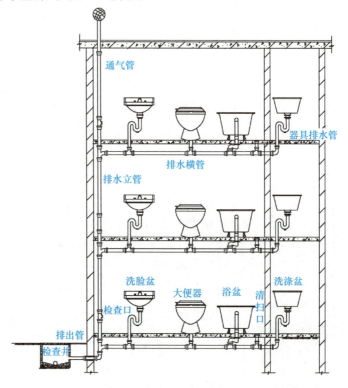

图1-54 建筑排水系统组成示意

(1) <u>污废水受水器</u>。污废水受水器是排水系统的起端，用来承受用水和将使用后的废水、废物排泄到排水系统中的容器，主要指各种卫生器具、收集和排除工业废水的设备等。

(2) <u>排水管</u>。排水管由器具排水管、排水横管、排水立管、埋设在地下的排水干管和排出室外的排出管等组成，其作用是将污(废)水迅速安全地排出室外。

(3) <u>通气管</u>。通气管是指在排水管系中设置的与大气相通的管道。通气管的作用是：卫生器具排水时，需向排水管系补给空气，减小其内部气压的变化，防止卫生器具水封破坏，使水流畅通；将排水管系中的臭气和有害气体排到大气中去；使管系内经常有新鲜空气和废气之间对流，减轻管道内废气造成的锈蚀。如图1-55所示，通气管道有以下几种类型：

1) <u>伸顶通气管</u>。污水立管顶端延伸出屋面的管段称为伸顶通气管，用于通气及排除臭气，为排水管系最基本的通气方式。生活排水管道或散发有害气体的生产污水管道均应设置

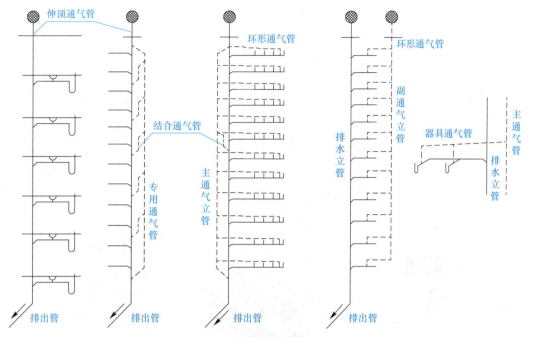

图 1-55 建筑排水系统通气管道

伸顶通气管。伸顶通气管应高出屋面 0.3 m 以上，如果是有人停留的平屋面，应大于 2 m，且应大于最大积雪厚度。伸顶通气管不允许或不可能单独伸出屋面时，可设置汇合通气管。

2) 专用通气管。其是指仅与排水立管连接，为污水立管内空气流通而设置的垂直管道。当生活排水立管所担的卫生器具排水设计流量超过排水立管最大排水能力时，应设专用通气立管。建筑标准要求较高的多层住宅、公共建筑、10 层及以上高层建筑宜设专用通气立管。

3) 环形通气管。其是指在多个卫生器具的排水横支管上，从最始端两个卫生器具之间接至通气立管的管段。在连接 4 个及 4 个以上卫生器具且长度大于 12 m 的排水横支管、连接 6 个及 6 个以上大便器的污水横支管上均应设置环形通气管。

4) 主通气立管。其是指与环形通气管和排水立管相连接，为使排水横支管和排水立管内空气流通而设置的垂直管道。

5) 副通气立管。其是指仅与环形通气管连接，为使排水横支管内空气流通而设置的垂直管道。

6) 器具通气管。其是指卫生器具存水弯出口端一定高度处接至主通气立管的管段，可防止卫生器具产生自虹吸现象和噪声。对卫生环境安静要求高的建筑物，生活污水管宜设器具通气管。

7) 结合通气管。其是指排水立管与通气立管的连接管段。其作用是，当上部横支管排水时，水流沿立管向下流动，水流前方空气被压缩，通过它释放被压缩的空气至通气立管。设有专用通气立管或主通气立管时，应设置结合通气管。

8) 汇合通气管。其是指连接数根通气立管或排水立管顶端通气部分，并延伸至室外大气的通气管段。不允许设置伸顶通气管或不可能单独伸出屋面时，可设置将数根伸顶通气管连接后排到室外的汇合通气管。

(4) 清通设备。污水中含有杂质，容易堵塞管道，为了清通建筑内部排水管道，保障排水畅通，需在排水系统中设置清扫口、检查口、室内埋地横干管上的检查井等清通构筑物。

1) 清扫口。清扫口一般设在排水横管上，用于单向清通排水管道，尤其是各层横支管连接卫生器具较多时，横支管起点均应装设清扫口，如图1-56(a)所示。当连接2个及2个以上的大便器或3个及3个以上的卫生器具的污水横管、水流转角小于135°的污水横管时，均应设置清扫口。清扫口安装不应高出地面，必须与地面平齐。

2) 检查口。检查口是一个带盖板的短管，拆开盖板可清通管道，如图1-56(b)所示。检查口通常设置在排水立管上及较长的水平管段上，在建筑物的底层和设有卫生器具的二层以上建筑的最高层排水立管上必须设置，其他各层可每隔两层设置一个；立管如装有乙字管，则应在该层乙字管上部装设检查口；检查口设置高度一般以从地面至检查口中心1 m为宜。

3) 室内检查井。对于不散发有害气体或大量蒸汽的工业废水排水管道，在管道转弯、变径、坡度改变、连接支管处，可在建筑物内设检查井，如图1-56(c)所示。对于生活污水管道，因建筑物通常设有地下室，故在室内不宜设置检查井。

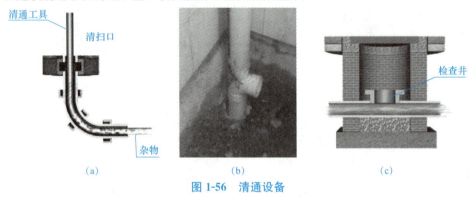

图1-56 清通设备
(a)清扫口；(b)检查口；(c)室内检查井

(5) 提升设备。民用建筑的地下室、人防建筑、工业建筑等建筑物内的污废水不能自流排至室外时，需设置污水提升设备，污水提升设备设置在污水泵房(泵间)内，图1-57(a)所示为污水提升泵站泵组间与进水间分建图示，图1-57(b)所示为污水提升泵站泵组间与进水间合建图示。建筑内部污废水提升包括污水泵的选择、污水集水池(进水间)容积的确定和污水泵房设计，常用的污水泵有潜水泵、液下泵和卧式离心泵。

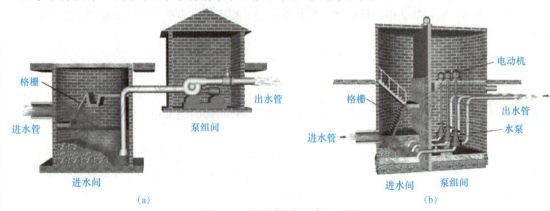

图1-57 污水提升泵站剖面图
(a)泵组间与进水间分建；(b)泵组间与进水间合建

(6) 局部处理构筑物。当室内污水未经处理不允许直接排入城市排水系统或水体时需设置局部处理构筑物。常用的局部处理构筑物有化粪池、隔油井和降温池，如图1-58所示。

1) 化粪池。化粪池是一种利用沉淀和厌氧发酵原理去除生活污水中悬浮性有机物的最初

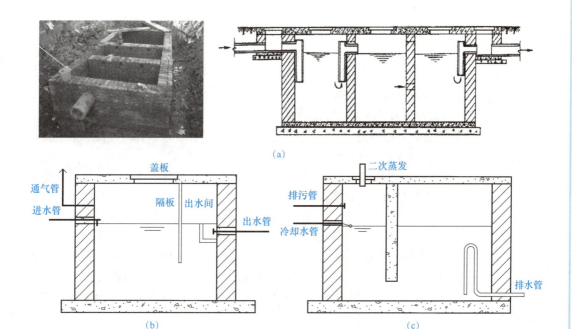

图 1-58 污水局部处理构筑物
(a)化粪池；(b)隔油井；(c)降温池

级处理构筑物，由于目前我国许多小城镇还没有生活污水处理厂，所以建筑物卫生间内所排出的生活污水必须经过化粪池处理后才能排入合流制排水管道。

2) 隔油井。隔油井可使含油污水流速降低，并使水流方向改变，使油类浮在水面上，然后将其收集排除，适用于食品加工车间、餐饮业的厨房排水、由汽车库排出的汽车冲洗污水和其他一些生产污水的除油处理。

3) 降温池。一般城市排水管道允许排入的污水温度规定不大于 40 ℃，所以当室内排水温度高于 40 ℃（如锅炉排污水）时，应尽可能将其热量回收利用。如不可能回收时，在排入城市管道前应采取降温措施，一般可在室外设降温池加以冷却。

3. 排水方式

(1) 排水方式。建筑内部的排水方式可分为分流制和合流制两种。分流制排水是指居住建筑和公共建筑中的生活污水、生活废水以及工业建筑中的生产污水、生产废水各自单独设排水管道排除。合流制排水是指建筑中两种或两种以上的污、废水合用一套排水管道排除。建筑物宜设置独立的屋面雨水排水系统，迅速及时地将雨水排至室外雨水管渠或地面。在缺水或严重缺水地区宜设置雨水贮水池。

(2) 排水方式选择。建筑内部排水方式的确定，应根据污水性质、污染程度、室外排水体制、中水系统开发、综合利用情况等因素来考虑。

1) 下列情况下应采用分流制排水：两种污水合流后会产生有毒有害气体或其他有害物质时；医院污水中含有大量致病菌或含有放射性元素超过排放标准规定浓度时；不经处理和稍经处理后可重复利用的水量较大时；建筑中水系统需要收集原水时；餐饮业和厨房洗涤水中含有大量油脂时；工业废水中含有贵重工业原料需回收利用及含有大量矿物质或有毒有害物质需要单独处理时；锅炉、水加热器等加热设备排水水温超过 40 ℃时。

2) 下列情况下应采用合流制排水方式：城市有污水处理厂而生活废水无须回用时；生产污水与生活污水性质相似时。

1.5.2 排水管材、附件和排水器具

1. 排水管材

建筑排水常用管材有硬聚氯乙烯塑料管、铸铁管、钢管、陶土管等。

(1)塑料管。目前在建筑内常用的排水塑料管是硬聚氯乙烯管(UPVC),它的优点是:质量小、不结垢、耐腐蚀、外壁光滑、容易切割、便于安装等,在一般的民用建筑和工业建筑中使用广泛;缺点是:强度低、防火性能差等。

(2)铸铁管。排水铸铁管正在逐渐被排水 UPVC 管取代,目前排水铸铁管在高层和超高层建筑中使用较多。它的优点是:抗腐蚀性好、经久耐用、价格便宜、适宜埋地敷设;缺点是:性脆、质量大、施工比钢管困难。其常用于建筑物内生活污水管道、室外雨水管道及工业建筑中振动不大的生产污废水排水管道。

(3)钢管。钢管主要用作洗脸盆、小便器、浴盆等卫生器具与横支管间的连接短管,管径规格为 32 mm、40 mm、50 mm。在工厂车间内振动较大的地点也可用钢管代替铸铁管。

(4)陶土管。陶土管耐酸碱、耐腐蚀,主要用于腐蚀性工业废水排放;室内生活污水埋地管也可采用陶土管。

2. 排水附件

(1)存水弯。存水弯是在卫生器具内部或器具排水管段上设置的一种内有水封的配件,是建筑内排水管道的主要附件之一,在其内一定高度的水柱(一般为 50～100 mm)称为水封高度,能阻止污水管道内各种污染气体以及小虫进入室内。存水弯形式有以下几类:

1)S 形存水弯。S 形存水弯用于与排水横管垂直连接的场所,如图 1-59(a)所示。

2)P 形存水弯。P 形存水弯用于与排水横管或排水立管水平直角连接的场所,如图 1-59(b)所示。

3)瓶式存水弯。瓶式存水弯一般明设在洗脸盆或洗涤盆等排出管上,形式较美观,如图 1-59(c)所示。

(a)   (b)   (c)

图 1-59 存水弯类型

(a)S 形存水弯;(b)P 形存水弯;(c)瓶式存水弯

(2)地漏。地漏装在地面,是地面与排水管道系统连接的排水器具,排除的是地面水,用于淋浴间、盥洗间、卫生间、水泵房等装有卫生器具处,如图 1-60 所示。地漏的用处很广,不但具有排泄污水的功能,装在排水管道端头或管道接点较多的管段可代替地面清扫口起到清掏作用。

地漏安装时,应放在易溅水的卫生器具附近的地面最低处,一般要求其箅子顶面低于地面 5～10 mm。地漏的样式较多,一般有以下几种:普通地漏、高水封地漏、多用地漏、双算杯式水封地漏、防回流地漏。

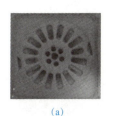  

图 1-60 地漏

(a)俯视图；(b)轴测图；(c)剖面图

3. 排水器具

排水器具是建筑排水系统的重要组成部分，人们对其功能和质量的要求越来越高。排水器具一般采用表面光滑、耐腐蚀、耐磨损、耐冷热、便于清扫、有一定强度的材料制造，如陶瓷、搪瓷生铁、复合材料等。排水器具正向着冲洗功能强、节水消声、便于控制、造型新颖、色彩协调等方面发展。

(1)排水器具的分类。排水器具可分为：便溺器具、盥洗器具、淋浴器具、洗涤器具。

1)便溺器具。便溺器具设置在卫生间和公共厕所，用来收集粪便污水，包括便器和冲洗设备，其中便器包括大便器、小便器、大便槽、小便槽。

①大便器。大便器有坐式大便器和蹲式大便器两种，坐式大便器都自带存水弯，一般用于卫生间。蹲式大便器一般用于普通住宅、集体宿舍、公共建筑物的公用厕所和防止接触传染的医院内厕所，蹲式大便器比坐式大便器的卫生条件好，但蹲式大便器不带存水弯，设计安装时需另外配置存水弯。

坐式大便器常用低水箱冲洗和直接连接管道进行冲洗，蹲式大便器常用高位水箱和直接连接给水管加延时自闭式冲洗阀，如图 1-61(a)所示。

②小便器。小便器设于公共建筑的男厕所内，有的住宅卫生间内也需设置。小便器有挂式、立式两类。其中立式小便器用于标准高的建筑，如图 1-61(b)所示。小便器的冲洗设备常采用按钮式自闭式冲洗阀，既满足冲洗要求，又节约冲洗水量。

③大便槽。大便槽用于学校、车站、码头、游乐场所等标准较低的公共厕所，可代替成排的蹲式大便器，常用瓷砖贴面，造价低。大便槽一般宽 200～300 mm，排水口设存水弯。常在大便槽起端设置自动控制高位水箱或采用延时自闭式冲洗阀，如图 1-61(c)所示。

④小便槽。小便槽用于工业企业、公共建筑和集体宿舍等建筑的卫生间，如图 1-61(d)所示。小便槽的冲洗设备常采用多孔管冲洗，多孔管口径 2 mm，与墙成 45°安装，可设置高位水箱或手动阀。多孔管常采用塑料管和不锈钢管。

   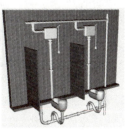

(a)

图 1-61 便溺器具

(a)大便器

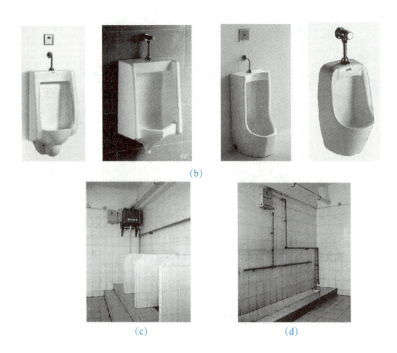

图 1-61 便溺器具(续)

(b)小便器；(c)大便槽；(d)小便槽

2) **盥洗器具**。

①洗脸盆。洗脸盆一般用于洗脸、洗手、洗头，常设置在盥洗室、浴室、卫生间和理发室等场所。洗脸盆有长方形、椭圆形；安装方式有挂式、立式和台式，如图 1-62(a)所示。

②盥洗槽。盥洗槽是用瓷砖、水磨石等材料现场建造的卫生设备，造价低，可供多人使用，有单面和双面之分，常设在集体宿舍楼、教学楼、车站、码头、工厂生活间内，如图 1-62(b)所示。

图 1-62 盥洗器具

(a)洗脸盆(挂式、立式、台式)；(b)盥洗槽

3) **淋浴器具**(图 1-63)。淋浴器具设在住宅、宾馆、学校、工厂、机关、部队等卫生间或公共浴室，供人们清洁身体。浴盆配有冷热水或混合龙头，并配有淋浴器。淋浴器多用于公共浴室和体育馆内。淋浴器占地面积小，清洁卫生，可避免疾病传染，耗水量小，设备费用低。

4) **洗涤器具**。

①洗涤盆。洗涤盆常设置在厨房或公共食堂内，用来洗涤碗碟、蔬菜等[图 1-64(a)]。

 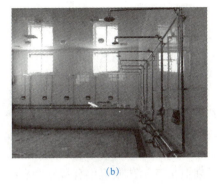 

图 1-63 淋浴器具

(a)家庭淋浴间；(b)公共浴室淋浴间；(c)淋浴器

洗涤盆有单格和双格之分，材质为陶瓷、水磨石、不锈钢等。

②化验盆。化验盆设置在工厂、科研机关和学校的化验室或实验室内，根据需要可安装单联、双联、三联鹅颈龙头[图 1-64(b)]。

③污水盆。污水盆又称污水池[图 1-64(c)]，常设置在公共建筑的厕所内，供洗涤拖把、打扫卫生、倾倒污水之用。

图 1-64 洗涤器具

(a)洗涤盆；(b)化验盆；(c)污水盆

(2)排水器具的布置。排水器具的布置要满足以下要求：

1)排水器具的布置，既要满足使用方便、容易清洁、占房间面积小的要求，还要充分考虑为管道布置提供良好的水力条件，尽量做到管道少转弯、管线短、排水通畅。

2)排水器具的布置，应根据厨房、卫生间和公共厕所的平面位置、房间面积大小、建筑质量标准、有无管道竖井或管槽、卫生器具数量及单件尺寸等来布置。

3)排水器具的布置，应顺着一面墙布置，如卫生间、厨房相邻，应在该墙两侧设置卫生器具；有管道竖井时，卫生器具应紧靠管道竖井布置。

4)排水器具的布置，应在厨房、卫生间、公共厕所等建筑平面图、大样图上用定位尺寸加以明确。

1.5.3 排水管道的布置与敷设

1. 排水管道的布置

排水管道的布置应首先保证室内排水畅通和良好的生活环境，具体布置要求如下：

（1）自卫生器具至排出管的距离应最短，管道转弯应最少；排水立管宜靠近排水量最大的排水点，且不得穿越住宅卧室、病房等对卫生环境安静有较高要求的房间，并不宜靠近与卧室相邻的内墙；排水横管不得布置在食堂、饮食业厨房的主副食操作、烹调和备餐处的上方。

（2）排水埋地管道不得布置在可能受重物压坏处或穿越生产设备基础处。

（3）排水管道不得穿过沉降缝、伸缩缝、变形缝、烟道和风道；当排水管道必须穿过沉降缝、伸缩缝和变形缝时，应采取相应的技术措施。

（4）排水管道不得穿越生活饮用水池部位的上方；不得布置在遇水会引起燃烧、爆炸的原料、产品和设备的上面。

（5）排水管道不得敷设在对生产工艺或卫生有特殊要求的生产厂房内，也不得敷设在食品和贵重商品仓库、通风小室、电气机房、电梯机房内。

（6）若排水管道外表面可能结露，应根据建筑物性质和使用要求，采取防结露措施。

（7）排水管道穿越承重墙或基础处应预留孔洞，且管顶上部净空不得小于建筑物的沉降量，一般不宜小于 0.15 m；排水管道穿越地下室墙或地下构筑物的墙壁处，应采取防水措施。

（8）塑料排水管应避免布置在热源附近；当不能避免，并导致管道表面受热温度大于60 ℃时，应采取隔热措施；塑料排水立管与家用灶具边净距不得小于 0.4 m。

（9）塑料排水管道穿越楼层、防火墙、管道井井壁时，应根据建筑物性质、管径和设置条件及穿越部位和防火等级要求，设置阻火装置。

（10）塑料排水管道应根据其管道的伸缩量设置伸缩节，伸缩节宜设置在汇合配件处，排水横管应设置专用伸缩节。

（11）当住宅卫生间的卫生器具排水管要求不穿越楼板进入他户时，卫生器具排水横支管应设置同层排水。

2. 排水管道的敷设

（1）排水管道的敷设形式。根据建筑物的性质及对卫生、美观等方面要求的不同，排水管道有明敷和暗敷两种形式，如图 1-65 所示。

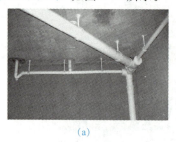
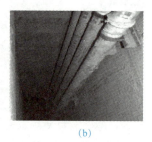

(a) (b)

图 1-65 排水管道的敷设形式
(a)排水管道明敷设；(b)排水立管在管道井中暗敷设

1）明敷是指管道在建筑物内沿墙、梁、柱、地板暴露敷设。明敷的优点是造价低，安装维修方便；缺点是影响建筑物的整洁，不够美观，管道表面易积灰尘和产生凝结水。多用于对室内卫生标准、美观要求不高的民用建筑和工业建筑生产车间。

2）暗敷是指管道在吊顶中以及专门的管廊、管道井、管道沟槽中等隐蔽敷设。例如，排水立管可敷设在建筑物的管道井，或采用装饰材料遮掩；横管可敷设在墙壁、吊顶、管沟槽内，排水横管如果有技术夹层，可敷设在技术夹层；如果有地下室，尽量敷设在地下室楼板下。暗敷的优点是整洁、美观；缺点是施工复杂，工程造价高，维护管理不便，一般用于标准较高的民用建筑、高层建筑及生产工艺要求高的工业企业建筑中。

(2)排水管道的敷设要求。排水管道的敷设应满足以下要求：

1)排水管道应避免轴线偏置，当受条件限制时，宜用乙字管或两个45°弯头连接；排水立管与排出管道端部的连接，宜采用2个45°弯头或弯曲半径不小于4倍管径的90°弯头；卫生器具排水管与排水横管垂直连接，应采用90°斜三通；排水支管接入横干管、立管接入横干管时，宜在横干管管顶或其两侧45°范围内接入；排水管道的横管与立管连接，宜采用45°斜三通、45°斜四通和顺水三通或顺水四通；横支管接入横干管竖直转向管段时，连接点距转向处以下应不得小于0.6 m。

2)靠近排水立管底部的排水支管连接，应符合表1-6和图1-66的规定。排水支管连接在排出管或排水横干管上时，要满足连接点距立管底部下游水平距离不宜小于3.0 m；当靠近排水立管底部的排水支管的连接不能满足本条的要求时，排水支管应单独排至室外检查井或采取有效的防反压措施。

表1-6　最低横支管与立管连接处至立管管底的垂直距离

立管连接卫生器具的层数	垂直距离/m	立管连接卫生器具的层数	垂直距离/m
≤4	0.45	13～19	3.0
5～6	0.75	20	6.0
7～12	1.2		

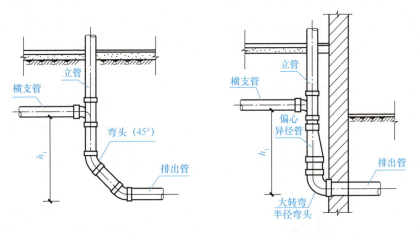

图1-66　最低横支管与立管连接处至立管管底的垂直距离

3)生活饮用水贮水箱(池)的泄水管和溢流管、开水器(热水器)排水、医疗灭菌消毒设备的排水等不得与污废水管道系统直接连接，应采取间接排水的方式。所谓间接排水，是指设备或容器的排水管与污废水管道之间不但要设有存水弯隔气，而且还应留有一段空气间隔。间接排水如图1-67所示。间接排水口最小空隙见表1-7。

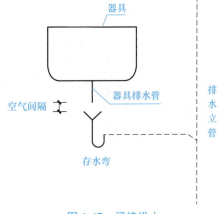

图1-67　间接排水

表 1-7　间接排水口最小空隙　　　　　　　　　　　　　　　　　　　　mm

间接排水管管径	排水口最小空隙	间接排水管管径	排水口最小空隙
≤25	50	≥50	150
32～50	100	—	—

4) 排水管与室外排水管道应用检查井连接；室外排水管处除水流跌落差以外，宜管顶平接。排水管管顶标高不得低于室外接户管管顶标高；其连接处的水流转角不得小于 90°，当跌落差不大于 0.3 m 时，可不受角度的限制。

5) 塑料排水管道应根据环境温度变化、管道布置位置及管道接口形式等考虑设置伸缩节，但埋地或埋设于墙体、混凝土柱体内的管道不应设置伸缩节。硬聚氯乙烯管道设置伸缩节时，应遵守下列规定：

①当层高小于或等于 4 m 时，污水立管和通气立管应每层设一伸缩节；当层高大于 4 m 时，其数量应根据管道设计伸缩量和伸缩节允许伸缩量(表 1-8)综合确定。

表 1-8　伸缩节最大允许伸缩量　　　　　　　　　　　　　　　　　　　mm

管径	50	75	90	110	125	160
最大允许伸缩量	12	15	20	20	20	25

②排水横支管、横干管、器具通气管、环形通气管和汇合通气管的直线管段大于 2 m 时，均应设伸缩节。排水横管应设置专用伸缩节且应采用锁紧式橡胶圈管件，当横干管公称外径大于或等于 160 mm 时，宜采用弹性橡胶密封圈连接。伸缩节之间最大间距不得大于 4 m。排水管、通气管伸缩节设置位置应靠近水流汇合管件处，如图 1-68 所示。当排水立管穿越楼层处为固定支承且支管在楼板之下接入时，伸缩节应设于水流汇合管件之下；当排水立管穿越楼层处为固定支承且支管在楼板之上接入时，伸缩节应设于水流汇合管件之上；当排水立管穿越楼层处为非固定支承时，伸缩节设在水流汇合管件上下均可。当排水立管无排水支管接入时，伸缩节可按伸缩节设计间距设置于楼层任何部位。伸缩节插口应处于顺水流方向。

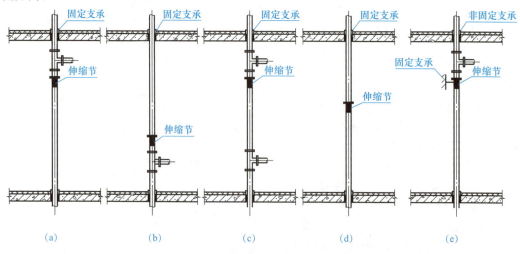

图 1-68　伸缩节设置位置
(a)～(d)立管穿越楼层处为固定支承(伸缩节不固定)；

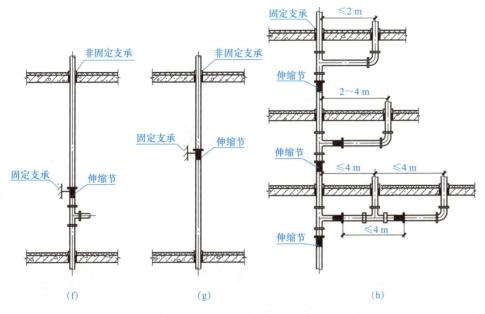

图 1-68 伸缩节设置位置(续)

(e)～(g)伸缩节为固定支承(立管穿越楼层处不固定);(h)横管上伸缩节位置

1.5.4 高层建筑排水系统

建筑内部由于排水系统设置通气管而使系统的功能得到完善,而同时管材增加也导致了投资增大。20 世纪 60 年代出现了取消专用通气管的单立管式新型排水系统,这是排水系统通气技术的重大进展。下面介绍近年来国内外采用较多的一种新型排水系统——苏维托排水系统。苏维托排水系统是采用一种气水混合或分离的配件来代替一般零件的单立管排水系统,它包括气水混合器和气水分离器两个基本配件。

1. 气水混合器

苏维托排水系统中的气水混合器是由长约 80 cm 的连接配件装设在立管与每层楼横支管的连接处,如图 1-69(a)所示。横支管接入口有三个方向;混合器内部有乙字弯、隔板和隔板上部约 1 cm 高的孔隙。

自立管下降的污水经乙字弯管时,水流撞击分散并与周围空气混合成水沫状气水混合物,相对密度变小,下降速度减缓,减小抽吸力;横支管排出的污水受隔板阻挡,不能形成水舌,能保持立管中气流通畅、气压稳定。

2. 气水分离器

苏维托排水系统气水分离器中的跑气器通常装设在立管底部,是由具有凸块的扩大箱体及跑气管组成的一种配件,如图 1-69(b)所示。

跑气器的作用是:沿立管流下的气水混合物遇到内部的凸块溅散,从而把气体(70%)从污水中分离出来,由此减少了污水的体积,降低了流速,并使立管和横干管的泄沉能力平衡,气流不在转弯处被阻塞;另外,将释放出的气体用一根跑气管引到干管的下游(或返向上接至立管中去),这就达到了防止立管底部产生过大反(正)压力的目的。

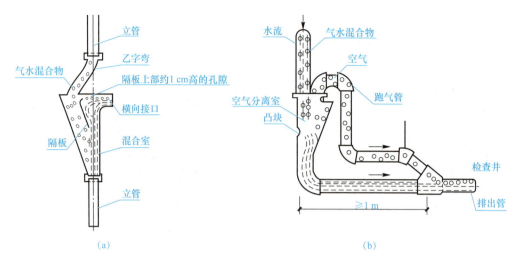

图 1-69 苏维托排水系统的两个基本配件
(a)气水混合器；(b)气水分离器

1.5.5 建筑雨水排水系统

建筑雨水排水系统的任务是及时排除降落在建筑物屋面的雨水、雪水，避免形成屋顶积水、漏水对建筑造成威胁，保证人们正常的生活、生产活动。

1. 雨水外排水系统

雨水外排水是指屋面不设雨水斗，雨水管道设置在建筑物外部的排水方式。外排水系统分为檐沟外排水系统和天沟外排水系统。

（1）檐沟外排水系统。该系统由檐沟和落水管组成，如图 1-70 所示。降落到屋面的雨水沿屋面集流到檐沟，然后流入沿外墙设置的落水管排至雨水口或室外地面。

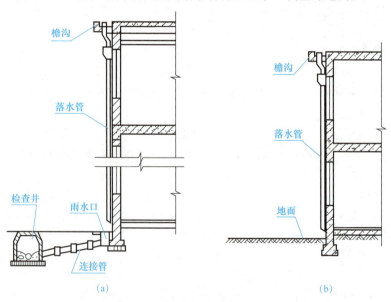

图 1-70 檐沟外排水系统
(a)雨水排至地面雨水口；(b)雨水排至室外地面

落水管多用镀锌铁皮管或塑料管。镀锌铁皮管为方形,断面尺寸一般为 80 mm×100 mm 或 80 mm×120 mm,塑料管管径为 75 mm 或 100 mm。

根据经验,民用建筑落水管间距为 8～12 m,工业建筑为 18～24 m。檐沟外排水方式适用于普通住宅、屋面面积较小的公共建筑和小型单跨工业厂房。

(2)天沟外排水系统。该系统由天沟、雨水斗、雨水立管、检查井等组成,如图 1-71 所示。天沟设置在两跨中间并坡向端墙(山墙、女儿墙)。降落到屋面的雨水沿屋面汇集到天沟,沿天沟流至建筑物端墙处进入雨水斗,经立管排至地面或雨水井。

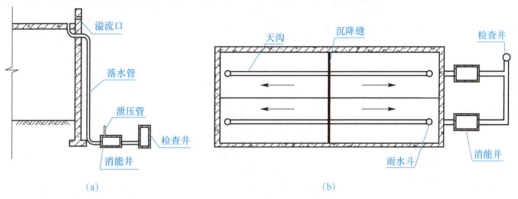

图 1-71 天沟外排水平、剖面示意
(a)剖面示意;(b)平面示意

天沟的排水断面形式多为矩形和梯形,天沟坡度不宜太大,一般在 0.003～0.006。天沟内的排水分水线应设置在建筑物的伸缩缝或沉降缝处。

天沟外排水系统适用于长度不超过 100 m 的多跨工业厂房。采用天沟外排水方式的优点是:在屋面无须设雨水斗,排水安全可靠,不会因施工不善造成屋面漏水,且节省管材,施工简便,有利于厂房内空间利用,也可减小厂区雨水管道的埋深;其缺点是:天沟较长,排水立管在山墙外,存在着屋面垫层厚、结构负荷大的问题,晴天屋面堆积灰尘多、雨天天沟排水不畅,在寒冷地区排水立管还有被冻裂的可能。

2. 雨水内排水系统

雨水内排水是指屋面设雨水斗,雨水管道设置在建筑物内部的排水方式。该系统由雨水斗、连接管、悬吊管、立管、排出管、埋地干管和检查井组成,如图 1-72 所示。降落到屋面上的雨水沿屋面流入雨水斗,经连接管、悬吊管进入排水立管,再经排出管流入雨水检查井或经埋地干管排至室外雨水管道。

(1)雨水斗。雨水斗是一种专用装置,设置在屋面雨水由天沟进入雨水管道的入口处,如图 1-73 所示。雨水斗有整流格栅装置,具有整流作用,避免形成过大的旋涡,稳定斗前水位,并拦截树叶等杂物。雨水斗有 65 型、79 型和 87 型,有 75 mm、100 mm、150 mm 和 200 mm 四种规格。内排水系统布置雨水斗时应以伸缩缝、沉降缝和防火墙为天沟分水线,各自自成排水系统。

(2)连接管。连接管是指连接雨水斗和悬吊管的一段竖向短管。连接管一般与雨水斗同径,但不宜小于 100 mm,连接管应牢固地固定在建筑物的承重结构上,下端用斜三通与悬吊管连接。

(3)悬吊管。悬吊管连接雨水斗和排水立管,是雨水内排水系统中架空布置的横向管道。其管径不小于连接管管径,也不应大于 300 mm,坡度不小于 0.005。在悬吊管的端头和长度大于 15 m 的悬吊管上设清扫口或带法兰盘的三通,位置宜靠近墙柱,以利于检修。

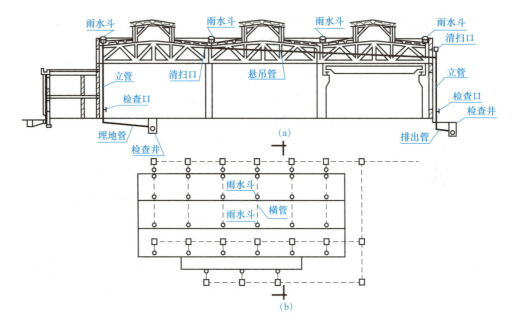

图 1-72 雨水内排水示意
(a)雨水内排水剖面示意；(b)雨水内排水平面示意

图 1-73 各种样式的雨水斗

(4)立管。承接悬吊管或雨水斗流来的雨水，一根立管连接的悬吊管根数不多于两根，立管管径不得小于悬吊管管径；立管宜沿墙、柱安装，在距地面 1 m 处设检查口；立管的管材和接口与悬吊管相同。

(5)排出管。排出管是指立管和检查井间的一段有较大坡度的横向管道，其管径不得小于立管管径。排出管与下游埋地干管在检查井中宜采用管顶平接，水流转角不得小于 135°。

(6)埋地管。埋地管敷设于室内或室外地下，承接立管的雨水并将其排至室外雨水管道，其最小管径为 200 mm，最大为 600 mm。埋地管一般采用混凝土管、钢筋混凝土管或陶土管。

(7)检查井。雨水常常把屋顶的一些杂物冲进管道，为便于清通，室内雨水埋地管之间要设置检查井。设计时应注意，为防止检查井冒水，检查井深度不得小于 0.7 m。检查井内接管应采用管顶平接，而且平面上水流转角不得小于 135°。

屋面跨度大、屋面曲折(壳形、锯齿形)、屋面有天窗等设置天沟有困难的情况，以及高层建筑、建筑立面要求比较高的建筑、大屋顶建筑、寒冷地区的建筑等不宜在室外设置雨水立管的情况，多采用雨水内排水系统。

大型工业厂房由于屋面形式复杂，为了及时有效地排除屋面雨水，往往同一建筑物采用几种不同形式的雨水排除系统，分别设置在屋面的不同部位，由此组合成雨水混合排水系统。

1.6 给水排水系统施工与土建配合

给水排水系统施工与土建配合,主要包括主体施工过程中的配合与给水排水管道安装过程中的配合。

配套资源

1.6.1 主体施工过程中的配合

1. 主体施工过程中与给水系统安装的配合

主体施工过程中与给水系统安装的配合,需在建筑主体施工过程中,结合混凝土浇筑、墙体砌筑等工序,做好施工配合。涉及的范围大致如下:

(1)预埋安装管道支吊架,防止管道位移破坏。管道支吊架的安装要依据管道质量、管道所需承受的水平推力来选择支架形式和支架安装方法。常见的支架安装方法有:在混凝土构件内设置固定预埋件,支架与预埋件焊接;在主体钢结构上开孔,支架与钢结构螺栓连接;在混凝土结构或砌体墙上用膨胀螺栓固定支架;吊杆穿过楼板,利用螺母和垫板、垫圈在楼板面层内固定;在砌体内栽埋支架等。土建施工人员需在主体工程施工时注意与安装工程的配合,核对给水排水施工图和结构施工图,确定预埋件的位置和要求。在人防建筑中为防止支架安装影响,对人防结构处支吊架的安装均要求采用预埋件固定。

(2)预埋防水套管,防止管道穿越地下室外墙、楼面、屋面、水箱壁面时影响结构强度或造成构筑物渗漏水。因为预埋需和混凝土浇筑一次性完成,所以主体施工时应仔细核对给水排水施工图和结构施工图,确定预埋套管的类型、规格、位置和标高。

(3)在楼、地面一次性浇筑设备基础或预留浇筑孔洞,为给水系统设备的安装提供条件。给水设备因为自重和运行的需要,要求设置独立的基础用以承受设备的运行荷载并减少机械振动。设备基础的施工与土建工程在施工工艺上的配合一般有两种方法,一种方法是在主体建筑的地面或楼面施工的同时浇筑设备基础,并预埋机组安装所需的地脚螺栓等金属构件。此时土建工程在模板搭设、钢筋绑扎时就应该要求安装施工进场进行预留预埋,并在混凝土浇筑时加强看护,防止地脚螺栓的位置由于混凝土的振捣而位移。另一种方法是在主体建筑地面施工时,预留基础尺寸大小的孔洞并预留插筋,由安装施工人员在设备到位后再进行设备基础的混凝土二次浇筑,此时的配合工作就是由安装施工人员提出工艺要求即可。

(4)在砌筑墙体时预留箱体位置,方便水表箱、消火栓箱等给水设施的安装等。给水设施箱体位置的预留一般在砌体墙处,墙体施工中与安装施工人员确定箱体所需的预留尺寸、高度后,配合土建施工留出足够的位置。

2. 主体施工过程中与排水系统安装的配合

排水管道安装时需要穿越建筑承重墙、基础、地下室、楼面或屋面,为防止穿越处对建筑结构的破坏,一般需要在主体施工过程时,配合混凝土浇筑施工做好安装工程所需的预留、预埋工作,涉及的范围大致如下:

(1)排水排出管穿承重墙或基础,应预留孔洞,为防止建筑沉降对管道的破坏,管顶上部净空高度不得小于建筑物的沉降量,一般不小于0.15 m。管道安装完毕后应配合土建将预留孔洞用不透水材料(沥青油麻等)填封严实,并在内外两侧用1:2水泥砂浆封口。

(2)排水管穿过地下室外墙或地下构筑物的墙壁,应预埋防水套管,防水套管的类型和规格由给水排水专业根据排水管的类型、地震设防要求、地下水位高度以及管道的振动等因素确定。为防止地下水的进入,管道安装完毕后应配合土建将套管间隙堵严。

(3) 排水立管穿越楼面，应预留孔洞或预埋防水套管，立管安装完毕后应配合土建将管道和孔洞间隙采用 M7.5 水泥砂浆分两次嵌实或将管道和套管间隙采用沥青油膏嵌缝，防止地面漏水。

(4) 排水通气管穿越屋面，均应设置钢制防水套管，套管高度应高出屋面面层 50 mm，管道安装完毕后，应配合土建将管道和套管间隙用防水填料与膨胀水泥砂浆堵严，并用水泥砂浆做好阻水圈，防止屋面漏水。

(5) 人防地下室排水工程，当排水系统不能采用同层排水时，埋地排水管道应配合土建工程将排水管道预埋在底板钢筋混凝土内，并保证排水管道坡度。排水横管吊装时，由于人防结构不允许使用膨胀螺栓固定管道支架，在主体结构施工时，应与混凝土浇筑配合预埋管道支架的固定件。

1.6.2 给水排水管道安装过程中的配合

给水排水管道安装，一般是在土建工程主体完工、中间验收结束，管道穿越结构部位的预留、预埋完毕以及土建各层标高线弹出后进行。在管道安装过程中，因为土建工程进入墙体砌筑、抹灰，以及墙面、楼面铺贴装饰面和吊顶安装等阶段，应综合考虑给水管道的施工会对上述工作的影响，涉及的范围大致如下。

1. 给水管道安装中的配合

(1) 明装给水管道的安装。一般在墙面装饰工程完成后进行，土建施工管理人员应认真审核给水管道施工图，合理安排自身的施工进度，注意管道支架安装对装饰面质量的影响，当施工工期紧迫，管道安装和墙面装饰工程同步进行时，应注意墙面装饰施工对管道位置的要求，合理协调装饰工程和管道安装工程进度，避免因管道安装影响墙体装饰施工进度。

(2) 暗装给水管道的安装。应注意沟槽开挖、吊顶空间及管道维修、预留口等对土建的配合要求。安装工序与土建施工的前后关系，如暗装管道的安装一般在地沟未盖盖、吊顶未封闭之前，管槽和墙槽开挖后进行。住宅给水管道 $DN \leqslant 20$ 时，还有可能在楼地面的找平层内敷设。暗装给水管道安装完毕，必须满足试压要求，办好隐蔽工程验收手续后，土建施工人员方可按照施工要求完成地沟加盖、沟槽回填、楼地面找平、吊顶安装和墙槽装饰等工序。

2. 排水管道安装中的配合

(1) 明装排水管道的安装。一般在墙面装饰工程完成后进行，土建施工管理人员应认真审核排水管道施工图，合理安排自身的施工进度，注意管道安装对装饰面质量的影响，当受施工工期紧的影响，管道安装和墙面装饰工程同步进行时，应合理协调装饰工程和管道安装工程进度，避免因管道安装影响土建墙体装饰施工进度。

(2) 暗装排水管道的安装。应注意沟槽尺寸、吊顶空间以及管道维修、检查预留口部位对土建的配合要求、管道安装工序与土建的前后关系。如暗装管道的安装一般在地沟未盖盖、吊顶未封闭前，管槽开挖后进行，管道安装后必须满足灌水和通水试验要求，办好隐蔽工程验收手续后，方可按土建工程要求对地沟加盖、沟槽回填、吊顶安装和墙槽装饰等土建施工。

1.7 给水排水施工图识读

施工图是工程界的语言，是建筑施工的依据，是编制施工图预算的基础。建筑给水排水施工图采用统一的图形符号并以文字说明做补充，将其设计意图完整明了地表达出来，用以指导工程的施工。建筑内给水排水施工图设计的方面有生活给水系统、热水供应系统、消防

PPT 课件

给水系统、生活排水系统、雨水排水系统。

1.7.1 常用建筑给水排水图例

建筑给水排水图纸上的管道、管件、附件、阀门、卫生器具、设备等均按照《建筑给水排水制图标准》(GB/T 50106—2010)使用统一的图例来表示，下面列出了一些常用给水排水图例(表1-9～表1-17)。

表1-9 管道图例

名称	图例	名称	图例
生活给水管	——— J ———	热水给水管	——— RJ ———
热水回水管	——— RH ———	中水给水管	——— ZJ ———
循环冷却给水管	——— XJ ———	循环冷却回水管	——— XH ———
热媒给水管	——— RM ———	热媒回水管	——— RMH ———
蒸汽管	——— Z ———	凝结水管	——— N ———
废水管	——— F ———	压力废水管	——— YF ———
通气管	——— T ———	污水管	——— W ———
压力污水管	——— YW ———	雨水管	——— Y ———
压力雨水管	——— YY ———	虹吸雨水管	——— HY ———
膨胀管	——— PZ ———	保温管	～～～
伴热管	＝＝＝	多孔管	—*—*—*—
地沟管	------	防护套管	—[====]—
管道立管	XL-1 平面 / XL-1 系统	空调凝结水管	——— KN ———
排水明沟	坡向 →	排水暗沟	坡向 →

表 1-10　管件图例

名称	图例	名称	图例
偏心异径管		同心异径管	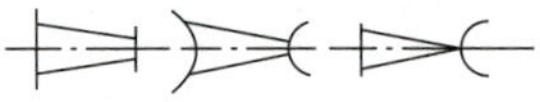
乙字管		喇叭口	
转动接头		S形存水弯	
P形存水弯		90°弯头	
正三通		TY 三通	
斜三通		正四通	
斜四通		浴盆排水管	

表 1-11　管道连接图例

名称	图例	名称	图例
法兰连接	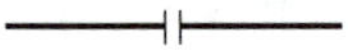	盲板	
承插连接		弯折管	 高 低　低 高
活接头	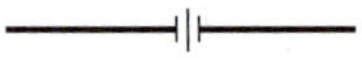	管道丁字上接	 高 / 低
管堵		管道丁字下接	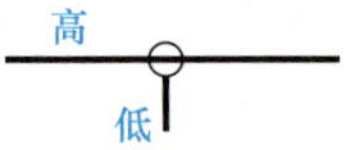 高 / 低
法兰堵盖		管道交叉	 低 / 高

表 1-12　阀门图例

名称	图例	名称	图例
闸阀		气闭隔膜阀	
角阀	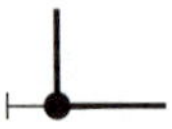	电动隔膜阀	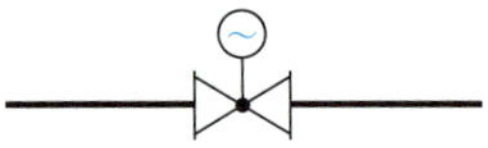
三通阀		温度调节阀	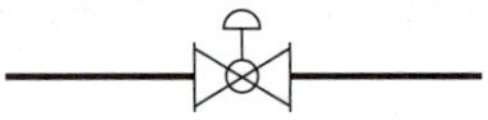
四通阀	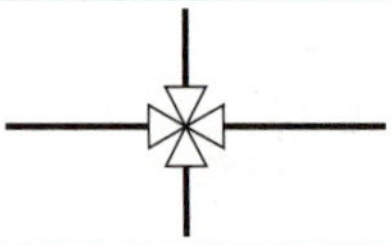	压力调节阀	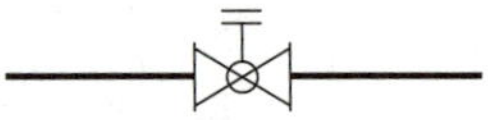

续表

名称	图例	名称	图例
截止阀		电磁阀	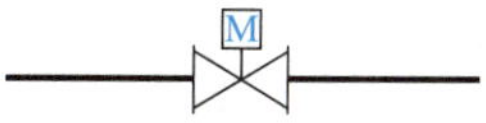
蝶阀	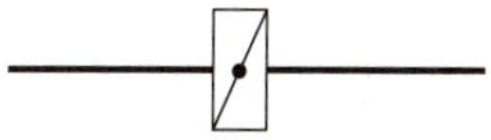	止回阀	
电动闸阀	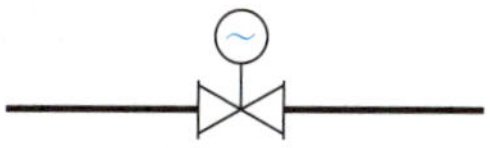	消声止回阀	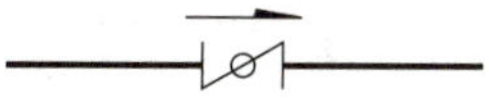
液动闸阀	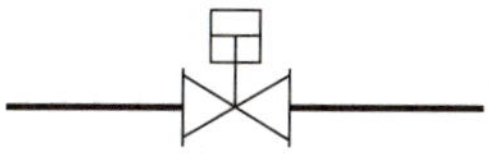	持压阀	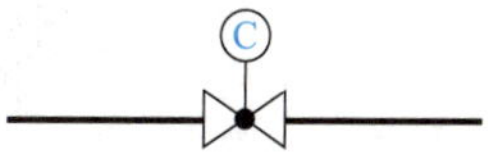
气动闸阀	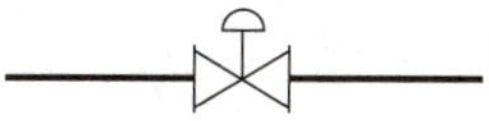	泄压阀	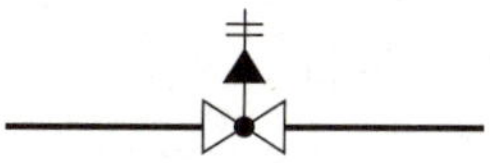
电动蝶阀		弹簧安全阀	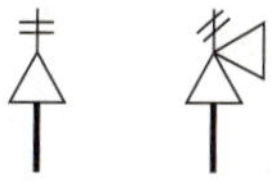
液动蝶阀	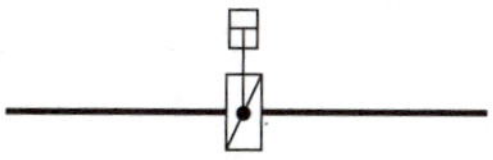	平衡锤安全阀	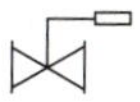
气动蝶阀	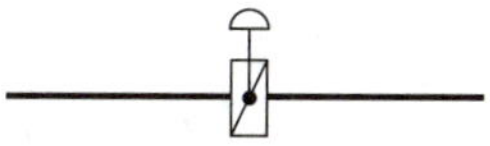	自动排气阀	 平面　系统
减压阀	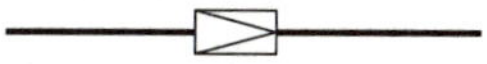	浮球阀	 平面　系统
旋塞阀	 平面　系统	水力液位控制阀	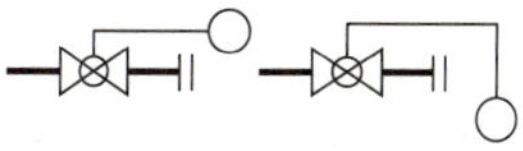 平面　系统
底阀	 平面　系统	延时自闭冲洗阀	
球阀		感应式冲洗阀	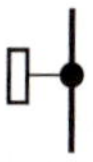
隔膜阀		吸水喇叭口	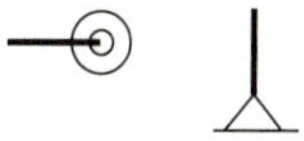 平面　系统
气开隔膜阀	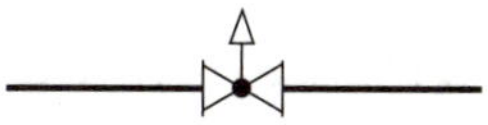	疏水器	

表 1-13　卫生设备及水龙头图例

名称	图例	名称	图例
立式洗脸盆		污水池	
台式洗脸盆	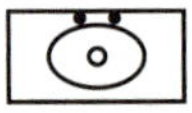	妇女净身盆	
挂式洗脸盆		立式小便器	
浴盆	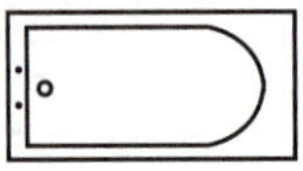	壁挂式小便器	
化验盆、洗涤盆		蹲式大便器	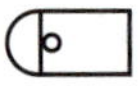
厨房洗涤盆	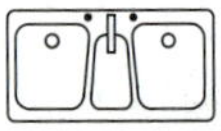	坐式大便器	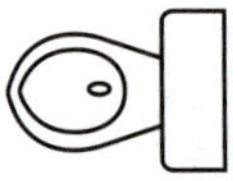
带沥水板洗涤盆	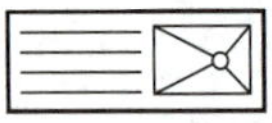	小便槽	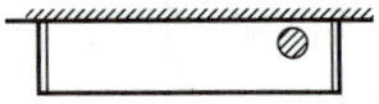
盥洗槽	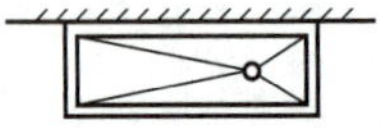	淋浴喷头	

表 1-14　附件图例

名称	图例	名称	图例
管道伸缩器		圆形地漏	 平面 　系统
方形伸缩器		方形地漏	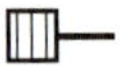 平面 　系统
刚性防水套管	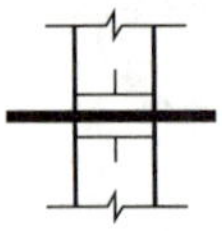	自动冲洗水箱	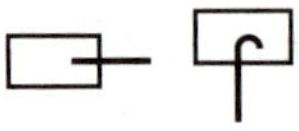
柔性防水套管	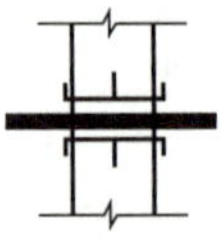	挡墩	
波纹管		减压孔板	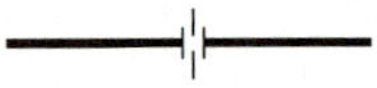
可曲挠橡胶接头	 单球 　双球	Y形除污器	

续表

名称	图例	名称	图例
管道固定支架		毛发聚集器	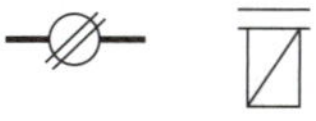 平面　系统
立管检查口		倒流防止器	
清扫口	 平面　系统	吸气阀	
通气帽	成品　蘑菇形	真空破坏器	
雨水斗	 YD－平面　YD－系统	防虫网罩	
排水漏斗	 平面　系统	金属软管	

表1-15　小型给水排水构筑物图例

名称	图例	名称	图例
矩形化粪池	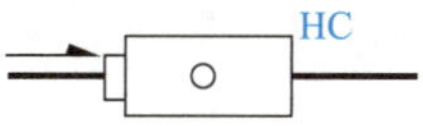 HC	雨水口（双箅）	
隔油池	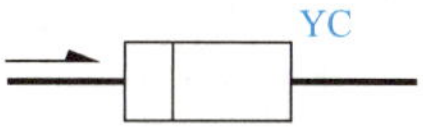 YC	阀门井及检查井	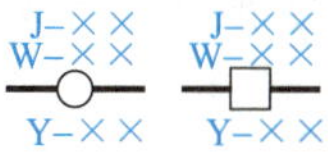 J-×× J-×× W-×× W-×× Y-×× Y-××
沉淀池	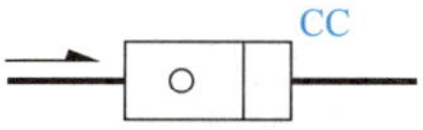 CC	水封井	
降温池	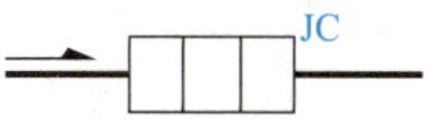 JC	跌水井	
中和池	ZC	水表井	
雨水口（单箅）			

表 1-16 设备及仪表图例

名称	图例	名称	图例
卧式水泵	 平面 或 系统	立式水泵	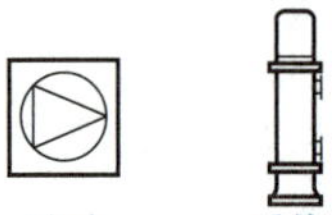 平面 系统
潜水泵	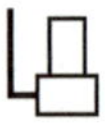	定量泵	
管道泵		卧式容积热交换器	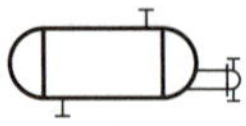
立式容积热交换器	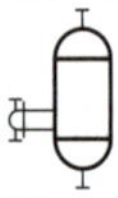	快速管式热交换器	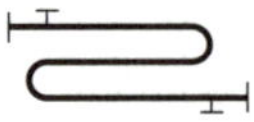
板式热交换器	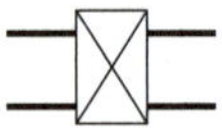	开水器	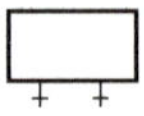
喷射器		除垢器	
水锤消除器	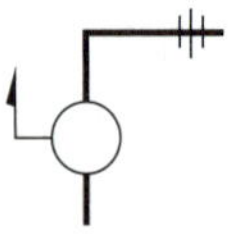	搅拌器	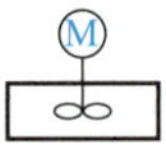
紫外线消毒器	 ZWX	温度计	
压力表		自动记录压力表	
压力控制器		水表	
自动记录流量表	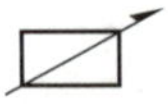	转子流量计	 平面 系统
真空表		温度传感器	 T
压力传感器	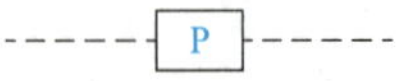 P	pH 传感器	 pH
酸传感器	 H	碱传感器	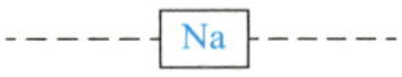 Na
余氯传感器	 Cl		

表 1-17 消防给水配件图例

名称	图例	名称	图例
消火栓给水管	—— XH ——	自动喷水灭火给水管	—— ZP ——
雨淋灭火给水管	—— YL ——	水幕灭火给水管	—— SM ——
水炮灭火给水管	—— SP ——	室外消火栓	
室内消火栓（单口）	 平面　系统	室内消火栓（双口）	平面　系统
水泵接合器	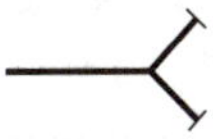	自动喷洒头（开式）	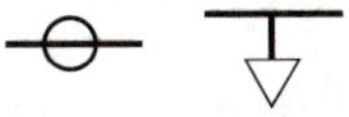 平面　系统
自动喷洒头（闭式）（下喷）	 平面　系统	自动喷洒头（闭式）（上喷）	 平面　系统
自动喷洒头（闭式）（上下喷）	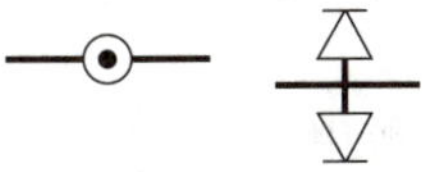 平面　系统	侧墙式自动喷洒头	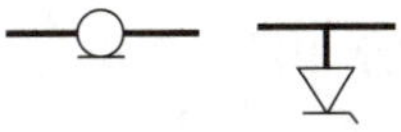 平面　系统
水喷雾喷头	 平面　系统	直立型水幕喷头	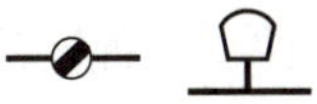 平面　系统
下垂型水幕喷头	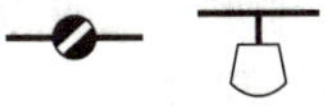 平面　系统	干式报警阀	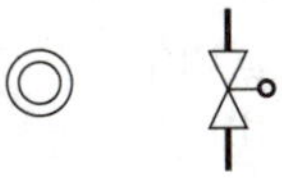 平面　系统
湿式报警阀	 平面　系统	预作用报警阀	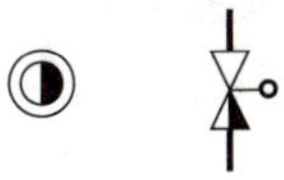 平面　系统
雨淋阀	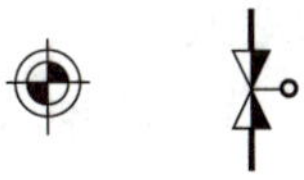 平面　系统	信号闸阀	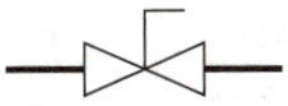
信号蝶阀	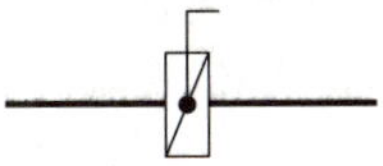	消防炮	 平面　系统
水流指示器		水力警铃	

续表

名称	图例	名称	图例
末端试水装置	◎ ↓ 平面　系统	手提式灭火器	△
推车式灭火器	△		

1.7.2　建筑给水排水施工图内容及识读方法

1. 图纸内容

建筑室内给水排水施工图一般由图纸目录、设计和施工总说明、主要设备材料表、平面图、系统图(轴测图)、详图等组成。室外小区给水排水工程，根据工程内容还应包括管道断面图、给水排水节点图等。

(1)图纸目录。它是将全部施工图按其编号(设施—×)、图名序号填入图纸目录表格，同时在表头上标明建设单位、工程项目、分部工程名称、设计日期等。其作用是核对图纸数量，便于识图时查找。

(2)设计和施工总说明。它们包括以下内容：一般用文字表明的工程概况(包括建筑类型、建筑面积、设计参数等)；设计中用图形无法表达的一些设计要求(如管道材料、防腐要求、保温材料及厚度、管道及设备的试压要求、清洗要求等)；施工中应参考的规范、标准和图集；主要设备材料表及应特别注意的事项等。

(3)平面图。它是水平剖切后，自上而下垂直俯视的可见图形，又称俯视图。平面图是最基本的施工图样。

建筑室内给水排水施工平面图包括以下内容：给水排水、消防给水管道的平面布置，卫生设备及其他用水设备的位置、房间名称、主要轴线号和尺寸线；给水、排水、消防立管位置及编号；底层平面图中还包括引入管、排出管、水泵接合器等与建筑物的定位尺寸、穿建筑物外墙及基础的标高。

平面图没有高度的意义，其中管道和设备的安装高度必须借助系统图、剖面图来确定。

(4)系统图。可采用斜二测画法，用来表示管道及设备的空间位置关系，通过系统图，可以对工程的全貌有个整体了解。建筑室内给水排水施工系统图包括以下内容：建筑楼层标高、层数、室内外建筑平面高差；管道走向、管径、仪表及阀门、控制点标高和管道坡度；各系统编号、立管编号，各楼层卫生设备和工艺用水设备的连接点位置；排水立管上检查口、通气帽的位置及标高。

(5)详图。一般用较大比例绘制，建筑室内给水排水施工详图包括以下内容：设备及管道的平面位置，设备与管道的连接方式，管道走向、管道坡度、管径、仪表及阀门、控制点标高等，常用的卫生器具及设备。施工详图可直接套用有关给水排水标准和图集。

(6)剖面图。它是在某一部位剖切后，沿剖切视向绘制的可见图形。其主要作用是表明设备和管道的立面形状、安装高度，立面设备与设备、管道与设备、管道与管道之间的连接关系。剖面图多用于室外管道工程。

(7)标准图。标准图又称通用图，是统一施工安装技术要求、具有一定的法令性的图样，设计时无须再重复制图，只需选出标准图号即可。施工中应严格按照指定图号的图样进行施工安装，可按比例绘制，也可不按比例绘制。

2. 识读方法

识读室内给水施工图时，首先对照图纸目录，核对整套图纸是否完整，各张图纸的图名是否与图纸目录所列的图名相吻合，在确认无误后再正式识图。

识图时必须分清系统，各系统不能混读，将平面图与系统图对照起来看，以便相互补充和说明。建立全面、完整、细致的工程形象，以全面地掌握设计意图。对某些卫生器具或用水设备的安装尺寸、要求、接管方式等不了解时，还必须辅以相应的安装详图。

给水系统按进水流向先找系统的入口，按引入管、干管、支管到用水设备或卫生器具的进水接口的顺序识读。

排水系统按排水流向，从用水设备或卫生器具的排水口、排水支管、排水干管、排水立管到排出管的顺序识读。

(1)平面图的识读。

1)首先应阅读设计说明，熟悉图例、符号，明确整个工程给水排水概况、管道材质、连接方式、安装要求等。

2)给水平面图识读时应按供水方向分系统并分层识读。

①对照图例、编号、设备材料表明确供水设备的类型、规格数量，明确其在各层安装的平面定位尺寸，同时查清选用标准图号。

②明确引入管的入口位置，与入口设备水池、水泵的平面连接位置。

③明确干管在各层的走向、管道敷设方式、管道的安装坡度、管道的支承与固定方式。

④明确给水立管的位置、立管的类型及编号情况，各立管与干管的平面连接关系。

⑤明确横支管与用水设备的平面连接关系，明确敷设方式。

3)排水平面图识读方法同给水平面图，识读时应明确排水设备的平面定位尺寸，明确排出管、立管、横管、器具支管、通气管、地面清扫口的平面定位尺寸，各管道、排水设备的平面连接关系。

(2)系统图的识读。

1)给水系统图的识读从入口处的引入管开始，沿干管、最远立管、最远横支管和用水设备识读，再按立管编号顺序识读各分支系统。识图内容包括：引入管的标高，引入管与入口设备的连接高度；干管的走向、安装标高、坡度、管道标高变化；各条立管上连接横支管的安装标高、支管与用水设备的连接高度；明确阀门、调压装置、报警装置、压力表、水表等的类型、规格及安装标高。

2)排水系统图识读时应明确各类管道的管径，干管及横管的安装坡度与标高；管道与排水设备的连接方法，排水立管上检查口的位置；通气管伸出屋面的高度及通气管口的封闭要求；管道的防腐、涂色要求。

(3)详图的识读。详图识读时可参照以上有关平面图、系统图识读方法进行，但应注意将详图内容与平面图及系统图中的相关内容相互对照，建立系统整体形象。

1.7.3 施工图实例

某工程建筑室内给水排水施工图由给水排水设计施工总说明，车库层、一层、二层、三～六层、阁楼层、屋顶给水排水平面图，给水排水系统图(轴测图)，给水排水详图等组成，如图 1-74～图 1-82 所示。该工程的给水排水设计施工总说明如下：

一、设计说明

(一)设计依据

1. 已批准的方案设计文件。
2. 建设单位提供的本工程有关资料和设计任务书。
3. 建筑和有关工种提供的作业图和有关资料。
4. 国家现行有关给水排水和卫生等设计规范及规程。

(二)设计范围

1. 本设计范围包括本建筑内的生活给水排水系统、太阳能热水系统、空调冷凝水等管道系统。
2. 本工程的室外给水排水系统另见总平面图。
3. 本工程雨水系统属于外排水系统,详见建筑施工图。

(三)工程概况

本建筑设计耐火等级为二级。

(四)系统说明

本工程设有生活给水系统,太阳能热水系统,生活污、废水系统,雨水系统,空调冷凝水系统。

1. 生活给水系统:

(1)室内生活给水方式采用下行上给式供水。
(2)给水分户水表设置于室外地下水表井内。

2. 太阳能热水系统:

(1)太阳能集热器统一型号,统一定位安装在屋顶。
(2)冷、热水管及溢流管通过设立的套管通至屋面,与对应太阳能热水器连接。

3. 生活污、废水系统:

(1)本工程住宅卫生间污、废水采用分流制排水,室内污、废水重力自流排入室外污水检查井。
(2)污水经化粪池处理后,排入市政污水管网。

4. 雨水系统:

(1)住宅屋面雨水经外落水管重力自流排至室外地面散水。
(2)辅房部分雨水经外落水管重力自流排至室外雨水管。

5. 空调冷凝水系统:

(1)空调排水设置冷凝水管集中收集,排至室外地面或二层楼面散水。
(2)灭火器系统。商铺内设置灭火器,灭火器配置 MF/ABC2 型手提式磷酸铵盐干粉灭火器,距每层地面 1.1 m 壁挂安装,具体详见图纸。

二、施工说明

(一)管材

1. 生活给水管,生活热水管:

(1)给水管采用 1.25 MPa 高密度聚乙烯(HDPE)管热熔连接,工作温度为 $-40\ ℃\sim 60\ ℃$。
(2)热水管采用 2.0 MPa 聚丙烯(PP—R)管热熔连接,工作温度小于 95 ℃。

2. 排水管道:

(1)污废水、通气、雨水及空调冷凝水管道均采用硬聚氯乙烯塑料排水管胶粘剂粘接。
(2)排水立管伸缩节设置安装详见《建筑排水塑料管道工程技术规程》(CJJ/T 29—2010)。

(二)阀门、水表及附件

1. 阀门:

生活给水管、热水管管径小于 DN50 时采用全铜质截止阀。

2. 水表：

分户水表采用 LXS—20 型水表。

3. 附件：

(1)住宅卫生间采用铝合金或铜防返溢地漏，箅子均为镀铬制品，水封高度不小于 50 mm，空调板采用无水封地漏。

(2)洗衣机水龙头采用 DN15 铜镀铬皮带水嘴。

(3)全部给水配件均采用节水型产品，不得采用淘汰产品。

(三)卫生洁具

1. 卫生洁具均由甲方选型选色确定。

2. 坐便器、洗手盆、洗菜池均安装到位，其余给水点预留接口并用堵头封堵。

(四)管道敷设

1. 排水管穿楼板应预留孔洞，管道安装完后将孔洞严密捣实，立管周围应设高出楼板面设计标高 20 mm 的阻水圈。

2. 明敷管道的主管管径大于等于 110 mm 的，在楼板贯穿部位应设阻火圈。

3. 管道穿钢筋混凝土墙和楼板、梁时，应根据图中所注管道标高位置配合土建工种预留孔洞或预埋套管；管道穿地下室外墙屋面时，应预设刚性防水套管。

4. 管道支架

(1)管道支架或管卡应固定在楼板上或承重结构上的阻水圈。

(2)塑料管水平安装支架间距按《建筑给水排水及采暖工程施工质量验收规范》(GB 50242—2002)的规定施工。

(3)立管每层装一管卡，安装高度为距地面 1.5～1.8 m。

5. 排水管上的吊钩或卡箍应固定在承重结构上。固定件间距：横管不得大于 2 m，立管不得大于 3 m，层高小于或等于 4 m，立管中部可安装一个固定件。

(五)管道试压

1. 生活给水管试验压力为 0.6 MPa。试压方法应按《建筑给水排水及采暖工程施工质量验收规范》(GB 50242—2002)的规定执行。

2. 污水和雨水的灌水及通球试验应按《建筑给水排水及采暖工程施工质量验收规范》(GB 50242—2002)的规定执行。

(六)管道冲洗

1. 给水管道在系统运行前需用水冲洗和消毒，要求以不小于 1.5 m/s 的流速进行冲洗，并符合《建筑给水排水及采暖工程施工质量验收规范》(GB 50242—2002)中 4.2.3 条的规定。

2. 雨水管和排水管冲洗以管道通畅为合格。

(七)其他

1. 图中所注尺寸除管长、标高以 m 计外，其余以 mm 计。

2. 本图所注管道标高：给水管等压力管指管中心，污水、废水、雨水管等重力流管道和无水流的通气管指管内底。

3. 本设计施工说明与图纸具有同等效力，二者有矛盾时，业主及施工单位应及时提出，并以设计单位解释为准。

4. 施工中应与土建公司和其他专业公司密切合作，合理安排施工进度，及时预留孔洞及预埋套管，以防碰撞和返工。

5. 除本设计说明外，施工中还应遵守《建筑给水排水及采暖工程施工质量验收规范》(GB 50242—2002)及《给水排水构筑物工程施工及验收规范》(GB 50141—2008)。

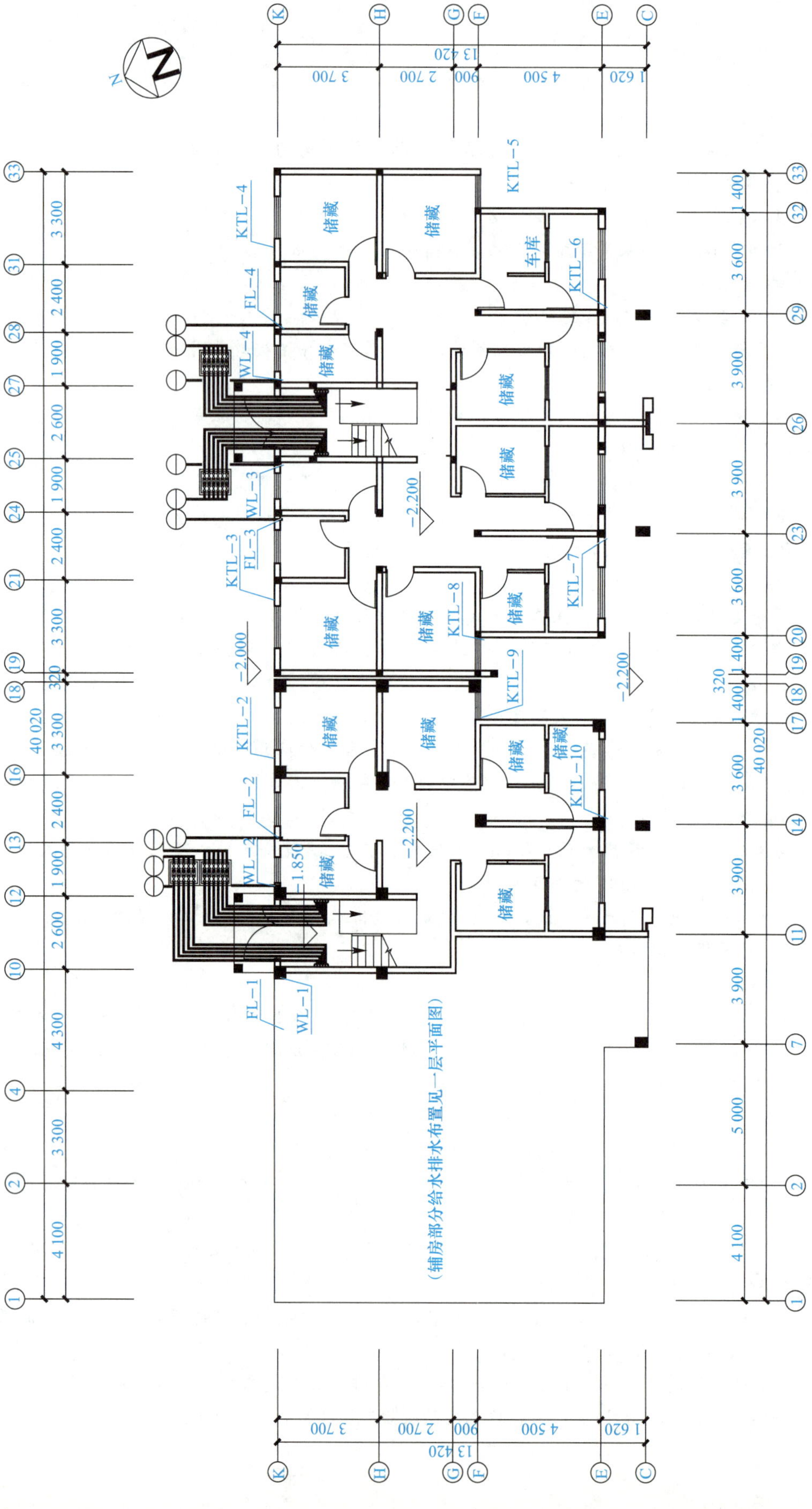

图 1-74 车库层给水排水平面图 1:100

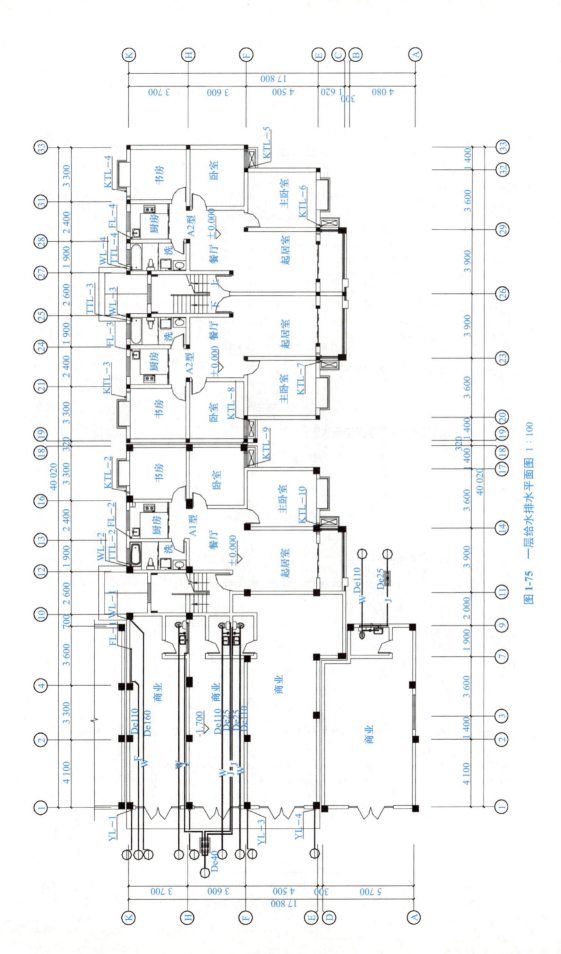

图 1-75 一层给水排水平面图 1:100

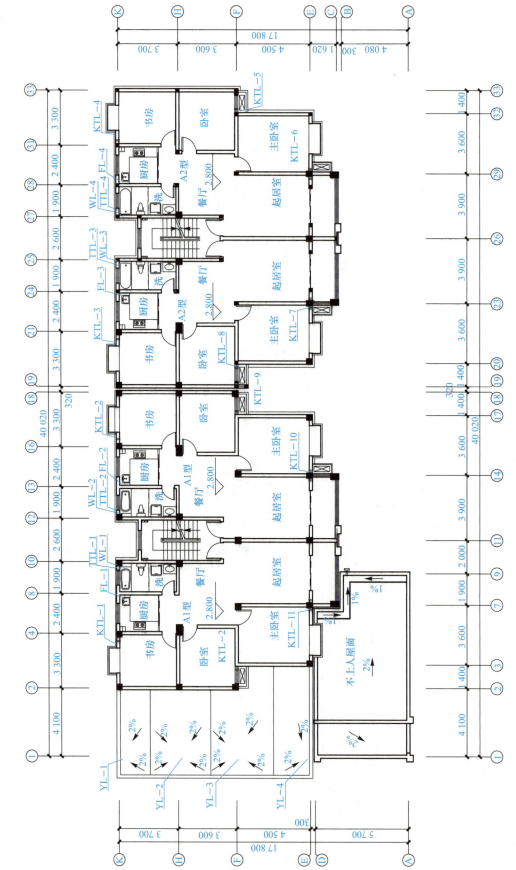

图 1-76 二层给水排水平面图 1:100

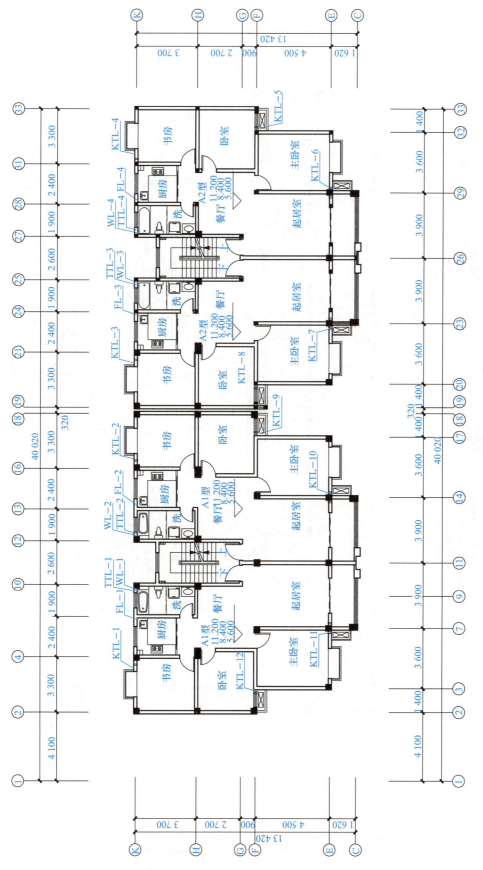

图 1-77 三~六层给水排水平面图 1:100

73

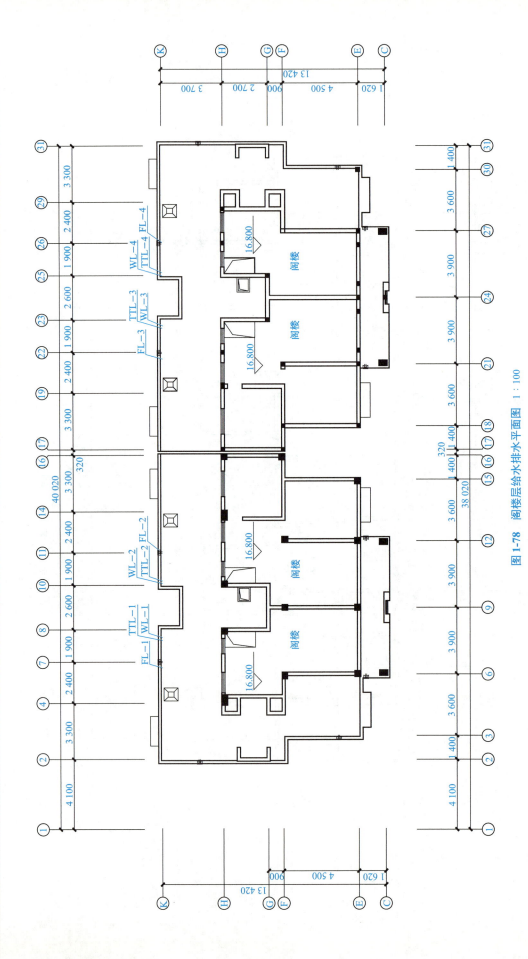

图1-78 阁楼层给水排水平面图 1:100

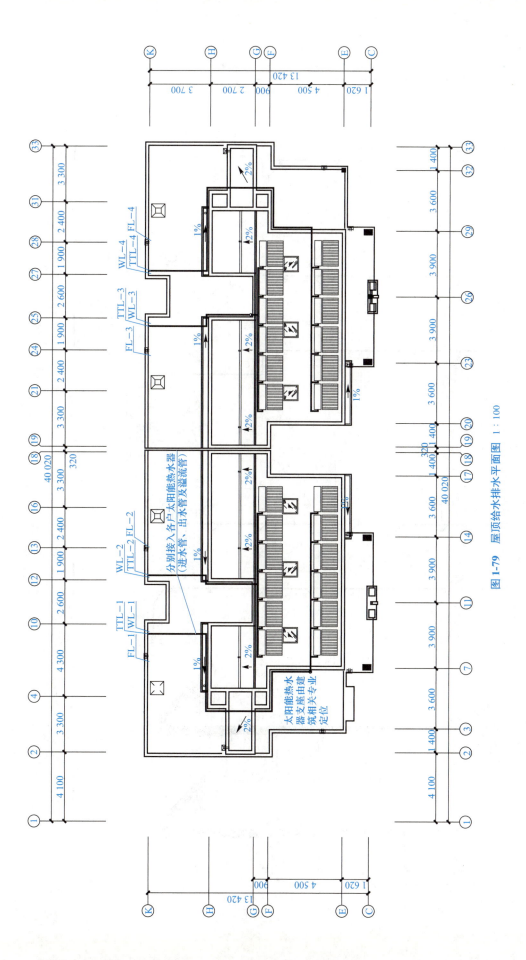

图1-79 屋顶给水排水平面图 1:100

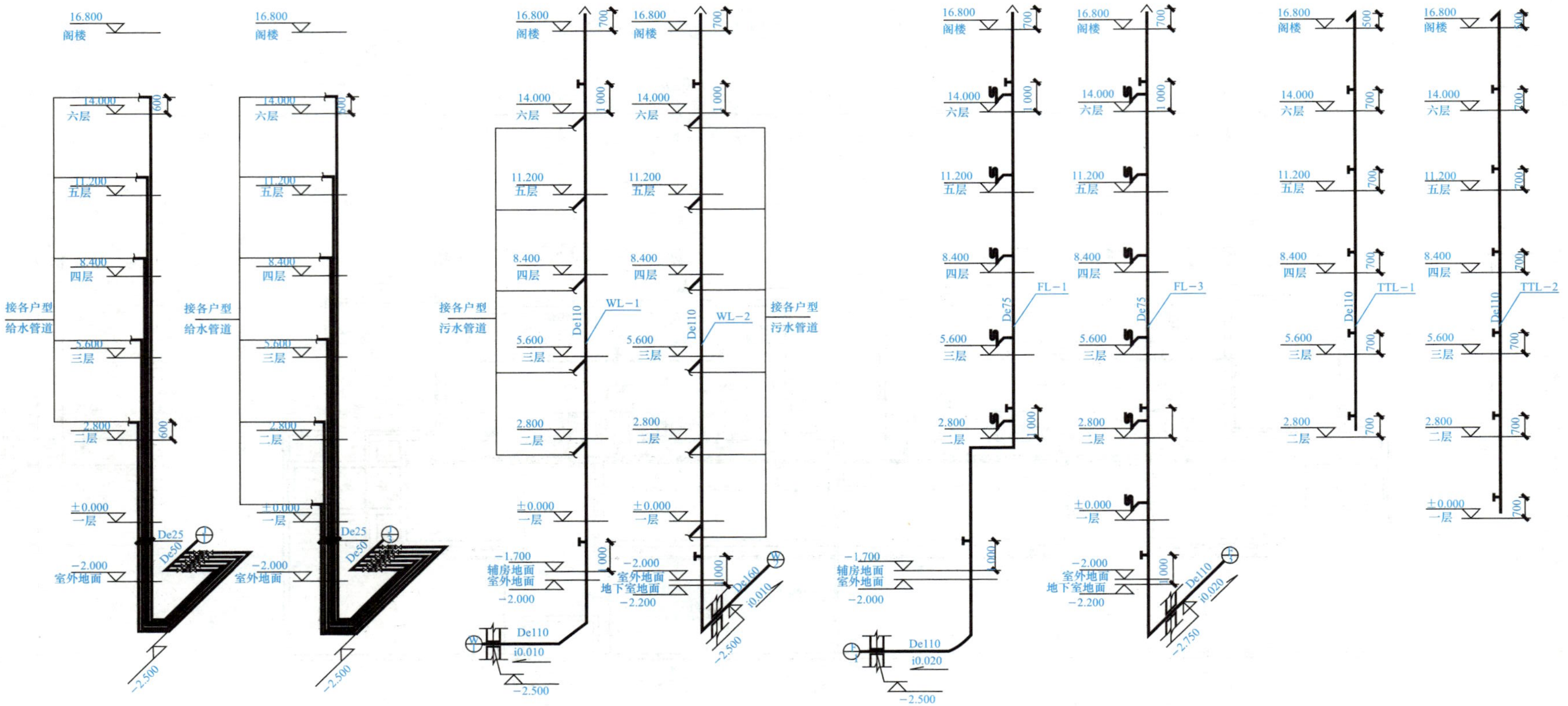

给水系统图

注：$\frac{J}{3}$ 与 $\frac{J}{2}$ $\frac{J}{4}$ 对称。

污水系统图

注：WL−2与WL−3、WL−4同。

废水系统图

注：FL−3与FL−2、FL−4对称。

太阳能套管系统图

注：TTL−2与TTL−3、4同。

图 1-80　给水排水系统图（一）

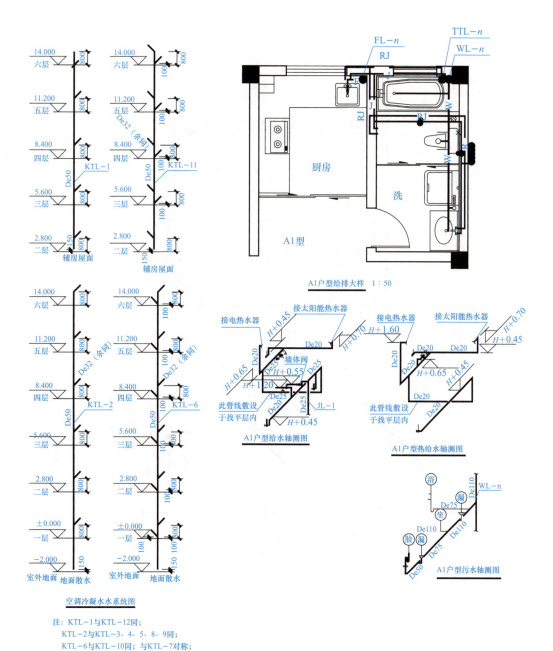

图 1-81 给水排水系统图(二)

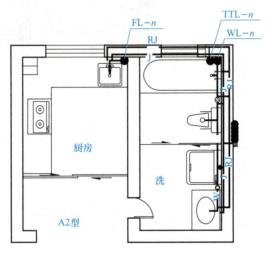

A2户型给排大样 1:50

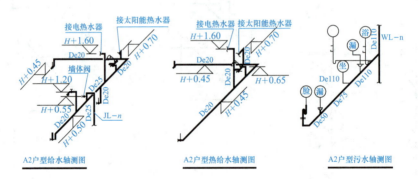

A2户型给水轴测图   A2户型热给水轴测图   A2户型污水轴测图

图 1-82　给水排水系统图(三)

知识拓展

同层排水

同层排水作为一种新型排水方式，较传统排水方式有着明显的优点和很大的发展、应用潜力。

1. 同层排水的概念

同层排水，又称"同层安装"，是指在同楼层内施工敷设，同楼层的排水支管与主排水支管均不穿越楼板，使得污水及废弃物顺利排放至排水主立管（主排污立管），一旦发生需要疏通清理的情况，在本层套内就能解决问题的排水方式，如图1-83(a)所示。

传统隔层排水是排水支管穿过楼板，在下层吊顶下与排水主立管相连，如图1-83(b)所示。

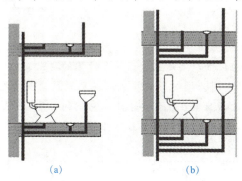

图1-83 两种不同的排水方式
(a)同层排水；(b)隔层排水

2. 同层排水系统的设计依据

住宅排水管道同层布置设计的依据是：

(1)《住宅设计规范》(GB 50096—2011)8.2.8条规定：污废水排水横管宜设于本层套内。

(2)《建筑给水排水设计规范(2009年版)》(GB 50015—2003)4.3.8条规定：当住宅卫生间的卫生器具排水管要求不穿越楼板进入他户时，卫生器具排水横支管应设置同层排水。

(3)《健康住宅建设技术规程》(CECS 179—2009)2.7.4条规定：排水支管应以本户为界。

以上条文用语中有的用"宜"，有的用"应"，但都表达了同一个观念，住宅卫生间排水设计要采用同层排水。

国家标准图集《住宅厨、卫给水排水管道安装》(14S307)也针对同层排水做了一些标准设计。

湖北、河南、湖南、广东、广西、海南等省(区)建设厅将同层排水系统批准为中南地区建筑标准设计图集。

江苏省建设厅苏建科〔2006〕510号文件将同层排水系统批准为江苏省工程建设标准设计图集。

3. 同层排水相对于传统排水的优点

同层排水相对于传统的隔层排水方式，最根本的理念改变是通过本层内的管道合理布局，彻底摆脱相邻楼层间的束缚，避免了由于排水横管侵占下层空间所造成的一系列麻烦和隐患，包括产权不明晰、噪声干扰、渗漏隐患、空间局限等，同时采用壁挂式卫生器具，地面上不再有任何卫生死角，清洁打扫变得格外方便。

同层排水与传统的下排水方式相比，有以下优点：

（1）同层排水不需要旧式P弯或S弯水封存水弯，传统的下排水方式是每个卫生器具必须附加一个P弯或S弯存水水封，此处最容易发生堵塞，这是传统下排水方式的最大弊端。

（2）同层排水横管在本层套内敷设，卫生间楼板不被卫生器具管道穿越，减小了渗漏水的概率，也能有效地防止疾病的传播。而传统的下排水横管包括它的P弯与S弯是穿过楼板在下层敷设，占用了下层套内空间。

（3）一旦发生堵塞，同层排水方式在本层套内就能达到清理疏通的目的（揭开多功能地漏或接入器的盖子），房屋产权明晰，不干扰下层住户，而传统下排水方式则一定要到下层套内去清理疏通。

（4）同层排水管布置在楼板上，被回填垫层覆盖后有较好的隔声效果，从而排水噪声大大降低。而传统的排水方式下当楼上用户使用卫生洁具时，在楼下可以听到明显的噪声。

（5）节省空间：同层排水支管是在同一层内完成的，所以住户卫生间的空间变大，还省去了吊顶的麻烦并节省了费用。

（6）同层排水卫生器具的布置不受限制：因为楼板上没有卫生器具的排水管道预留孔，用户可自由布置卫生器具的位置，满足卫生器具个性化的要求。

（7）避免了上下楼层卫生间必须对齐的尴尬：在别墅或商业办公楼的装修设计中，上下对齐的卫生间显得非常呆板，业主往往会要求改变它们的位置，或是在办公区另设一个卫生间。因为不需要在地上重新打孔，或在墙上另外开槽，同层排水系统能轻松满足这一要求。

4. 同层排水的安装方式

同层排水的安装方式旨在同层排水的基础上，根据不同的卫生间布局，合理敷设管道，达到有效排水排污的目的。

从墙体结构安装方式上，同层排水可分为三种方式：墙排式、局部降板式和局部抬高式，如图1-84所示。

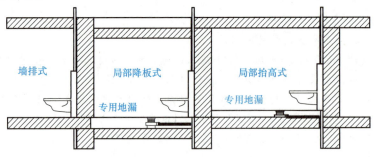

图1-84 同层排水安装方式

（1）墙排式：墙排式同层排水技术始创于欧洲，其同层排水技术主要是设立假墙，将卫生洁具固定在假墙上，排水支管不穿越楼板而在假墙内敷设、安装，在同一楼层内与主管相连接。其优点在于美观、无卫生死角，目前在部分精装修楼盘、高档住宅中采用。缺点在于卫生器具的选择余地比较小，这种方式占用了室内空间，施工困难，造价比较高，并且中国人有设地漏的习惯，不能解决地面排水的问题，不符合中国市场的需求。

（2）局部降板式：即采用卫生间楼板或局部楼板下沉的方式。卫生间下沉的排水方式参照《住宅卫生间》(14J914—2)。具体做法是卫生间的结构楼板下层（局部）300 mm作为管道敷设空间。下沉楼板采用现浇混凝土并做好防水层，按设计标高和坡度沿下层楼板敷设给水排水管道，并用水泥焦渣等轻质材料填实作为垫层，垫层上用水泥砂浆找平后再做防水层和面层。14J914—2图集指出，采用这种方式时，应该使用一种叫"多功能专利地漏"的管配件。现有的降板通常是指卫生间的一次防水层面，低于客厅毛坯层面。目前此种方式在国内采用较多。

(3)局部抬高式：指垫高卫生间地面的垫层法，这种方式采用得不多，原因是容易产生"内水外溢"。在老房改建中不得已的情况下偶尔采用。由于其施工难度大，费工费料，影响美观，增加楼体的承载负荷，现已不再使用。

(4)采用楼板下沉式同层排水，工程造价增加量很少。

采用楼板下沉式同层排水，在现有的楼盘中，从整体上看，工程费用会增加一点，但幅度不会很大，与整个工程费用相比，甚至可以忽略不计。从楼板结构来看，卫生间下层部分的钢筋用量与周边未下沉部分一样，并没有变化。可以这样讲，楼板下沉式同层排水增加的费用仅是回填层的费用。目前江苏、上海、广东、陕西等省(市)均以此为标准。

(5)同层排水系统主要构件为：总管、多通道接头、导向管件、回气连接管、坐便接入器、多功能地漏、漏水处理器等。

本章小结

本章主要介绍了建筑给水系统、建筑热水系统、建筑消防系统、建筑排水系统等系统的概念、分类和组成；建筑给水系统的给水方式和建筑排水系统的排水方式；高层建筑给水排水的方式；给水排水工程常用管材、配件和设备；给水管道和排水管道的布置与敷设要求；给水排水施工图实例。要能熟练阅读建筑给水排水施工图，必须掌握建筑给水排水施工图中的各类图例及识读要领。

自我测评

一、选择题

1. 下列叙述不正确的是(　　)。
   A. 建筑内给水系统按其供水对象的不同，可分为生活给水系统、生产给水系统、消防给水系统
   B. 生活给水系统水质要求较高，必须符合国家规定的生活饮用水水质标准，用水量一般不均匀
   C. 生产给水系统应满足生产工艺的要求，用水量一般较均匀，用水有规律性，水质要求不高
   D. 消防给水系统对水质无特殊要求，水量、水压需满足建筑设计防火规范，短时间内用水量大

2. 下列叙述不正确的是(　　)。
   A. 生产污水污染较重，需先排至化粪池处理后，再排入污水处理厂进行处理
   B. 生活污水含有大量细菌，污染较重，先排至化粪池处理，再排至污水处理厂进行处理
   C. 建筑内排水系统的排水方式分为合流制和分流制
   D. 生活废水和生产废水水质较轻，经过适当处理后可以加以回用

3. 下列叙述正确的是（　　）。
   A. 污水应尽可能以较长的距离并以重力流的方式排送至污水处理厂
   B. 聚丙烯管用 PB 来表示，聚丁烯管用 PP 来表示，硬聚氯乙烯管用 UPVC 来表示
   C. 给水管是有压管，给水管的设计是按满流管设计的
   D. 污水管是无压管，污水管的设计是按非满流管来设计的

4. 下列叙述不正确的是（　　）。
   A. 下行上给式适用于利用室外管网水压直接供水的工业与民用建筑
   B. 上行下给式水平干管设于顶层天花板下、吊顶中或技术夹层内，从上向下供水
   C. 下行上给式水平干管在底层直接埋地敷设，或设在地下室天花板下、专门的地沟内，从下向上供水
   D. 上行下给式适用于设置高位水箱有困难的公共建筑和地下管线较多的工业建筑

5. 建筑给水系统设有屋顶水箱时，水泵的扬程设置应（　　）。
   A. 满足最高层配水点所需水压或消火栓所需水压
   B. 满足距水泵直线距离最远处配水点或消火栓所需水压
   C. 满足水箱进水所需水压和消火栓所需水压
   D. 满足水箱出水所需水压和消火栓所需水压

6. 以下水箱接管上不设阀门的是（　　）。
   A. 进水管　　　B. 出水管　　　C. 溢流管　　　D. 泄水管

7. 镀锌钢管规格有 $DN15$、$DN20$ 等，DN 表示（　　）。
   A. 内径　　　　B. 公称直径　　C. 外径　　　　D. 半径

8. 不能使用焊接的管材是（　　）。
   A. 塑料管　　　　　　　　　　B. 无缝钢管
   C. 铜管　　　　　　　　　　　D. 镀锌钢管

9. 室外给水管网水压大部分时间满足室内管网的水量、水压要求，但周期性不足，采用（　　）给水方式。
   A. 直接给水　　　　　　　　　B. 设高位水箱
   C. 设贮水池、水泵、水箱联合工作　　D. 设气压给水装置

10. 下列叙述不正确的是（　　）。
    A. 截止阀安装时无方向性
    B. 止回阀安装时有方向性，不可装反
    C. 闸阀安装时无方向性
    D. 旋塞阀的启闭迅速

11. 住宅给水一般采用（　　）水表。
    A. 旋翼式干式　　　　　　　　B. 螺翼式湿式
    C. 旋翼式湿式　　　　　　　　D. 螺翼式干式

12. 若室外给水管网供水压力为 200 kPa，建筑所需生活水压 240 kPa，当室外供水量能满足室内用水量要求，但设置水池较困难时，应采取（　　）供水方式。
    A. 直接给水方式　　　　　　　B. 单设高位水箱
    C. 无负压给水装置　　　　　　D. 设贮水池、水泵、水箱联合工作

13. 有关水箱配管与附件阐述正确的是(　　)。
    A. 进水管上浮球阀前可不设阀门
    B. 出水管应设置在水箱的最低点
    C. 进、出水管共用一条管道，出水短管上应设止回阀
    D. 泄水管上可不设阀门
14. 室外供水压力为 300 kPa，住宅建筑为 6 层，应采取(　　)供水方式。
    A. 直接给水　　　　　　　　　　　B. 单设高位水箱
    C. 设贮水池、水泵、水箱联合工作　　D. 设气压给水装置
15. 教学楼内当设置消火栓系统后一般还设置(　　)。
    A. 二氧化碳灭火系统　　　　　　　B. 卤代烷系统
    C. 干粉灭火器　　　　　　　　　　D. 泡沫灭火系统
16. 下面(　　)属于闭式自动喷水灭火系统。
    A. 雨淋喷水灭火系统　　　　　　　B. 水幕灭火系统
    C. 水喷雾灭火系统　　　　　　　　D. 预作用自动喷水灭火系统
17. 对排水管道布置的描述，(　　)条是不正确的。
    A. 排水管道布置应力求长度最短　　B. 排水管道应保证一定的坡度
    C. 排水管道可穿越伸缩缝　　　　　D. 排水管道弯头最好大于 90°
18. 高层建筑排水系统的好坏很大程度上取决于(　　)。
    A. 排水管径是否足够　　　　　　　B. 通气系统是否合理
    C. 是否进行竖向分区　　　　　　　D. 同时使用的用户数量
19. 大便器的最小排水管管径为(　　)。
    A. $DN50$　　　B. $DN75$　　　C. $DN100$　　　D. $DN150$
20. 需要进行隔油处理的污水是(　　)。
    A. 住宅楼污水　　　　　　　　　　B. 医院楼污水
    C. 汽车修理车间污水　　　　　　　D. 工厂冷却废水

二、建筑给水系统简答题
1. 建筑内给水系统由哪几部分组成？各有什么作用？
2. 建筑给水方式有哪几种？其优缺点和适用场所是什么？
3. 建筑给水水压的估算方法有何特点？
4. 建筑给水升压和贮水设备有哪些？
5. 建筑给水管材有几种？各有何特点？
6. 建筑给水管道的布置原则和敷设要求是什么？
7. 高层建筑给水系统有何特点？

三、建筑排水系统简答题
1. 建筑内排水系统由哪几部分组成？各有什么作用？
2. 什么是排水体制？建筑内排水体制如何确定？
3. 建筑内排水系统常用的管材有哪些？
4. 清通设备是什么？有哪些设置原则？
5. 建筑内排水管道布置和敷设的原则和要求有哪些？
6. 建筑内排水系统中通气管道的作用是什么？常见的通气管有哪几种？
7. 排水管道安装与土建工程如何配合？
8. 高层建筑排水系统有何特点？

四、热水供应系统简答题

1. 热水供应系统由哪几部分组成？
2. 如何选择热源？
3. 热水的供应方式有哪些？
4. 各种热水供应系统具有哪些特点？
5. 怎样解决开式和闭式热水供应系统的排气？
6. 热水供应系统的附件有哪些？
7. 热水管网应如何敷设？
8. 高层建筑热水系统有何特点？

五、建筑消防系统简答题

1. 灭火剂有哪几种？其灭火原理分别是什么？
2. 室内消火栓给水系统的给水方式有哪些？各种给水方式适用什么条件？
3. 室内消火栓设置要满足什么要求？
4. 何谓消火栓水枪的充实水柱？
5. 各种自动喷水灭火系统的适用环境是什么？
6. 自动喷水灭火系统的主要组件有哪些？各自的作用是什么？
7. 自动喷水灭火系统的管道布置有何要求？
8. 高层建筑消防系统有何特点？

第 2 章 建筑采暖系统

学习目标

掌握采暖系统的分类与组成,热水采暖系统的基本原理与分类,辐射采暖的分类与原理,采暖工程的施工图识读。熟悉蒸汽采暖系统的工作原理与分类,各类采暖系统的主要设备,采暖工程的安装与土建配合施工。

内容概要

项 目	内 容
采暖系统的组成与分类	采暖系统的组成与原理
	采暖系统的分类
热水采暖系统	自然循环热水采暖系统
	机械循环热水采暖系统
蒸汽采暖系统	蒸汽采暖系统的工作原理与分类
	高压蒸汽采暖系统
	蒸汽采暖系统和一般热水采暖系统的比较
辐射采暖系统	辐射采暖分类
	辐射采暖的热媒
	低温辐射采暖
	中温辐射采暖
	高温辐射采暖
供暖系统施工与土建配合	热水供暖系统的安装与土建配合
	低温热水地面辐射供暖的施工与土建配合
采暖工程施工图识读	采暖施工图一般规定
	室内供暖施工图的组成
	采暖施工图实例

> **本章导入**

在2012年3月全国政协十一届五次会议上,张晓梅委员《将北方集中公共供暖延伸到南方》的提案引起广泛热议,大多数人表示赞同。调研表明,南方冬季的采暖问题确实已经日趋紧迫,必须尽快着手解决。南方地区占全国人口的60%,除海南省、台湾地区可不考虑外,冬季采暖问题涉及14个省市的8亿多人口、2亿多个家庭,人口(家庭)基数大,市场需求巨大。

目前,我国南方冬季采暖的需求,大体上可以分为三种模式:集中供暖模式、分散取暖模式、房屋保暖模式。第一种的集中供暖模式由于目前还缺乏北方地区的举国体制条件,面临大规模基础设施建设投入缺位、大规模能源供给缺口、大规模管理服务经验缺乏等的困局,所以只能采取缩小范围、降低级别、渐次扩大的方式展开;第二种的分散取暖模式是以家庭及社区(村镇)为单位的市场化方式解决燃料和终端设备的消费,避开了集中供暖模式的当前矛盾,是目前最为现实的解决方案;第三种的房屋保暖模式是采暖的一个不可或缺的基本条件,墙体及门窗等的建筑节能化改进是必要的需求,必须纳入整体解决方案加以考虑。

2.1 采暖系统的组成与分类

2.1.1 采暖系统的组成与原理

所有采暖系统都是由热源、供热管道、散热设备三个主要部分组成的。

PPT课件

配套资源

1. 热源

热源是使燃料燃烧产生热,将热媒加热成热水或蒸汽的部分,如锅炉房、热交换站(又称热力站)、地热供热站等,还可以采用燃气炉、热泵机组、废热、太阳能等作为热源。

2. 供热管道

供热管道是指热源和散热设备之间的管道,将热媒输送到各个散热设备,包括供水、回水循环管道。

3. 散热设备

散热设备是将热量传至所需空间的设备,如散热器、暖风机、热水辐射管等。图2-1所示的热水采暖系统体现了热源、输热管道和散热设备三个部分之间的关系。

系统中的水在锅炉中被加热到所需要的温度,并用循环水泵作动力使水沿供水管流入各用户,散热后回水沿水管返回锅炉,水不断地在系统中循环流动。系统在运行过程中的漏水量或被用户消耗的水量由补给水泵把经水处理装置处理后的水从回水管补充到系统内,补水量的多少可通过压力调节阀控制。膨胀水箱设在系统最高处,用以接纳水因受热膨胀的体积。

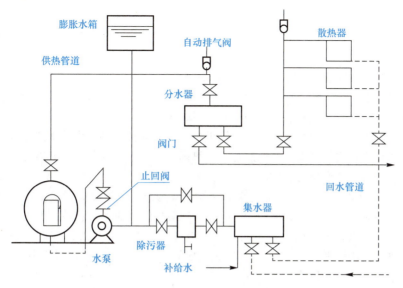

图 2-1 热水采暖系统示意

2.1.2 采暖系统的分类

1. 按设备相对位置分类

(1)局部采暖系统。热源、供暖管道、散热设备三部分在构造上合在一起的采暖系统称为局部采暖系统,如火炉采暖、简易散热器采暖、煤气采暖和电热采暖。

(2)集中采暖系统。热源和散热设备分别设置,以集中供热或分散锅炉房作热源向各房间或建筑物供给热量的采暖系统称为集中采暖系统。

(3)区域采暖系统。区域采暖系统是指以城市某一区域性锅炉房作为热源,供一个区域的许多建筑物采暖的供暖系统。这种供暖方式的作用范围大、高效节能,是未来的发展方向。

2. 按热媒种类分类

(1)热水采暖系统。以热水作为热媒的采暖系统称为热水采暖系统,主要应用于民用建筑。热水采暖系统的热能利用率高,输送时无效热损失较小,散热设备不易腐蚀,使用周期长,且散热设备表面温度低,符合卫生要求;系统操作方便,运行安全,易于实现供水温度的集中调节,系统蓄热能力高,散热均匀,适于远距离输送。

热水采暖系统按系统循环动力可分为自然(重力)循环系统和机械循环系统。前者是靠水的密度差进行循环的系统,由于作用压力小,目前在集中式采暖中很少采用;后者是靠机械(水泵)进行循环的系统。

热水采暖系统按热媒温度的不同可分为低温系统和高温系统。低温热水采暖系统的供水温度为 95 ℃,回水温度为 70 ℃;高温热水采暖系统的供水温度多采用 120 ℃~130 ℃,回水温度为 70 ℃~80 ℃。

(2)蒸汽采暖系统。水蒸气作为热媒的采暖系统称为蒸汽采暖系统,主要应用于工业建筑。图 2-2 所示为

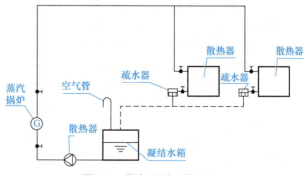

图 2-2 蒸汽采暖系统原理

蒸汽采暖系统的原理。水在锅炉中被加热成具有一定压力和温度的蒸汽，蒸汽靠自身压力作用通过管道流入散热器内，在散热器内放热后，蒸汽变成凝结水，凝结水经过疏水器后沿凝结水管道返回凝结水箱内，再由凝结水泵送入锅炉重新被加热变成蒸汽。

蒸汽采暖系统的凝结水回收方式，应根据二次蒸汽利用的可能性及室外地形，管道敷设方式等决定，可采用以下几种回水方式：闭式满管回水、开式水箱自流或机械回水、余压回水。

(3) 热风采暖系统。以热空气为热媒的采暖系统，把空气加热至30 ℃～50 ℃，直接送入房间。主要应用于大型工业车间。例如暖风机、热风幕等就是热风供暖的典型设备。热风供暖以空气作为热媒，它的密度小，比热容与导热系数均很小，因此加热和冷却比较迅速。但其密度小，所需管道断面积比较大。

(4) 烟气采暖系统。以燃料燃烧产生的高温烟气为热媒，把热量带给散热设备的采暖系统称为烟气采暖系统。如火炉、火墙、火炕、火地等烟气采暖形式在我国北方广大村镇中应用比较普遍。烟气供暖虽然简便且实用，但由于大多属于在简易的燃烧设备中就地燃烧燃料，不能合理地使用燃料，燃烧不充分，热损失大，热效率低，燃料消耗多，而且温度高，卫生条件不够好，火灾的危险性大。

2.2 热水采暖系统

2.2.1 自然循环热水采暖系统

采暖系统按照系统中水的循环动力不同，分为自然(重力)循环热水采暖系统和机械循环热水采暖系统。以供回水密度差作动力进行循环的系统称为自然(重力)循环热水采暖系统，以机械(水泵)动力进行循环的系统，称为机械循环热水采暖系统。

PPT 课件

配套资源

1. 自然循环热水采暖系统的工作原理及其作用压力

在系统工作之前，先将系统中充满冷水；当水在锅炉内被加热后，它的密度减小，同时受到从散热器流回来密度较大的回水的驱动，使热水沿着供水干管上升，流入散热器；在散热器内水被冷却，再沿回水干管流回锅炉。

这样，水连续被加热，热水不断上升，在散热器及管路中散热冷却后的回水又流回锅炉被重新加热，形成如图2-3中箭头所示的方向循环流动。这种水的循环称为自然(重力)循环。

由此可见，自然循环热水采暖系统的循环作用压力的大小取决于水温在循环环路的变化状况。在分析作用压力时，先不考虑水在沿管路流动时的散热而使水不断冷却的因素，认为在图2-3中的循环环路内水温只在锅炉和散热器两处发生变化。

设 P_1 和 P_2 分别表示 A—A 断面右侧和左侧的水柱压力，则

$$P_1 = g(h_0 \rho_h + h \rho_h + h_1 \rho_g)$$

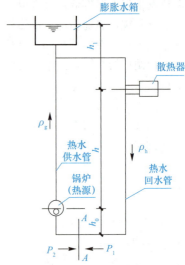

图 2-3 自然循环热水采暖系统的工作原理

$$P_2 = g(h_0\rho_h + h\rho_g + h_1\rho_g)$$

断面 A—A 两侧之差值,即系统的循环作用压力为

$$\Delta P = P_1 - P_2 = gh(\rho_h - \rho_g) \tag{2-1}$$

式中,ΔP 为自然循环系统的作用压力;g 为重力加速度;ρ_h 为回水密度;ρ_g 为供水密度。

由式(2-1)可见,起循环作用的只有散热器中心和锅炉中心之间这段高度内的水密度差。

2. 自然循环热水采暖系统的主要形式

(1)双管上供下回式[图 2-4(a)]。双管上供下回式系统的特点是<u>各层散热器都并联在供、回水立水管上,水经回水立管、干管直接流回锅炉</u>。如不考虑水在管道中的冷却,则进入各层散热器的水温相同。

上供下回式自然循环热水采暖系统管道布置的一个主要特点是:<u>系统的供水干管必须有向膨胀水箱方向上升的坡度,其坡度宜采用 0.5%~1.0%;散热器支管的坡度一般取 1.0%。回水干管应有沿水流向锅炉方向下降的坡度</u>。

(2)单管上供下回式[图 2-4(b)]。单管系统的特点是<u>热水送入立管后按由上向下的顺序流过各层散热器,水温逐层降低,各组散热器串联在立管上</u>。每根立管(包括立管上各层散热器)与锅炉、供回水干管形

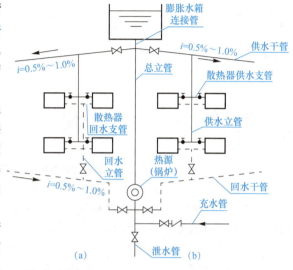

图 2-4 上供下回式系统
(a)双管上供下回式;(b)单管上供下回式

成一个循环环路,各立管环路是并联关系。与双管系统相比,单管系统的优点是系统简单,节省管材,造价低,安装方便,上下层房间的温度差异较小;其缺点是顺流式不能进行个体调节。

2.2.2 机械循环热水采暖系统

自然循环热水采暖系统虽然维护管理简单,不需要耗费电能,但由于作用压力小,管中水流动速度不大,所以管径就相对要大一些,作用半径也受到限制。如果系统作用半径较大,自然循环往往难以满足系统的工作要求,这时,应采用机械循环热水采暖系统。

<u>机械循环热水采暖系统与自然循环热水采暖系统的主要区别是在系统中设置了循环水泵,靠水泵提供的机械能使水在系统中循环</u>。系统中的循环水在锅炉中被加热,通过总立管、干管、支管到达散热器。水沿途散热有一定的温降,在散热器中放出大部分所需热量,沿回水支管、立管、干管重新回到锅炉被加热。

在机械循环系统中,水流的速度常常超过了自水中分离出来的空气气泡的浮升速度。为了使气泡不致被带入立管,在供水干管内要使气泡随着水流方向流动,应按水流方向设上升坡度。气泡聚集到系统的最高点,通过在最高点设排气装置,将空气排至系统以外。<u>供水及回水干管的坡度根据设计规范 $i \geqslant 0.002$ 规定,一般取 $i = 0.003$</u>,回水干管的坡向要求与自然循环系统相同,其目的是使系统内的水能全部排出。

机械循环热水采暖系统有以下几种主要形式:

1. 机械循环双管上供下回式热水采暖系统

机械循环双管上供下回式热水采暖系统(图 2-5)与每组散热器连接的立管均为两根,热水平行地分配给所有散热器,散热器流出的回水直接流回热水锅炉。由图 2-5 可见,供水

干管布置在所有散热器上方,而回水干管在所有散热器下方,所以叫上供下回式。

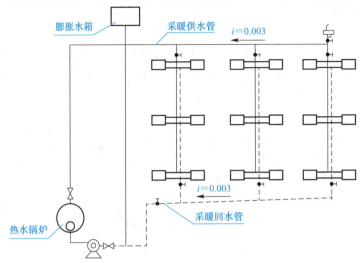

图 2-5　机械循环双管上供下回式热水采暖系统

在这种系统中,水在系统内循环,主要依靠水泵所产生的压头,但同时也存在自然压头,它使流过上层散热器的热水多于实际需要量,并使流过下层散热器的热水量少于实际需要量;从而造成上层房间温度偏高,下层房间温度偏低的"垂直失调"现象。

2. 机械循环双管下供下回式热水采暖系统

系统的供水和回水干管都敷设在底层散热器下面,如图 2-6 所示。与上供下回式系统相比,它有如下特点:

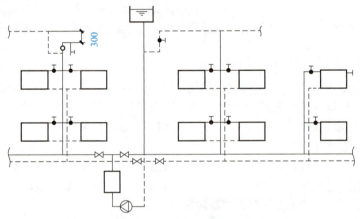

图 2-6　机械循环双管下供下回式热水采暖系统

(1)在地下室布置供水干管,管路直接散热给地下室,无效热损失小。
(2)在施工中,每安装好一层散热器即可采暖,给冬期施工带来很大方便,免得为了冬期施工的需要,特别装置临时供暖设备。
(3)排除空气比较困难。

3. 机械循环中供式热水采暖系统

从系统总立管引出的水平供水干管敷设在系统的中部,下部系统为上供下回式,上部系统可采用下供下回式,也可采用上供下回式。中供式系统(图 2-7)可用于原有建筑物加建楼层或上部建筑面积小于下部建筑面积的场合。

4. 机械循环下供上回式(倒流式)热水采暖系统

该系统的供水干管设在所有散热器设备的下面，回水干管设在所有散热器上面，膨胀水箱连接在回水干管上。回水经膨胀水箱流回锅炉房，再被循环水泵送入锅炉，如图2-8所示。倒流式系统具有如下特点：

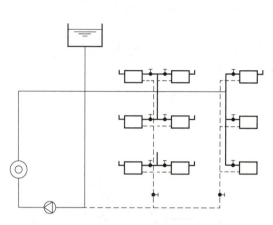

图 2-7　机械循环中供式热水采暖系统　　图 2-8　机械循环下供上回式热水采暖系统

(1)水在系统内的流动方向是自下而上流动，与空气流动方向一致，可通过顺流式膨胀水箱排除空气，无须设置集中排气罐等排气装置。

(2)对热损失大的底层房间，由于底层供水温度高，底层散热器的面积减小，便于布置。

(3)当采用高温水采暖系统时，由于供水干管设在底层，这样可降低防止高温水汽化所需的水箱标高，减小布置高架水箱的难度。

(4)供水干管在下部，回水干管在上部，无效热损失小。

这种系统的缺点是散热器的换热系数比上供下回式低，散热器的平均温度几乎等于散热器的出口温度，这样就增加了散热器的面积。但用于高温水供暖时，这一特点却有利于满足散热器表面温度不致过高的卫生要求。

5. 异程式热水采暖系统与同程式热水采暖系统

在采暖系统中按热媒在供水干管和回水干管中循环路程的异同分为同程式和异程式。循环环路是指热水从锅炉流出，经供水管到散热器，再由回水管流回锅炉的环路。如果一个热水采暖系统中各循环环路的热水流程长短基本相等，称为同程式热水采暖系统，在较大的建筑物内宜采用同程式系统。热水流程相差很多时，称为异程式热水采暖系统，其管路布置如图2-9所示。

异程式的特点是回水干管管道行程较短，节省初投资，易于施工。然而这种系统还是有一定的局限性，系统各环路阻力不平衡，易在远近立管处出现流量失调而引起水平方向冷热不均，也就是每组散热器的水流

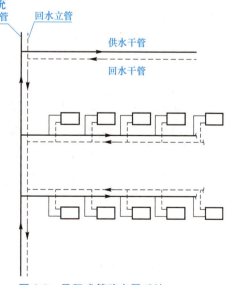

图 2-9　异程式管路布置系统

量不同，前端散热器的回水因为离主管道比较近，回得比较快，而后端回水就较慢，可能造成远端暖气不热或不够热的现象，设计者需要通过选择管径和设调节阀门等措施来降低其不平衡率，否则会出现较为严重的不平衡现象。一般在采暖供热要求标准较高的建筑物内宜采用同程式采暖系统。

按照管道布置形式的不同，同程式热水采暖系统又可分为：

(1)垂直(竖向)同程的管路布置，主要用于旅馆客房，如图 2-10 所示。

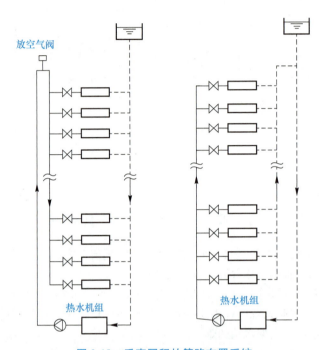

图 2-10　垂直同程的管路布置系统

(2)水平同程的管路布置，主要用于办公楼，如图 2-11 所示。

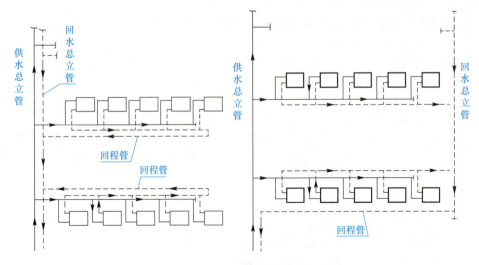

图 2-11　水平同程的管路布置系统

(3)垂直同程和水平同程的管路布置,如图2-12所示。

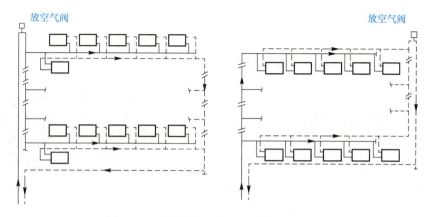

图2-12 垂直同程和水平同程管路布置系统

同程方式和异程方式在系统布管上有所不同,简单地说,叫先供后回,就是前端第一组散热器的回水暂不向主管道循环,而是往下继续走连接下一组散热器的回水管,以此类推,从最末端散热器拉出一根回水管路,回到主管道路的回水管上,系统各环路消耗的沿程阻力基本相同,每组散热器的水流量也就相同,可以说是一种水利系统平衡最佳的方式;系统的起始端和末端立管所带的散热器散热效果比较接近,一般不会出现首端过热末端不热的现象,也是较为理想的布置方式。但是同程系统增加了回水干管的长度,在施工时,较为费工费料,增加部分投资费用。

6. 水平式系统

水平式系统按供水与散热器的连接方式可分为顺流式(图2-13)和跨越式(图2-14)两类。

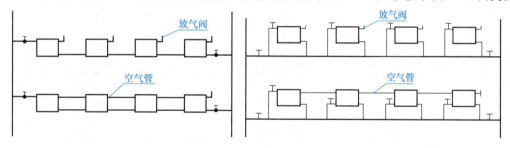

图2-13 水平单管顺流式系统　　图2-14 水平单管跨越式系统

跨越式的连接方式可以有图2-14中的两种。第二种的连接形式虽然稍费一些支管,但增大了散热器的传热系数。由于跨越式可以在散热器上进行局部调节,可以用在需要局部调节的建筑物中。

水平式系统排气比垂直式上供下回系统要麻烦,通常采用排气管集中排气。

水平式系统的总造价要比垂直式系统少很多,对于较大的系统,由于有较多的散热器处于低水温区,尾端的散热器面积可能较垂直式系统的要多些,但它与垂直式(单管和双管)系统相比,还有以下优点:

(1)系统的总造价一般要比垂直式系统低。

(2)管路简单,便于快速施工。除了供、回水总立管外,无穿过各层楼管的立管,因此无须在楼板上打洞。

(3)有可能利用最高层的辅助空间架设膨胀水箱，不必在顶棚上专设安装膨胀水箱的房间。
(4)沿路没有立管，不影响室内美观。

2.3 蒸汽采暖系统

2.3.1 蒸汽采暖系统的工作原理与分类

水在锅炉中被加热成具有一定压力和温度的蒸汽，蒸汽靠自身压力作用通过管道流入散热器内，在散热器内放出热量后，蒸汽变成凝结水，凝结水靠重力经疏水器后沿凝结水管道返回凝结水池内，再由凝结水泵送入锅炉重新被加热变成蒸汽。

PPT课件

配套资源

蒸汽采暖系统按照供气压力的大小，可以分为三类：
(1)供气的表压力等于或低于70 kPa时，称为低压蒸汽采暖。
(2)供气的表压力高于70 kPa时，称为高压蒸汽采暖。
(3)当系统中的压力低于大气压力时，称为真空蒸汽采暖。

1. 双管上供下回式系统

双管上供下回式系统(图2-15)是低压蒸汽采暖系统常用的一种形式。从锅炉产生的低压蒸汽经分汽缸分配到管道系统，蒸汽在自身压力作用下，克服流动阻力经室外蒸汽管道、室内蒸汽主管，蒸汽干管、立管和散热器支管进入散热器。蒸汽在散热器内放出汽化潜热变成凝结水，凝结水从散热器流出后，经凝结水支管、立管、干管进入室外凝结水管网流回锅炉房内凝结水箱，再经凝结水泵注入锅炉，重新被加热变成蒸汽后送入采暖系统。

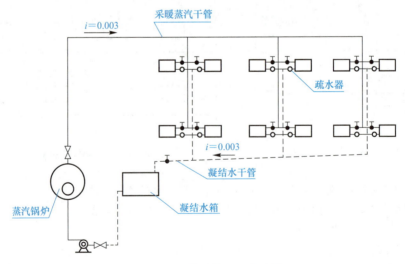

图2-15 双管上供下回式系统

2. 双管下供下回式系统

双管下供下回式系统(图2-16)的室内蒸汽干管与凝结水干管同时敷设在地下室或特设地沟内。在室内蒸汽干管的末端设置疏水器以排除管内沿途凝结水。但该系统供气立管中凝结水与蒸汽逆向流动，运行时容易产生噪声，特别是系统开始运行时，因凝结水较多，容易发生水击现象。

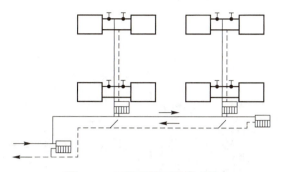

图 2-16 双管下供下回式系统

3. 双管中供式系统

若多层建筑顶层或顶棚下不便设置蒸汽干管，可采用中供式系统，如图 2-17 所示。这种系统不必像下供式系统那样需设置专门的蒸汽干管末端疏水器。总立管长度也比上供式小，蒸汽干管的沿途散热也可得到有效的利用。

4. 单管上供下回式系统

单管上供下回式系统（图 2-18）采用单根立管，可节省管材，蒸汽与凝结水同向流动，不易发生水击现象，但低层散热器易被凝结水充满，散热器内的空气无法通过凝结水干管排除。

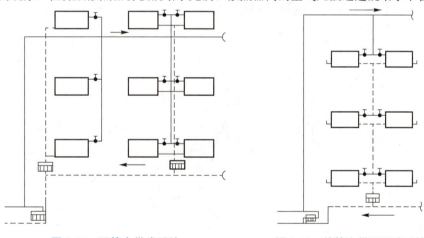

图 2-17 双管中供式系统　　　图 2-18 单管上供下回式系统

2.3.2 高压蒸汽采暖系统

与低压蒸汽采暖系统相比，高压蒸汽采暖系统有下述技术经济特点：

（1）高压蒸汽供气压力高，流速大，系统作用半径大，但沿程热损失也大。对同样的热负荷来说，较低温蒸汽所需管径小，但沿途凝水排泄不畅时水击会严重。

（2）散热器内蒸汽压力高，因而散热器表面温度高。对同样的热负荷所需散热面积较小；但易烫伤人，易烧焦落在散热器上面的有机灰尘而发出难闻的气味，安全条件与卫生条件较差。

（3）凝结水温度也高。高压蒸汽采暖多用在有高压蒸汽热源的工厂里。室内的高压蒸汽采暖系统可直接与室外蒸汽管网相连。在外网蒸汽压力较高时可在用户入口处设减压装置。

图 2-19 所示为一个带有用户入口的室内高压蒸汽采暖系统示意图。图 2-20 所示为上供上回式高压蒸汽采暖系统。

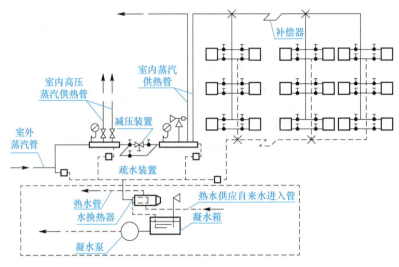

图 2-19　高压蒸汽室内采暖系统示意

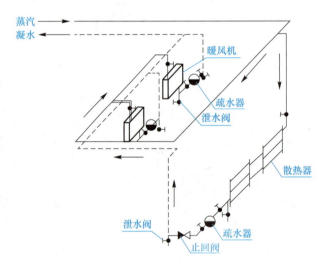

图 2-20　上供上回式高压蒸汽采暖系统

因为高压蒸汽系统的凝水管路中有蒸汽存在（散热器漏气及二次蒸汽），所以，当用散热器采暖时，每个散热器的蒸汽和凝水支管都应安设阀门，以调节供气并保证关断。另外，系统中的疏水器通常仅安装在每一支凝水干管的末端。因为每一个疏水器的排水能力远远超过每组散热器的凝水量，不适于像低压蒸汽那样，在每组散热器的凝水支管上都装一个。在这个条件下，散热器供暖系统若采用同程式布置，会有利于远离用户入口的散热器的疏水和排出空气。散热器供暖系统的凝水干管宜敷设在所有散热器的下面，顺流向下作坡度，不宜将凝水干管敷设在散热器的上面。当在地面上敷设凝水干管时，遇到必须作下凹转弯（例如过门转弯）时，并要处理好空气排出问题。当系统中所采用的疏水器排出空气的性能不良时，疏水器前应设空气管排出空气，有时还将空气管阀门微微开启，以备停止供气时向系统内补进空气。因为高压蒸汽和凝水温度高，管路应注意设置补偿器与固定支架。

当车间宽度较大时，常需要在中间柱子上布置散热器。因车间中部地面上不便敷设凝水管，有时要把凝水干管敷设在散热器上方(图2-20)。实践证明，这种提升凝水的方式的运行和使用效果一般较差。因为系统停气时，凝水排不净，散热器及各立管要逐个排放凝水；蒸汽压力降低时，散热器有可能充满凝水；汽水顶撞将发生水击，系统的空气也不便排除。对于间歇供气的系统，这些问题尤为突出；在气温较低的地方，还有系统冻结的可能。因此，当用凝水管在上部的系统时，必须在每个散热设备的出口下面安装疏水器、止回阀及空气管。只有用暖风机等散热量较大的设备供暖时，才考虑采用这种形式。

2.3.3 蒸汽采暖系统和一般热水采暖系统的比较

(1)低压或高压蒸汽采暖系统中，散热器内热媒的温度等于或高于100 ℃，一般热水采暖系统中的热媒温度是95 ℃。所以，蒸汽采暖系统所需要的散热器片数要少于热水采暖系统。在管路造价方面，蒸汽采暖系统也比热水采暖系统要少。

(2)蒸汽采暖系统管道内壁的氧化腐蚀要比热水采暖系统快、寿命短，特别是凝结水管道更易损坏。

(3)在高层建筑采暖时，蒸汽采暖系统不会产生很大的静水压力，不会压破最底层的散热器。

(4)真空蒸汽采暖系统要求的严密度很高，并需要有抽气设备。

(5)蒸汽采暖系统的热惰性小，即系统的加热和冷却过程都很快，适用于间歇供暖、迅速供热的场所，如大剧院、会议室、工业车间等。

(6)热水采暖系统的散热器表面温度低，供热均匀；蒸汽采暖系统的散热器表面温度高，容易使有机灰尘剧烈升华，对卫生不利。因此，对卫生要求较高的建筑物，如住宅、学校、医院、幼儿园等，不宜采用蒸汽采暖系统。

2.4 辐射采暖系统

2.4.1 辐射采暖分类

根据辐射体表面温度的不同，辐射采暖可以分为低温辐射采暖、中温辐射采暖和高温辐射采暖。

(1)当辐射体表面温度小于80 ℃时称为低温辐射采暖。

PPT 课件　　　配套资源

(2)当辐射体表面温度在80 ℃～200 ℃之间时称为中温辐射采暖。

(3)当辐射体表面温度高于500 ℃时称为高温辐射采暖。

低温辐射采暖的结构形式是把加热管(或其他发热体)直接埋设在建筑构件内而形成散热面；中温辐射采暖通常是用钢板和小管径的钢管制成矩形块状或带状散热板；燃气红外辐射器、电红外线辐射器等，均为高温辐射散热设备。

2.4.2 辐射采暖的热媒

辐射采暖的热媒可用热水、蒸汽、空气、电和可燃气体或液体(如人工煤气、天然气、液化石油气等)。根据所用热媒的不同，辐射采暖可分为：

(1)低温热水式——热媒水温度低于 100 ℃(民用建筑的供水温度不大于 60 ℃)。
(2)高温热水式——热媒水温度等于或高于 100 ℃。
(3)蒸汽式——热媒为高压或低压蒸汽。
(4)热风式——以加热后的空气作为热媒。
(5)电热式——以电热元件加热特定表面或直接发热。
(6)燃气式——通过燃烧可燃气体或液体经特制的辐射器发射红外线。目前,应用量广的是低温热水辐射采暖。

2.4.3 低温辐射采暖

低温辐射采暖的散热面是与建筑构件合为一体的,根据其安装位置分为顶棚式、墙壁式、地板式、踢脚板式等;根据其构造分为埋管式、风道式、组合式。低温辐射采暖系统的分类及特点见表 2-1。

表 2-1 低温辐射采暖系统的分类及特点

分类根据	类型	特点
辐射板位置	顶棚式	以顶棚作为辐射表面,辐射热占 70% 左右
	墙壁式	以墙壁作为辐射表面,辐射热占 65% 左右
	地板式	以地板作为辐射表面,辐射热占 55% 左右
	踢脚板式	以床下或踢脚线处墙面作为辐射表面,辐射热占 65% 左右
辐射板构造	埋管式	直径为 15~32 mm 的管埋设于建筑表面构成辐射表面
	风道式	利用建筑构件的空腔使其间热空气循环流动构成辐射表面
	组合式	利用金属板焊以金属管组成辐射板

1. 低温热水地板辐射采暖

低温热水地板辐射采暖具有舒适性强、节能,方便实施按户热计量,便于住户二次装修等特点,还可以有效地利用低温热源如太阳能、地下热水、采暖和空调系统的回水、热泵型冷热水机组、工业与城市余热和废热等。

(1)低温热水地板辐射采暖构造。目前常用的低温热水地板辐射采暖是以低温热水(60 ℃)为热媒,采用塑料管预埋在地面不宜小于 30 mm 混凝土垫层内(图 2-21 和图 2-22)。

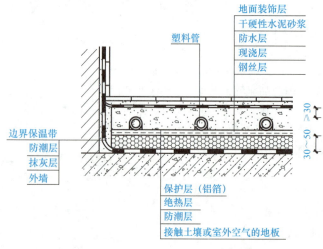

图 2-21 低温热水地板辐射采暖地面做法示意

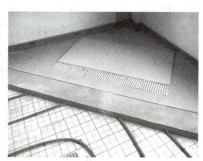

图 2-22 低温辐射采暖系统地面分层实物

(2)系统设置。低温热水地板辐射采暖系统的构造形式与分户热量计量系统基本相同,只是户内加设了分水器、集水器而已。当集中采暖热媒温度超过低温热水地板辐射采暖的允许温度时,可设集中的换热站,也有在户内入口处加热交换机组的系统。后者更适合于要将分户热量计量对流采暖系统改装为低温热水地板辐射采暖系统的用户。

低温地板辐射采暖的楼内系统一般通过设置在户内的分水器、集水器与户内管路系统连接。分、集水器常组装在一个分、集水器箱体内(图 2-23),每套分、集水器宜接 3～5 个回路,最多不超过 8 个,图 2-24 所示为集水器、分水器现场安装图。分、集水器宜布置于厨房、盥洗间、走廊两头等既不占用主要使用面积,又便于操作的部位,并留有一定的检修空间,且每层安装位置应相同。建筑设计时应给予考虑。

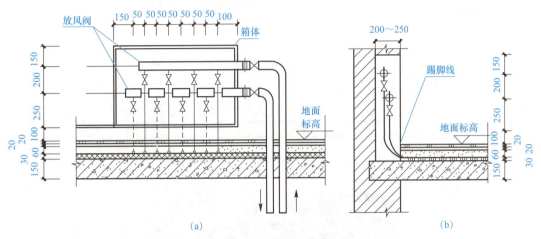

图 2-23 低温热水地板辐射采暖系统分、集水器安装示意
(a)分、集水器安装正立面图;(b)分、集水器安装侧立面图

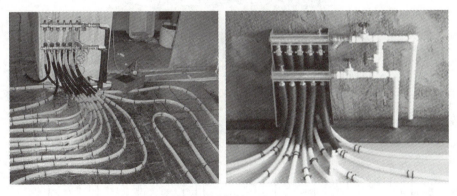

图 2-24 集水器、分水器现场安装图

加热盘管均采用并联布置:减少流动阻力和保证供、回水温差不致过大。

原则上采取一个房间为一个环路,大房间一般以房间面积 20～30 m^2 为一个环路,视具体情况可布置多个环路,如图 2-25 和图 2-26 所示。每个分支环路的盘管长度宜尽量接近,一般为 60～80 m,最长不宜超过 120 m,图 2-27 所示为低温热水地板辐射采暖环路布置形式。埋地盘管的每个环路宜采用整根管道,中间不宜有接头,防止渗漏。加热管的间距不宜大于 300 mm。PB 和 PE－X 管转弯半径不宜小于 5 倍管外径,其他管材不宜小于 6 倍管外径,以保证水路畅通。

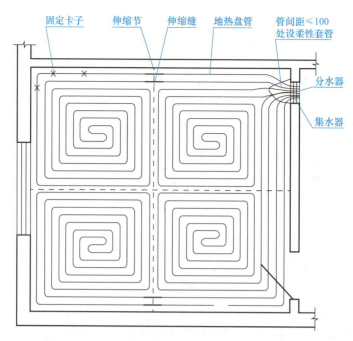

图 2-25 低温热水地板辐射采暖环路布置图

图 2-26 低温热水地板辐射采暖现场安装图

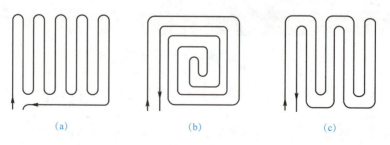

图 2-27 低温热水地板辐射采暖环路布置形式
(a)平行盘管；(b)回形盘管；(c)S形盘管

卫生间一般采用散热器采暖，自成环路，采用类似光管式散热器的干手巾架与分、集水器直接连接。

加热管以上的混凝土填充层厚度不应小于 30 mm，且应设伸缩缝以防止热膨胀导致地面龟裂和破损。

2. 低温辐射电热膜采暖

低温辐射电热膜采暖方式是以电热膜为发热体，大部分热量以辐射方式散入采暖区域。它是一种通电后能发热的半透明聚酯薄膜，由可导电的特制油墨、金属载流条经印刷、热压在两层绝缘聚酯薄膜之间制成的。

电热膜工作时表面温度为 40 ℃～60 ℃，通常布置在顶棚下（图 2-28 和图 2-29）或地板下或墙裙、墙壁内，同时配以独立的温控装置。

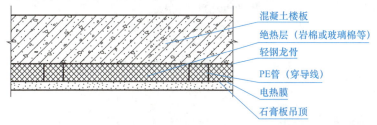

图 2-28　低温电热膜采暖顶板安装示意

图 2-29　低温电热膜采暖顶板现场安装图

3. 低温发热电缆采暖

发热电缆是一种通电后发热的电缆，它由实芯电阻线（发热体）、绝缘层、接地导线、金属屏蔽层及保护套构成。

低温加热电缆采暖系统是由可加热电缆和感应器、恒温器等组成的，也属于低温辐射采暖，通常采用地板式，将发热电缆埋于混凝土中，有直接供热及存储供热等系统形式，如图 2-30 和图 2-31 所示。

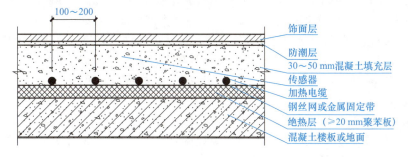

图 2-30　低温发热电缆敷设采暖安装示意

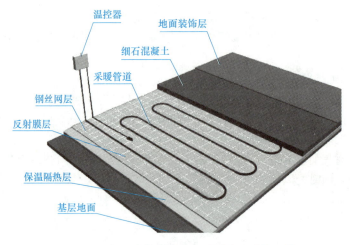

图 2-31　低温发热电缆敷设采暖分层结构示意

2.4.4　中温辐射采暖

中温辐射采暖的散热设备材料通常为钢制辐射板，有块状和带状两种类型。

1. 块状辐射板

块状辐射板通常用 DN15~DN25 与 DN40 的水煤气钢管焊接成排管构成加热管，把排管嵌在 0.5~1 mm 厚的预先压好槽的薄钢板制成的长方形辐射板上。辐射板在钢板背面加设保温层以减少无效热损失。保温层外层可用 0.5 mm 厚钢板或纤维板包裹起来。块状辐射板的长度一般为 1~2 m，以不超过钢板的自然长度为原则。

2. 带状辐射板

带状辐射板的结构是在长度方向上由几张钢板组装成形，也可将多块块状辐射板在长度方向上串联成形。带状辐射板在加工与安装方面都比块状板简单一点，由于带状板连接支管和阀门大为减少，因而比块状板经济。带状板可沿房屋长度方向布置，也可以水平悬吊在屋架下弦处。带状板在布置中应注意解决好加热管热膨胀的补偿、系统排气及凝结水排除等问题。

钢制辐射板制作简单，维修方便，节约金属，适用于大型工业厂房、大空间公用建筑，如商场、车站等局部或全面采暖。

2.4.5　高温辐射采暖

高温辐射采暖按能源类型可分为电气红外线辐射采暖和燃气红外线辐射采暖。

电气红外线辐射采暖设备多采用石英管或石英灯辐射器，如图 2-32 所示。前者辐射温度可达到 990 ℃，而后者辐射温度可达 2 232 ℃，其中大部分是辐射热。

燃气红外线辐射器采暖是利用可燃气体或液体通过特殊的燃烧装置进行无焰燃烧，如图 2-33 所示，形成 800 ℃~900 ℃ 的高温，向外界发射 2.70~2.47 μm 的红外线，在采暖地点产生良好的热效应，常用于厂区和体育场等建筑，如图 2-34 所示。

燃气红外线辐射器的工作原理：具有一定压力的燃气经喷嘴喷出，由于速度高形成负压，将周围空气从侧面吸入，燃气和空气在渐缩管形成的混合室内混合，再经过扩压管使混合物的部分动能转化为压力能，最后，通过燃烧板的细孔流出，在燃烧板表面均匀燃烧，从而向外界放出大量的辐射热。

图 2-32 石英管辐射器

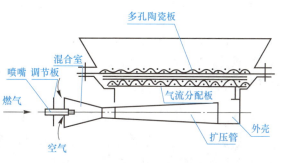

图 2-33 燃气红外线辐射器构造

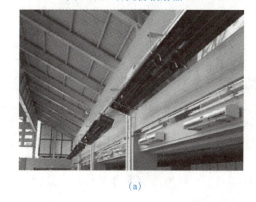

(a)

(b)

图 2-34 燃气红外线辐射器的应用
(a)厂区；(b)体育场

其特点如下：

(1)辐射采暖时：热表面向围护结构内表面和室内设施辐射热量，辐射→吸收热量→再辐射→再吸收→反复过程。

(2)传热过程：辐射为主，兼有对流换热。

(3)建筑内表面温度升高，对人体冷辐射下降，舒适感上升。

(4)室内空气不会急剧流动，粉尘飞扬的机会减少，卫生条件好。

(5)不需要在室内布置散热器和安装连接支管，美观、不占建筑面积。

(6)室内设计温度降低(1 ℃～3 ℃)，节能(20%～30%)。

(7)有可能在夏季用于辐射供冷。

(8)初投资较高，通常比对流供暖系统高 15%～25%。

2.5 供暖系统施工与土建配合

2.5.1 热水供暖系统的安装与土建配合

室内供暖系统的管道应明装，有特殊要求时可暗装。暗装时干管一般敷设在管井、吊顶内，并进行保温；支管可以敷设在地面找平层或墙内。

PPT 课件

供暖管道穿过建筑基础、变形缝，以及镶嵌在建筑结构里的立管，应采取措施预防由于建筑物沉降而损坏管道。当供暖管道必须穿过防火墙时，在管道穿过处应采取固定和密封措施，并使管道可向墙的两侧伸缩。供暖管道穿过隔墙和楼板处，宜装设套管。

供暖管道在管沟或沿墙、柱、楼板敷设时应根据设计与施工规范要求，每隔一定间距设置管卡或支吊架。

2.5.2 低温热水地面辐射供暖的施工与土建配合

低温热水地面辐射供暖施工安装前土建专业应已完成墙面内粉刷（不含面层）、外窗、外门已安装完毕；厨房、卫生间应做完闭水试验并经过验收；相关电气预埋等工程已经完成。由于低温热水地面辐射供暖施工的第一步就是在地面上铺设保温层，故地面应平整、干燥并清理干净。

1. 填充层的施工配合

填充层的材料宜采用 C15 豆石混凝土，豆石粒径宜为 5～12 mm。填充层的厚度不宜小于 50 mm。如地面荷载大于 20 kN/m² 时，应会同结构设计人员采用加固措施，并选用承压能力更强的保温材料。

混凝土填充层的施工，由土建施工方承担，安装单位应密切配合。混凝土填充层施工中严禁使用机械振捣设备；施工人员应穿软底鞋，采用平头铁锹。在加热管的铺设区内，严禁刨挖、穿凿、钻孔或进行射钉作业。

混凝土填充层的养护周期不应少于 21 d。养护期满后，对地面应妥善保护，严禁在地面上加以重载、高温烘烤、直接放置高温物体和高温加热设备。

一个系统内有不同面层材料，则要求有不同的填充层标高及平整度，以防止施工完成后地面高度不同。例如，木地板需要直接铺设在地面上，则平整度要求高，填充层施工完成后应直接找平，同时其标高为地面标高减去木地板的厚度。如面层为地砖等石材，除材料厚度外还要预留约 2 cm 的找平黏结层，填充层可不找平。

2. 面层的施工配合

装饰地面采用瓷砖、大理石、花岗岩等石材地面和复合木地板、实木复合地板及耐热实木地板。

面层施工前填充层应到达面层需要的干燥度。面层施工除应符合土建施工设计图的各项要求外，还应符合以下规定：

(1) 施工面层时，不得剔、凿、割、钻和钉填充层，不得向填充层内楔入任何物件。

(2) 面层的施工，必须在填充层达到要求强度后才能进行。

(3) 石材、面砖在与内外墙、柱等垂直构件交接处，应留有 10 mm 宽的伸缩缝；木地板铺设时，应留不小于 14 mm 宽的伸缩缝。伸缩缝填充材料宜采用高发泡聚乙烯泡沫塑料，其上边缘应高出装饰层上表面 10～20 mm，装饰层敷设完毕后再裁去多余部分。

以木地板作为面层时，木材应经过干燥处理，且应在保温层和找平层完全干燥后，才能进行地板粘贴。

3. 伸缩缝

当地面面积超过 30 m² 或边长超过 6 m 时设置的伸缩缝，宽度不宜小于 8 mm。伸缩缝宜采用高发泡聚乙烯泡沫塑料或内满填弹性膨胀膏，从保温层的上边缘做到填充层的上边缘。埋地环路应尽量少穿越膨胀缝。

4. 防潮施工要求

卫生间及与土壤相邻的地面应在保温层施工前做防潮层。若供暖房间比较潮湿，则在填充层完成后，找平层施工时应先做一层隔离防潮层。因此，卫生间应做两层隔离层。

卫生间过门处应设置止水墙，在止水墙内侧应配合土建专业做防水，加热管穿止水墙处应采取防水措施。

5. 水压试验

水压试验应分别在浇筑混凝土填充前和填充养护期满后进行两次，并应以每组分水器、集水器为单位，逐回路进行。

2.6 采暖工程施工图识读

2.6.1 采暖施工图一般规定

1. 线型

采暖施工图线型的基本宽度 b 宜选用 0.18 mm、0.35 mm、0.5 mm、0.7 mm、1.0 mm。图中仅有两种线宽时，线宽组宜为 b 和 $0.25b$。暖通空调制图采用的线型及其含义见图例。图样中若采用自定义图线及含义，应明确说明，但不能与《暖通空调制图标准》(GB/T 50114—2010) 的规定相冲突。此外，对于室外供热管网，按行业标准《供热工程制图标准》(CJJ/T 78—2010) 执行。

PPT 课件

2. 比例

总平面图、平面图的比例，宜与工程项目设计的主导专业一致。

3. 图例

采暖施工图常用图例见表 2-2。

表 2-2 采暖施工图常用图例

序号	名称	图例	说明	序号	名称	图例	说明
1	管道	 ———————	用于一张图内只有一种管道	7	方型伸缩器	 ⊐⊏	
		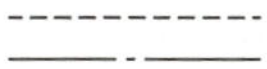 — — — · — —	用图例表示管道类别	8	球阀	 —⊗—	
2	丝堵	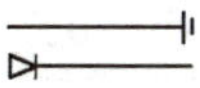 —▷		9	角阀	 或 	
3	滑动支架	 =		10	管道泵	 —⊗—	

续表

序号	名称	图例	说明	序号	名称	图例	说明
4	固定支座	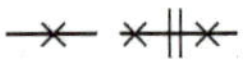	左图：单管 右图：多管	11	三通阀		
5	截止阀			12	四通阀	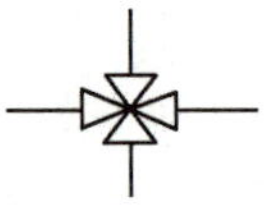	
6	闸阀			13	散热器		左图：平面 右图：立面
14	单向阀			19	集气罐	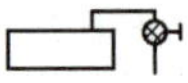	
15	安全阀			20	除污器（过滤器）	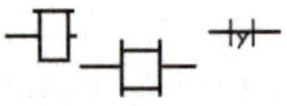	左为立式除污器 中为卧式除污器 右为Y型过滤器
16	减压阀	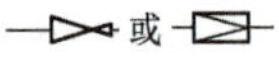	左侧：低压 右侧：高压	21	疏水器		
17	膨胀阀			22	自动排气阀		
18	采暖供水（汽）管、回（凝结）水管						

2.6.2 室内供暖施工图的组成

(1)设计说明。室内供暖系统的设计说明一般包括以下内容：
1)建筑物的采暖面积、热源的种类、热媒参数、系统总热负荷。
2)采用散热器的型号及安装方式、系统形式。
3)在安装和调整运转时应遵循的标准和规范。
4)在施工图上无法表达的内容，如管道保温、油漆等。
5)管道连接方式，所采用的管道材料。
6)在施工图上未作表示的管道附件安装情况，如在散热器支管与立管上是否安装阀门等。

(2)平面图。室内供暖平面图表示建筑各层供暖管道与设备的平面布置。其内容如下：
1)建筑物的平面布置，其中应注明轴线、房间主要尺寸、指北针，必要时应注明房间名称。在图上应注明建筑的轴线编号、外墙总长尺寸、地面及楼板标高等与采暖系统施工安装有关的尺寸。

2)热力入口位置,供、回水总管名称、管径。

3)干、立、支管位置和走向,管径以及立管(平面图上为小圆圈)编号。

4)散热器(一般用小长方形表示)的类型、位置和数量。各种类型的散热器规格和数量标注方法如下:

①柱型、长翼型散热器只注数量(片数)。

②圆翼型散热器应注根数、排数,如4×3(每排根数×排数)。

③光管散热器应注管径、长度、排数,如 $D108×200×4$[管径(mm)×管长(mm)×排数]。

④闭式散热器应注长度、排数,如 $2.0×3$[长度(m)×排数]。

⑤膨胀水箱、集气罐、阀门位置与型号。

⑥补偿器型号、位置,固定支架位置。

5)对于多层建筑,各层散热器布置基本相同时,也可采用标准层画法。在标准层平面图上,散热器要注明层数和各层的数量。

6)平面图中散热器与供水(供气)、回水(凝结水)管道的连接按图 2-35 所示的方式绘制。

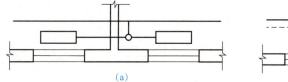
(a)
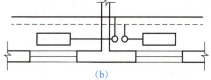
(b)

图 2-35　平面图中散热器与管道连接

(a)单管系统画法;(b)双管系统画法

7)当平面图、剖面图中的局部要另绘详图时,应在平面图或剖面图中标注索引符号,画法如图 2-36 所示,图 2-36(a)为详图编号及所在图纸号,图 2-36(b)为详图所在标准图或通用图图集号及图纸号。

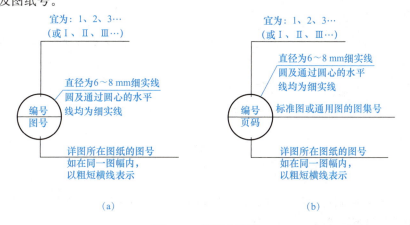

图 2-36　详图索引号

(a)详图编号及所在图纸号;(b)详图所在标准图或通用图图集号及图纸号

8)主要设备或管件(如支架、补偿器、膨胀水箱、集气罐等)在平面上的位置。

9)用细虚线画出的采暖地沟、过门地沟的位置。

(3)系统图。系统图又称流程图,也叫作系统轴测图,与平面图配合,表明了整个采暖系统的全貌。供暖工程系统图应以轴测投影法绘制，并宜用正等轴测或正面斜轴测投影法。当采用正面斜轴测投影法时，y 轴与水平线的夹角可选用 45°或 30°。系统图的布置方向一般应与平面图一致。系统图包括水平方向和垂直方向的布置情况。

散热器、管道及其附件（阀门、疏水器）均在图上表示出来。此外，还标注各立管编号、各段管径和坡度、散热器片数、干管的标高。

供暖系统图应包括如下内容：

1) 采暖管道的走向、空间位置、坡度，管径及变径的位置，管道与管道之间的连接方式。

2) 散热器与管道的连接方式，是竖单管还是水平串联的，是双管上分还是下分等。

3) 管路系统中阀门的位置、规格。

4) 集气罐的规格、安装形式（立式或是卧式）。

5) 蒸汽供暖疏水器和减压阀的位置、规格、类型。

6) 节点详图的索引号。

7) 按规定对系统图进行编号，并标注散热器的数量。柱型、圆翼型散热器的数量应注在散热器内，如图 2-37 所示；光管式、串片式散热器的规格及数量应注在散热器的上方，如图 2-38 所示。

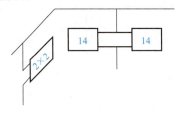

图 2-37　柱型、圆翼型散热器画法

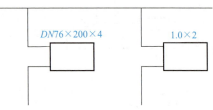

图 2-38　光管式、串片式散热器画法

8) 采暖系统编号、入口编号由系统代号和顺序号组成。室内采暖系统代号为"N"，其画法如图 2-39 所示。其中，图 2-39(b) 所示为系统分支画法。

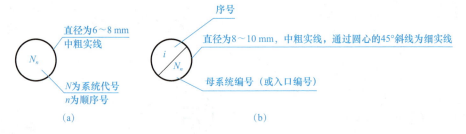

图 2-39　系统代号

(a) 系统代号画法；(b) 系统分支画法

9) 竖向布置的垂直管道系统，应标注立管号，如图 2-40 所示。为避免引起误解，可只标注序号，但应与建筑轴线编号有明显区别。

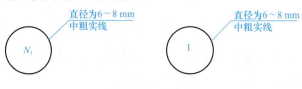

图 2-40　立管号

(4)详图。在供暖平面图和系统图上表达不清楚、用文字也无法说明的地方,可用详图画出。

详图是局部放大比例的施工图,因此也叫大样图。它能表示采暖系统节点与设备的详细构造及安装尺寸要求。例如,一般供暖系统入口处管道的交叉连接复杂,因此需要另画一张比例比较大的详图。详图包括节点图、大样图和标准图。

1)节点图:能清楚地表示某一部分采暖管道的详细结构和尺寸,但管道仍然用单线条表示,只是将比例放大,使人能看清楚。

2)大样图:管道用双线图表示,看上去有真实感。

3)标准图:具有通用性质的详图,一般由国家或有关部委出版标准图集,作为国家标准或部标准的一部分颁发。

(5)主要设备材料表。为了便于施工备料,保证安装质量和避免浪费,使施工单位能按设计要求选用设备和材料,一般的施工图图均应附有设备及主要材料表,简单项目的设备材料表可列在主要图纸内。设备材料表的主要内容有编号、名称、型号、规格、单位、数量、质量、附注等。

2.6.3 采暖施工图实例

采暖施工图实例如图 2-41~图 2-49 所示。

1. 工程概述

(1)建筑面积:本工程总建筑面积为 9 801.38 m²。
(2)项目性质及使用功能组成:住宅、商业及办公。
(3)建筑层数:地上 18 层,地下 1 层,建筑高度为 55.3 m。
(4)变配电室及换热站部分不在设计范围内。

2. 主要设计气象参数

(1)冬季通风室外计算干球温度:-7.6 ℃。
(2)夏季通风室外计算干球温度:30.8 ℃。
(3)冬季室外平均风速:1.5 m/s。
(4)夏季室外平均风速:1.4 m/s。
(5)冬季采暖室外计算温度:-7 ℃。

室内空气计算温度:卧室 18 ℃,客厅 18 ℃,书房 18 ℃,住宅卫生间 18 ℃,厨房 15 ℃。

住宅卫生间由业主另配加热设备:商铺 18 ℃,物管用房 20 ℃,卫生站 20 ℃。

3. 设计说明

(1)采暖方式及热媒。根据业主要求,本小区采用热水集中采暖分户计量的供暖系统。住宅部分设计为低温热水地板辐射采暖系统,热媒为 55/45 ℃ 热水;共建部分设计为散热器,热媒为 95/70 ℃ 热水;均由小区换热站置换后供给。各采暖系统在分区热力入口总管处设有热计量表及调压装置(均有室外热网设计时统一考虑),入户热量表、过滤器、锁闭阀等装置均设于各层管井内。

(2)热负荷及阻力损失。

住宅部分:中区:$QD=77.5$ kW,$HD=42$ kPa;高区:$QG=56.0$ kW,$HG=50$ kPa。
总热量 133.5 kW,总热指标 27 W/m²。
共建部分:热量 44.4 kW,热指标 37 W/m²。

(3)采暖系统分为三个区,一层、二层为低区采暖系统;三层~十层为中区采暖系统;十一层~十八层为高区采暖系统。采暖系统高、低的定压均由换热站的落地膨胀水箱定压。高区定压点为 1.06 MPa,中区定压点为 0.73 MPa,低区定压点为 0.4 MPa。采暖系统主干管最高点及每层分支干管处均设有 ZPL-20 型气动隔膜切断自动排气阀。户外采暖系统为下供下回异程式双管系统,采暖供、回水立管设于管井内,户内采暖系统为低温地板辐射采暖系统。

(4)地板辐射采暖设计流速 $0.5 \text{ m/s} > v > 0.25 \text{ m/s}$。最不利环路阻力损失:25 kPa。最不利环路比摩阻为 80 Pa/m。

(5)绝热层:厚度为 25 mm 的聚苯乙烯泡沫塑料,导热系数不大于 0.041 W/(m·K),表观密度大于等于 25 kg/m³;与不采暖房间相邻的地板上的绝热层采用聚苯乙烯泡沫塑料板时,其厚度不应小于 30 mm。

(6)采用铜质分、集水器;分、集水器安装大样详见 L02N907,分、集水器处分环路设恒温控制阀(带远传温度传感器),各房间的室温控制措施均应满足《工业建筑供暖通风与空气调节设计规范》(GB 50019—2015)的规定。

(7)散热器安装标准按照国家标准图集《散热器选用与管道安装》(17K408)施工安装。

4. 施工说明(采暖系统)

(1)户内埋地管采用无规共聚聚丙烯 PE—RT 管,管材耐压 0.6 MPa,耐温 80 ℃,寿命 50 年,管材使用等级为 4 级。户内地板敷设管均采用 $De20 \times 2$,弯曲半径 $R = 150$ mm,PE—RT 管必须整根敷设,严禁出现接头,户内明装管道采用铝合金衬 PPR 管。图中热镀锌钢管管径表示为 DN;塑料管管径表示为 De。

(2)户外采暖供、回水管道采用热镀锌钢管,管径≤80 mm;采用丝接,管径≥100;采用卡箍连接。

(3)地板辐射管的敷设形式采用回折型和双平行型。

(4)地敷采暖施工要求:

1)埋设于填充层内的加热管不应有接头,各房间埋地盘管管径均为 $De20 \times 2.0$(外径×壁厚)。

2)管道井至各户分、集水器间的埋地管道管径均为 $De25 \times 2.3$(外径×壁厚)。

3)保温聚苯板厚为 20 mm,密度为 20 kg/m³;保温板必须通过国家标准测试证明在燃烧时不会产生有毒气体,必须提供测试证书。

4)地板辐射采暖面积超过 30 m² 或长边超过 6 m 时应设置伸缩缝,并采用聚苯板填充。

5)铺设保温板的地面应平整,不允许有凹凸及砂石碎块。

6)为防止地面混凝土龟裂,在厨房门口及地暖管道密度较大处,或管间距<100 mm 处,应设置柔性套管,并在管道上增设钢丝网片,以防地面开裂。

7)混凝土填充层施工中,加热管内的水压不应低于 0.6 MPa;填充层养护过程中,系统水压不应低于 0.4 MPa。

8)在有冻结可能的情况下试压时,应采取防冻措施。

(5)地暖工程施工注意事项。

1)地暖工程施工应严格按照《辐射供暖供冷技术规程》(JGJ 142—2012)的各项规定施工及验收。

2)地板辐射供暖工程施工过程中,严禁人员踩踏加热管。

3)与土壤相邻的房间加热管下部绝热层以下应配合建筑专业做防潮层,厨房的填充层以上均应配合建筑专业设置防水层。

4)每户设有分水器、集水器,安装尺寸详见分水器、集水器安装详图。在分水器、集水器上均设手动排气阀。

(6)采暖主、干管系统安装前应对管件、阀体进行检查,并清除内外渣物及除锈。系统安装完后应进行 0.6 MPa 的水压试验。

(7)管道穿越楼板时,穿越部位应设固定支承,管道穿越楼板、墙、梁时应设金属套管。

(8)管材保温:设于管道井内及不保温房间的采暖主、干管均需进行保温,保温材料选用柔性泡沫橡塑。直径为 $DN50$ 的管道橡塑保温层厚度为 25 mm,直径为 $DN50 \sim DN150$ 的管道橡塑保温层厚度为 28 mm,直径为 $DN200$ 的管道橡塑保温层厚度为 32 mm。保温材料防火等级为 A 级不燃,导热系数不大于 0.041 W/(m·K)。

(9)图中所注标高均指管道中心标高。

(10)采暖管道穿过楼板墙体时应埋设钢制套管,套管规格应大于管道两号,楼板内套管其顶部应高出地面 50 mm,底部应和楼板底相平,安装在墙壁内的套管其端部应与墙面相平。

(11)其余未说明者应按《通风与空调工程施工质量验收规范》(GB 50243—2016)和《建筑给水排水及采暖工程质量验收规范》(GB 50242—2002)等规范进行。

5. 阀门、仪表及其他

(1)采暖系统各种阀门、仪表型号选用如下:

热量表(户用):HF—1;额定流量 1.5 m³/h。

带过滤器球阀:WSQ11F—16T。

黄铜锁闭球阀:Q11F—16T。

平衡阀:ZTY47 自力式压差控制阀、ZL—4M 自力式流量控制阀,规格均同管径。

波纹补偿器:HHBN 轴向内压式波纹补偿器,规格同管径。

(2)土建工程施工时,设施专业应仔细核对本设计图纸并密切配合做好预留孔洞及预埋件的工作,尽量避免日后设备安装临时在墙板上凿洞。

(3)其余未说明者应按《通风与空调工程施工质量验收规范》(GB 50243—2016)和《建筑给水排水及采暖工程质量验收规范》(GB 50242—2002)等规范进行。

6. 节能设计

(1)风机的单位风量耗功率不得大于 0.32 W/(m³·h)。

(2)房间空调器的能效比不得低于 3.0。

(3)住宅均采用自然通风。

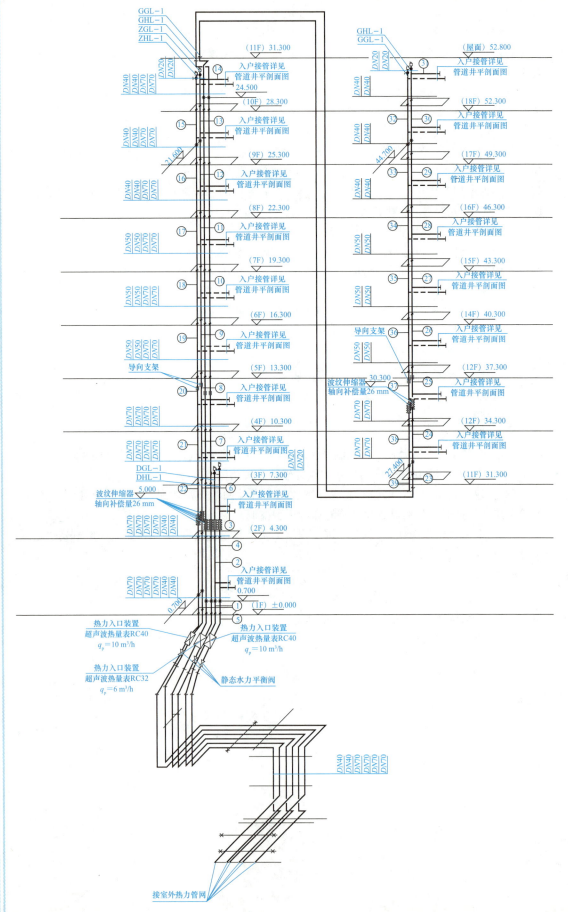

图 2-41 采暖立管1系统图

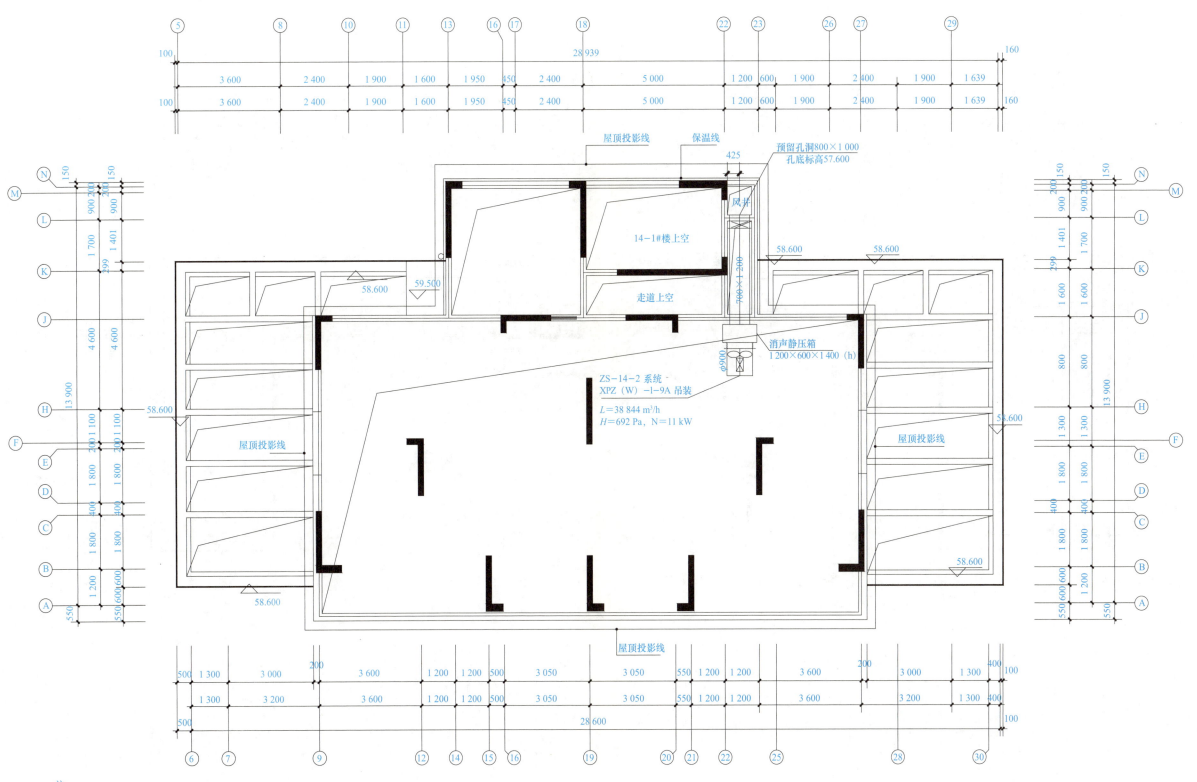

图 2-49 标高 59.000 平面图

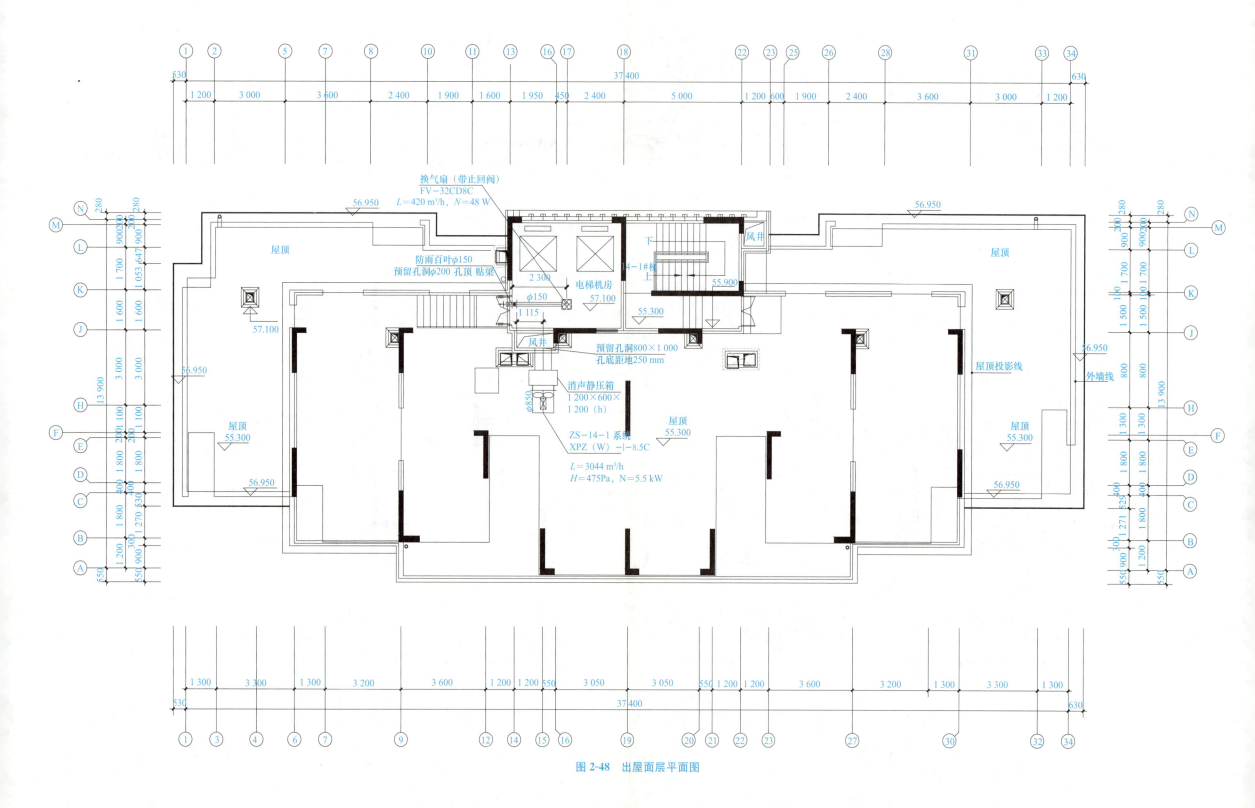

图 2-48 出屋面层平面图

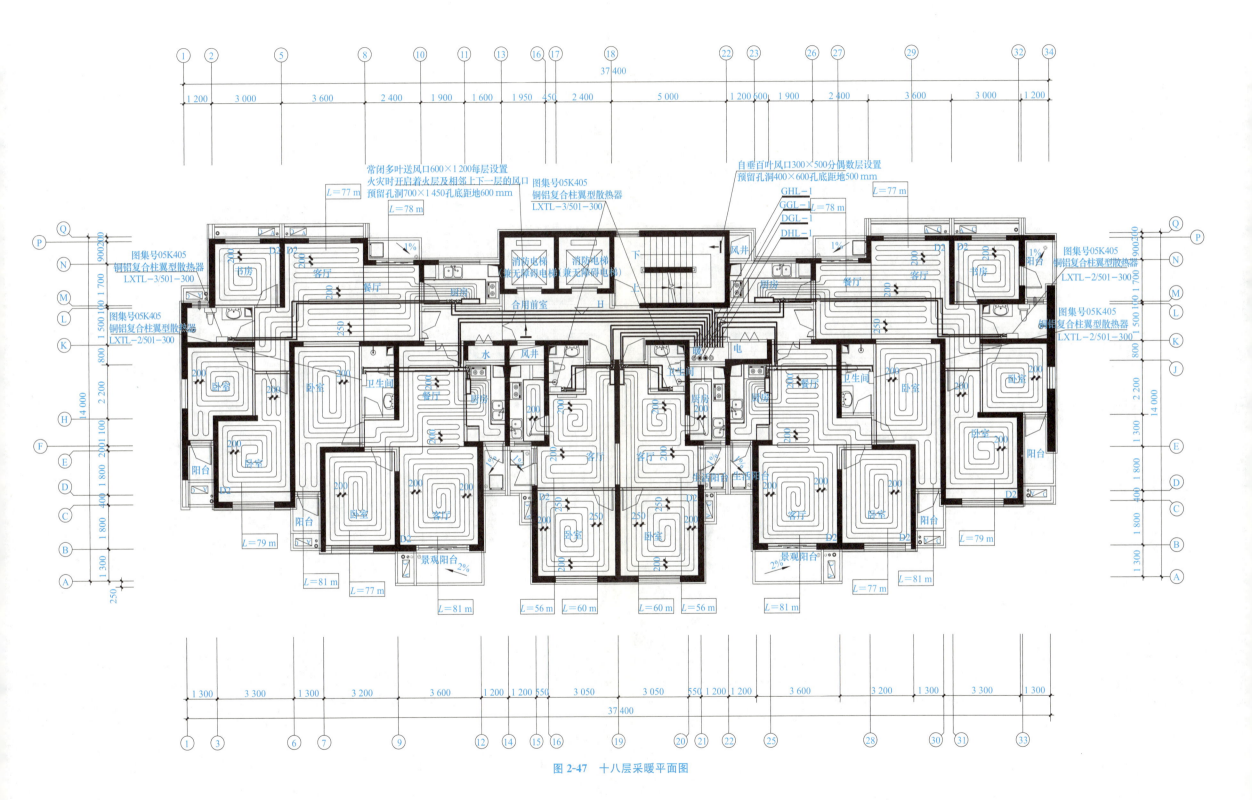

图 2-47 十八层采暖平面图

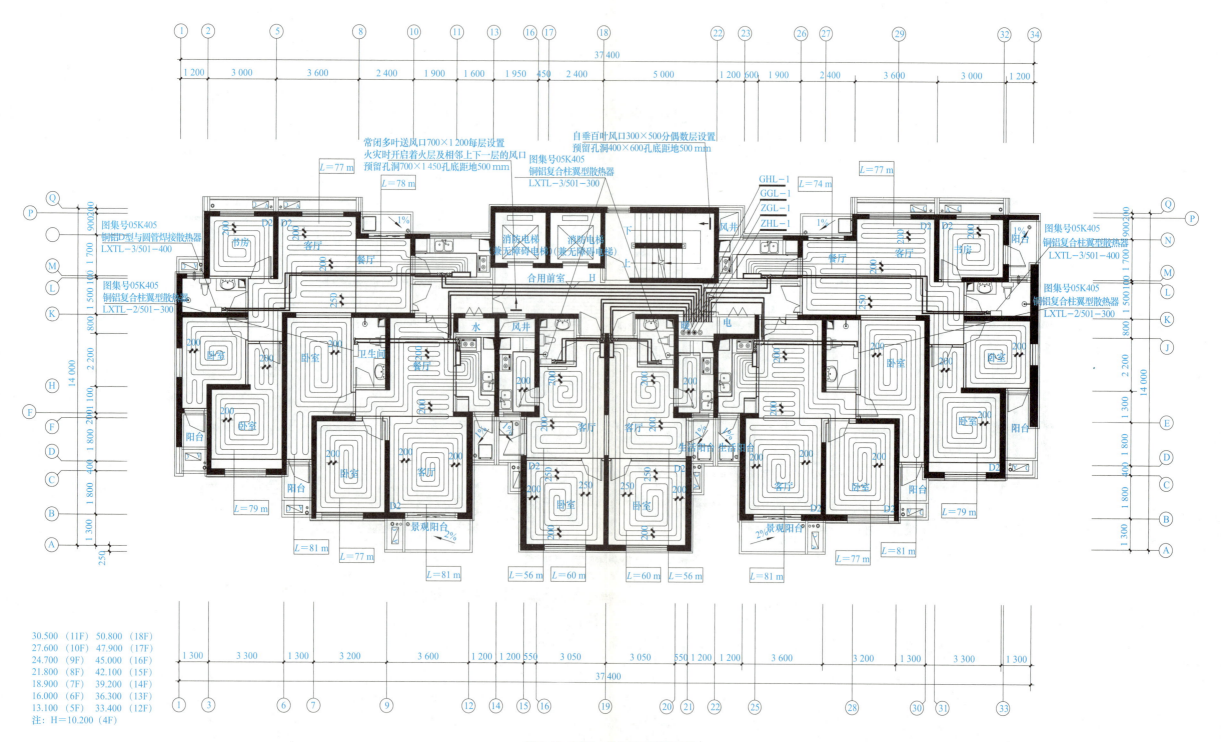

图 2-46 四层～十七层采暖平面图

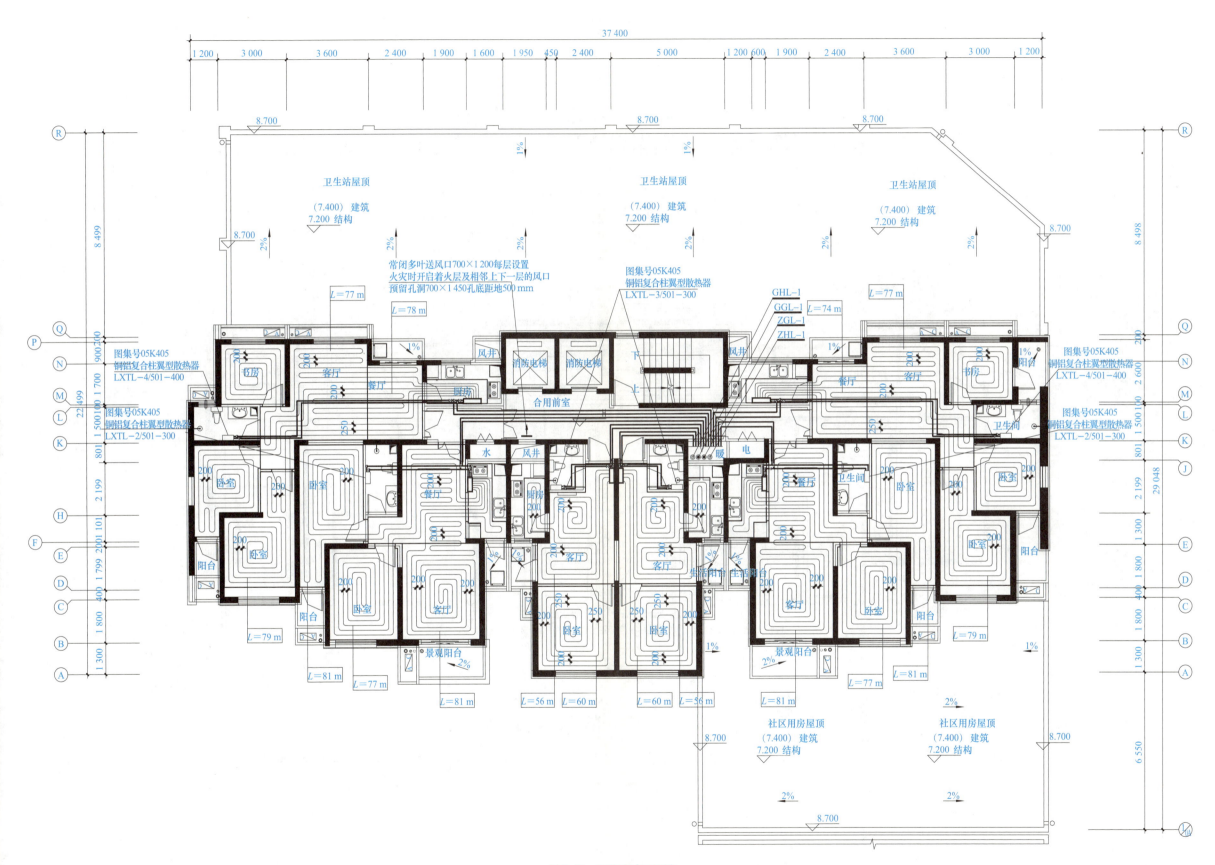

图 2-45 三层采暖平面图

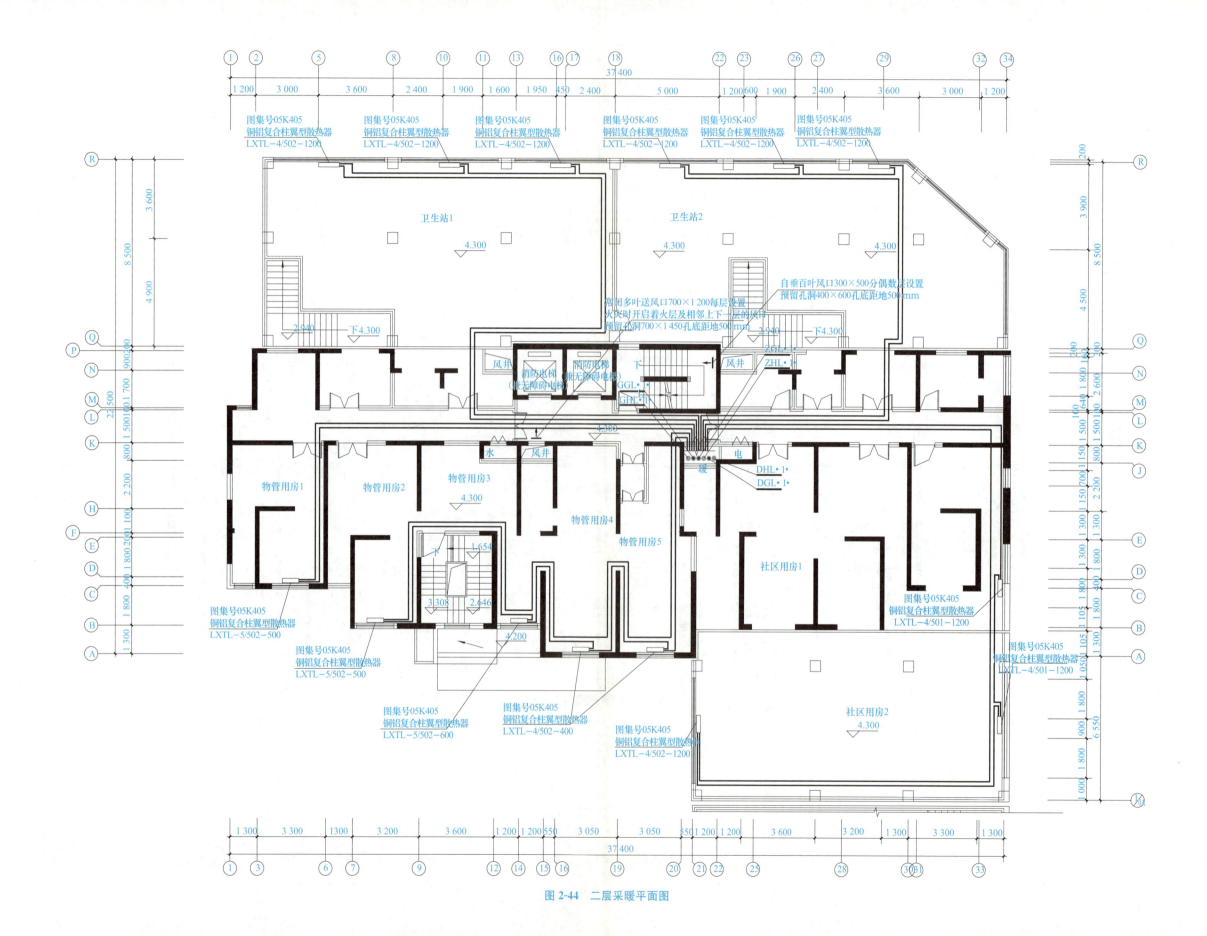

图 2-44 二层采暖平面图

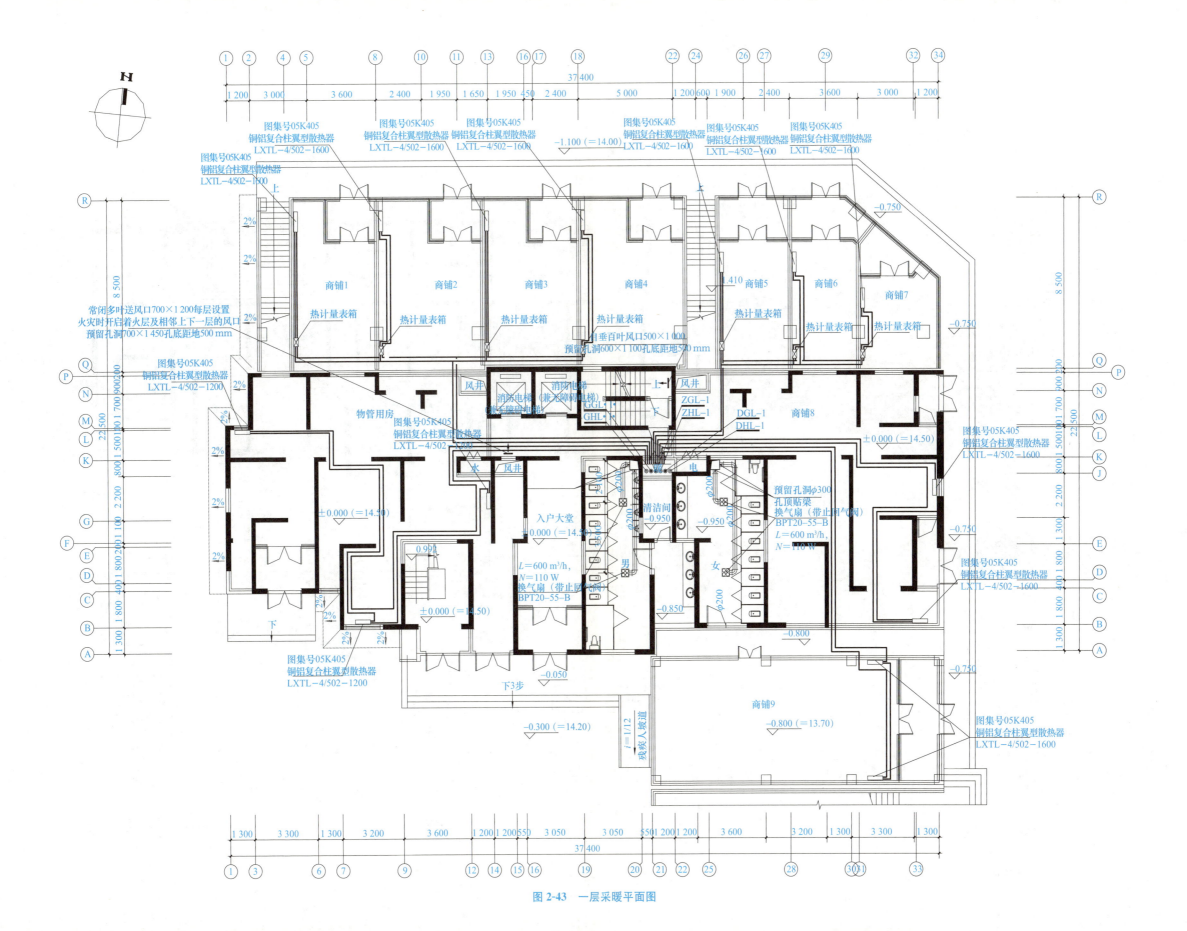

图 2-43 一层采暖平面图

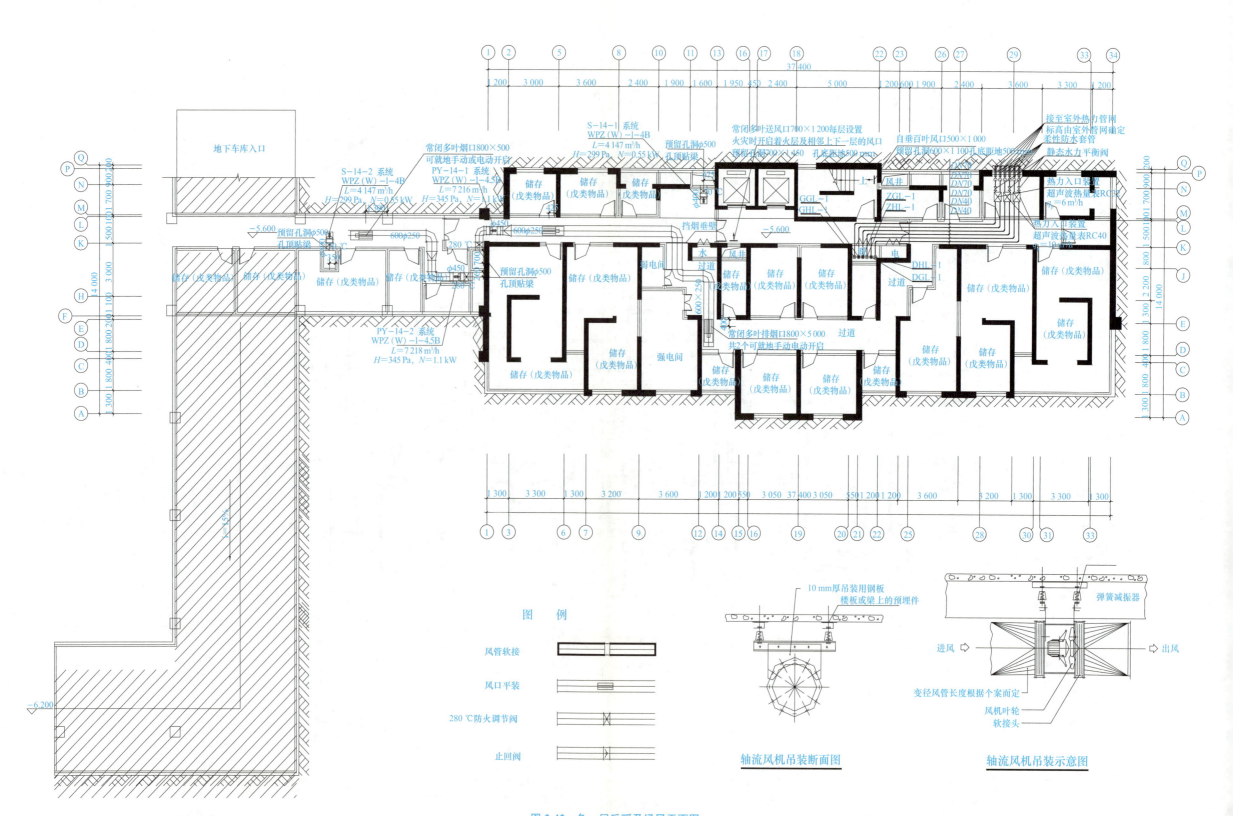

图 2-42 负一层采暖及通风平面图

知识拓展

集中供热的发展趋势采用节能新技术、新方法和多热源联网供热节能新技术。新方法包括：利用自然能源如热电冷联产、江河湖海等地表水和地热等和工厂排出的低品位废热和建筑排热等多种形式的废热。这些方法也是节能降耗、提高系统经济效益的重要手段。

太阳能供热技术——太阳能是地球上一切能源的主要来源。我国太阳能资源丰富，2/3以上的国土面积年日照在2 200 h以上。年辐射总量接近或超过6 000 MJ/m^2，每平方米每年可产生相当于110～280 kg标准煤的热量。

热泵供热技术——热泵技术是利用电能，把热能从低温热源转移到高温热源的一种供热技术。它可以把不能直接利用的低位热源（河水、废水、海水、工业余热空气）转换为可利用的高位热能，从而达到节约高位热能的目的。

低温核供热技术——核能是一种有广泛应用前景的新能源。核燃料的热值比煤高270万倍。低温核供热是一种利用核反应堆单纯供热的供热方式。由于供热反应堆比发电的动力反应堆输出蒸汽或热水的压力和温度低得多，其安全性大大提高，可靠近城市和热用户建设。投资费用也大大降低，一般仅为动力堆的1/10。

地热能供热——地球是一座天然的巨大能源库，其内部蕴藏着大量热能。地热能为地球上存储的全部煤燃烧时放出的热量的1.7亿万倍。地热能取自"天然的地下锅炉"，不需要燃烧任何燃料，省去了复杂庞大的燃料运输和燃烧系统，避免了因燃烧而产生的污染。

垃圾焚烧供热——将各种工业、生活垃圾焚烧，产生热能供生产、生活使用，既有利于环境保护，又可获得较好的经济效益。

本章小结

所有采暖系统都是由热源、供热管道和散热设备三个主要部分组成的。

采暖系统按设备相对位置分类可分为：局部采暖系统、集中采暖系统和区域采暖系统。

采暖系统按热媒种类分类可分为：热水采暖系统和蒸汽采暖系统。

根据采暖系统中水的循环动力不同，热水采暖系统分为自然（重力）循环热水采暖系统和机械循环热水采暖系统。以供回水密度差作动力进行循环的系统称为自然（重力）循环热水采暖系统；以机械（水泵）动力进行循环的系统，称为机械循环热水采暖系统。

蒸汽采暖系统按照供气压力的大小，可以分为三类：供气的表压力等于或低于70 kPa时，称为低压蒸汽采暖；供气的表压力高于70 kPa时，称为高压蒸汽采暖；当系统中的压力低于大气压力时，称为真空蒸汽采暖。

根据辐射体表面温度的不同，辐射采暖可以分为低温辐射采暖、中温辐射采暖和高温辐射采暖。当辐射体表面温度小于80 ℃时称为低温辐射采暖，当辐射体表面温度在80 ℃～200 ℃时称为中温辐射采暖；当辐射体表面温度高于500 ℃时称为高温辐射采暖。低温辐射采暖的结构形式是把加热管（或其他发热体）直接埋设在建筑构件内而形成散热面。中温辐射采暖通常是用钢板和小管径的钢管制成矩形块状或带状散热板。燃气红外辐射器、电红外线辐射器等，均为高温辐射散热设备。

室内供暖施工图的组成：设计说明、平面图、系统图、详图和主要设备材料表。其中详图包括：节点图、大样图和标准图。

自我测评

一、选择题

1. 低温热水采暖系统的供水温度为＿＿＿＿℃，回水温度为＿＿＿＿℃。（　　）
   A. 95，70　　　　B. 65，50　　　　C. 100，80　　　　D. 85，75
2. 在机械循环系统中，供水及回水干管的坡度根据设计规范 $i \geq 0.002$ 规定，一般取 $i=$（　　）。
   A. 0.001　　　　B. 0.002　　　　C. 0.003　　　　D. 0.004
3. 供气的表压力等于或低于 70 kPa 时，称为（　　）蒸汽采暖。
   A. 低压　　　　B. 高压　　　　C. 真空　　　　D. 以上都不对
4. 当辐射采暖温度在（　　）时称为中温辐射采暖。
   A. <80 ℃　　　　B. 80 ℃～200 ℃　　　　C. >500 ℃　　　　D. 以上都不对
5. 以下哪个设备具有"汽水分离"的作用？（　　）
   A. 除污器　　　　B. 排气阀　　　　C. 集气管　　　　D. 疏水器
6. （　　）是靠水的密度差进行循环的系统，由于作用压力小，目前在集中式采暖中很少采用。
   A. 自然循环系统　　B. 机械循环系统　　C. 电机循环系统　　D. 热力循环系统
7. 如果一个热水采暖系统中各循环环路的热水流程长短基本相等，称为（　　）系统。
   A. 半程式　　　　B. 异程式　　　　C. 同程式　　　　D. 全程式
8. 为了防止水箱内的水冻结，膨胀水箱需设置（　　）。
   A. 溢流管　　　　B. 膨胀管　　　　C. 信号管　　　　D. 循环管
9. （　　）一般设于系统供水干管末端的最高处，供水干管应向其设上升坡度以使管中水流方向与空气气泡的浮升方向一致。
   A. 除污器　　　　B. 集气罐　　　　C. 温控阀　　　　D. 减压阀
10. （　　）是一种钢制筒体，它可用来截流、过滤管路中的杂质和污物，以保证系统内水质洁净，减少阻力，防止堵塞压板及管路。
    A. 除污器　　　　B. 排气罐　　　　C. 疏水器　　　　D. 二次蒸发箱

二、简答题

1. 简述采暖系统的组成与原理。
2. 简述蒸汽采暖系统的工作原理与分类。
3. 高压蒸汽供暖有哪些技术经济特点？
4. 简述蒸汽采暖系统和一般热水采暖系统的区别。
5. 简述低温辐射采暖系统的分类及特点。
6. 简述燃气红外线辐射器的工作原理及特点。
7. 热水供暖系统在施工时如何与土建配合？
8. 低温热水地面辐射供暖在施工时如何与土建配合？
9. 室内供暖施工图的组成有哪些？

第3章 通风空调工程

学习目标

掌握通风系统的分类及原理，建筑防排烟设置要求，通风系统施工与土建配合，空调制冷系统的组成及原理，空调系统施工与土建配合及通风空调工程的施工图识读。熟悉地源热泵系统的分类、形式及工作原理，制冷机组与空调水系统的分类及原理，常用空调的处理方式。

内容概要

项目	内容
通风系统的分类及原理	通风的概念
	通风系统的分类
建筑防火分区与防排烟	火灾烟气危害及流动规律
	防火分区
	建筑防烟与排烟
通风系统施工与土建配合	通风系统施工与土建配合
空调制冷系统的组成及原理	蒸汽压缩式制冷的基本原理
	溴化锂吸收式制冷系统基本原理
空调系统的分类及组成	空调系统的分类
	空调系统的组成
	集中式空调系统
	半集中式空调系统
	分散式空调系统
地源热泵系统	地源热泵技术概述
	地源热泵系统分类
	地源热泵系统工作原理
空气处理方式	空气加热处理
	空气冷却处理
	空气加湿与减湿处理
	空气过滤处理
	消声处理

续表

项　目	内　容
空调系统施工与土建配合	空调系统施工与土建配合
通风空调工程施工图识读	通风工程施工图的主要内容和基本表示法
	通风空调施工图的基础知识
	通风工程图的基本图样
	通风空调系统图实例

本章导入

英国诺丁汉大学新校区之朱比丽校园，占地面积 13 000 m²，建筑面积 41 000 m²，该校园在废弃地再利用、水资源回用、建筑材料使用、采光系统设计，以及通风系统设计等方面起到了很好的建筑节能典范作用，成为英国中部的一个可持续发展范例。朱比丽校园设计采用了低能耗通风系统，是一种热回收低压机械式自然通风混合系统，即在充分利用自然通风的基础上辅以有效的机械通风装置。夏季温度较低的室内空气被用来给吸入的室外新风降温，当室外温度超过 24 ℃时，可采用空调设备制冷，来满足所需制冷要求；冬季温度较高的室内空气被用来给吸入的室外新风增温，并经过巨大的热交换设施后将其加热至 18 ℃，当室外温度低于 2.3 ℃时，一个 30 kW 的燃气锅炉将会启动，用以补充取暖所需的热量，给空气加热。该建筑的能耗约为 85 kW·h/(m²·a)，从整体来说，与主校园相比达到了 60% 的节能效果。

3.1 通风系统的分类及原理

3.1.1 通风的概念

一个卫生、安全、舒适的环境是由诸多因素决定的，它涉及热舒适、空气品质、光线、噪声和环境视觉效果等。其中空气品质是一个极为重要的因素，创造良好的空气环境条件（如温度、湿度、空气流速、洁净度等），对保障人们的健康、提高劳动生产率、保证产品质量是必不可少的。

PPT 课件

配套资源

所谓通风，就是把室外的新鲜空气经适当的处理（如净化、加热等）或者将符合卫生要求的经净化的空气送进室内，把室内的废气（经消毒、除害后）排至室外，从而保持室内空气的新鲜和洁净。

通风就是用自然或机械的方法向某一房间或空间送入室外空气，或由某一房间或空间排出室内空气的过程。送入的空气可以是经过处理的，也可以是未经处理的。换句话说，通风是利用室外空气（称为新鲜空气或新风）来置换建筑物内的空气（简称室内空气），以改善室内空气品质。通风的功能主要有：提供人呼吸所需要的氧气；稀释室内污染物或气味；排除室内工艺过程产生的污染物;除去室内多余的热量(余热)或湿量(余湿);提供室内燃烧设备燃烧所需的空气。

建筑中的通风系统可能只完成其中的一项或几项任务,利用通风去除室内余热和余湿的功能是有限的,它受室外空气状态的限制。

3.1.2 通风系统的分类

通风的目的就在于通过控制空气的污染物,保证室内环境具有良好的空气品质,满足人们生活或生产要求。置换室内的空气,改善室内空气品质,是以建筑物内的污染物为主要控制对象的。根据换气方法不同,通风可分为排风和送风。排风是将局部地点或整个房间中不符合卫生标准的污染空气直接或经过处理后排至室外;送风是把新鲜的或经过处理的空气送入室内。为排风和送风设置的管道及设备分别称为排风系统和送风系统,统称为通风系统。在有可能突然释放大量有害气体或有爆炸危险的生产厂房内还应设置事故通风装置。

通风系统按照空气流动的作用动力可分为自然通风和机械通风两种。

1. 自然通风

自然通风是在自然压差(风压或热压)作用下,使室内外空气通过建筑物围护结构的孔口流动的通风换气形式。自然通风具有经济、节能、简便易行、无须专人管理、无噪声的优点,在选择通风措施时应优先采用,但自然通风受自然条件的影响,通风量不宜控制,通风效果不易保证。在采暖或制冷季节,建筑门窗被人为开启后没有及时关闭,造成室内大量热量流入或流失。所以,采用自然通风系统时,建筑的使用者需要有良好的行为方式才能确保建筑的节能。同时由于窗户的开启,室外噪声、汽车尾气和污染物也会进入室内,这种现象在城市化程度越来越高的今天尤为突出,因此,传统的开窗通风面临着挑战。自然通风根据压差形成的原理,可以分为风压作用下的自然通风、热压作用下的自然通风,以及热压和风压共同作用下的自然通风。在一般工业厂房中应采用有组织的自然通风方式,以改善工作区的劳动条件;在民用建筑中多采用窗扇作为有组织或无组织的自然通风设施。

(1)风压作用下的自然通风:具有一定速度的风由建筑物迎风面的门窗进入房间内,同时把房间内原有的空气从背风面的门窗压出去,形成一种由室外风力引起的自然通风,以改善房间的空气环境。

当风吹过建筑物时,在建筑物的迎风面一侧压力升高了,相对于原来大气压力产生了正压;在背风侧产生涡流及在两侧的空气流速增加,压力下降了,相对原来的大气压力产生了负压。

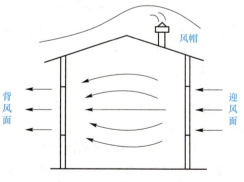

图 3-1 风压作用下的自然通风

建筑物在风压作用下,由具有正值风压的一侧进风,而在负值风压的一侧排风,这就是在风压作用下的自然通风。其通风强度与正压侧和负压侧的开口面积及风力大小有关。如图 3-1 所示,建筑物在迎风的正压侧有窗,当室外空气进入建筑物后,建筑物内的压力水平就会升高,而在背风侧室内压力大于室外,空气由室内流向室外,这就是我们通常所说的"穿堂风"。

风压作用下的自然通风与风向有着密切的关系。由于风向的转变,原来的正压区可能变为负压区,而原来的负压区可能变为正压区。风向是不受人的意志控制的,并且大部分城市的平均风速较低。因此，由风压引起的自然通风的不确定因素过多，无法真正应用风压的作用原理来设计有组织的自然通风。

(2) 热压作用下的自然通风：在房间内有热源的情况下，室内空气温度高、密度小，产生一种向上的升力。室内热空气上升后从上部窗孔排出，同时室外冷空气就会从下部门窗进入室内，形成一种由室内外温差引起的自然通风。这种以由室内外温差引起的压力差为动力的自然通风，称为热压作用下的自然通风。

热压作用产生的通风效应又称为"烟囱效应"。"烟囱效应"的强度与建筑高度和室内外温差有关。一般情况下，建筑物越高，室内外温差越大，"烟囱效应"越强烈。

热压是由于室内外空气温度不同而形成的重力压差。如图 3-2 所示，当室内空气温度高于室外空气温度时，室内热空气因其密度小而上升，造成建筑物内上部空气压力比建筑物外大，空气由下向上形成对流。

(3) 热压和风压共同作用下的自然通风：在多数工程中，建筑物是在热压与风压共同作用下的自然通风。可以简单地认为，它们的效果是叠加的。设有一建筑，室内温度高于室外温度，当只有热压作用时，室内空气流动如图 3-2 所示。当热压和风压共同作用时，在下层迎风侧进风量增加，下层背风侧进风量减少，甚至可能出现排风；上

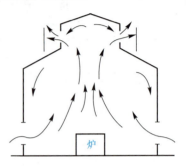

图 3-2 热压作用下的自然通风

层迎风侧排风量减少，甚至可能出现进风，上层背风侧排风量加大；在中和面附近迎风面进风、背风面排风。建筑中压力分布规律经实测及原理分析表明：对于高层建筑，在冬季（室外温度低）时，即使风速很大，上层的迎风面房间仍然是排风的，热压起了主导作用；对于高度低的建筑，风速受邻近建筑影响很大，因此也影响风压对建筑的作用。

2. 机械通风

机械通风是依靠通风机提供的动力，迫使空气流通来进行室内外空气交换的方式。机械通风包括机械送风和机械排风。

与自然通风相比，机械通风具有以下优点：送入车间或工作房间内的空气可以经过加热或冷却，加湿或减湿的处理；从车间排出的空气，可以进行净化除尘，保证工厂附近的空气不被污染；可以将吸入的新鲜空气按照需要送到车间或工作房间内各个地点，同时也可以将室内污浊的空气和有害气体从产生地点直接排至室外；通风量在一年四季中都可以保持平衡，不受外界气候的影响，必要时，根据车间或工作房间内生产与工作情况，还可以任意调节换气量。

机械通风可根据有害物分布的状况，按照系统作用范围大小分为局部通风和全面通风两类。局部通风包括局部送风系统和局部排风系统；全面通风包括全面送风系统和全面排风系统。

(1) 局部通风。利用局部的送、排风控制室内局部地区污染物的传播或控制局部地区污染物浓度达到卫生标准要求的通风叫作局部通风。局部通风又分为局部排风和局部送风。它是防止工业有害污染物污染室内空气最有效的方法，在有害气体产生的地点直接将它们收集起来，经过净化处理，排至室外。与全面通风相比，局部通风系统需要的风量小、效果好，设计时应优先考虑。局部通风一般应用于工矿企业。

1) 局部排风系统。局部排风就是在局部地点把不符合卫生标准的污浊空气经过处理，达到排放标准后排至室外，以改善局部空间的空气标准。局部排风系统由局部排风罩、风管、净化设备和风机等组成。图 3-3 所示为局部机械排风系统示意。

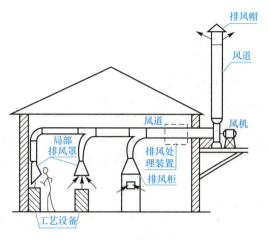

图 3-3 局部机械排风系统示意

在局部排风系统中，局部排风罩是用于捕收有害物的装置，局部排风就是依靠排风罩来实现这一过程的；风管：空气输送的通道，根据污染物的性质，可以是钢板、玻璃钢、聚氯乙烯板、混凝土、砖砌体等；空气净化设备：用于防止对大气污染，当排风中含有污染物超过规范允许的排放浓度时，必须进行净化处理，如果不超过排放浓度，可以不设净化设备；通风机：在机械排风系统中提供空气流动动力；排风口：排风的出口，有风帽和百叶窗两种。当排风温度较高且危害性不大时，可以不用风机输送空气，而依靠热压和风压进行排风，这种系统称为局部自然排风系统。

局部排风系统的分布应遵循如下原则：

①污染物性质相同或相似，工作时间相同且污染物散发点相距不远时，可合为一个系统。

②不同污染物相混可产生燃烧、爆炸或生成新的有毒污染物时，不应合为一个系统，应各自成为独立系统。

③排除有燃烧、爆炸或腐蚀的污染物时，应当各自单独设立系统，并且系统应有防止燃烧、爆炸或腐蚀的措施。

④排除高温、高湿气体时，应单独设置系统，并有防止结露和排除凝结水的措施。

2) 局部送风系统。在一些大型的车间，尤其是有大量余热的高温车间，采用全面通风已经无法保证室内所有地方都达到适宜的程度，需要采用局部送风系统。局部送风是把新鲜的空气经过净化、冷却或加热等处理后送入室内的指定地点，以改善局部空间的空气环境。局部送风系统对于面积很大，工作人数较少的车间，没有必要对整个车间送风，只需向少数的局部工作地点送风，在局部地点形成良好的空气环境。局部送风又分系统式送风和分散式送风两种。

图 3-4 所示为车间局部送风系统，是将室外新风以一定风速直接送到工人的操作岗位，使局部地区空气品质和热环境得到改善。当有若干个岗位需局部送

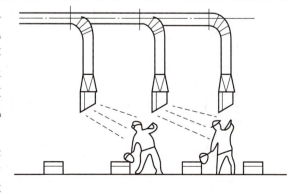

图 3-4 车间局部送风系统

风时,可合为一个系统。当工作岗位活动范围较大时,可采用旋转风口进行调节。夏季需对新风进行降温处理,应尽量采用喷水冷却;如达不到要求,则采用人工制冷。有些地区室外温度并不太高,可以只对新风进行过滤处理。冬季采用局部送风时,应将新风加热到18 ℃~25 ℃。

(2)全面通风。全面通风也称稀释通风,它一方面用清洁的空气稀释室内空气中的有害物质浓度,同时不断地把污染空气排至室外,使室内空气中有害物浓度不超过卫生标准规定的最高浓度。全面通风的效果与通风量和通风气流组织有关。不能采用局部通风或采用局部通风后室内空气环境仍然不符合卫生和生产要求时,可以采用全面通风。全面通风适用于有害物产生位置不固定的地方;面积较大或局部通风装置影响操作时;有害物扩散不受限制的房间或一定的区段内。

为了使室内产生的有害物尽可能不扩散到其他区域或邻室,可以在有害物比较集中产生的区域或房间采用全面机械排风。进风来自房间门窗的孔洞和缝隙,排风机的抽吸作用使房间内部形成负压,可以防止有害气体窜出室外。图 3-5(a)所示为在墙上装有轴流风机的最简单全面排风。图 3-5(b)所示为室内设有排风口,含尘量大的室内空气从专设的排气装置排入大气的全面机械排风系统。

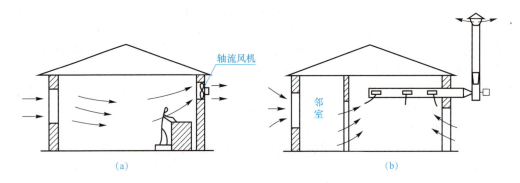

图 3-5 轴流风机排风的全面通风
(a)装有轴流风机的全面排风;(b)设有排风口的全面机械排风系统

当房间对送风有所要求或邻室有污染源不宜直接自然进风时,可采用机械送风系统,室外新风先经空气净化达到卫生标准后,由送风机、送风道、送风口送入房间。多用如图 3-6 所示的全面机械送风系统来冲淡室内有害物,这时室内处于正压,室内空气通过门窗排到室外;也可使用全面机械排风系统,采用自然送风方式,如图 3-7 所示。

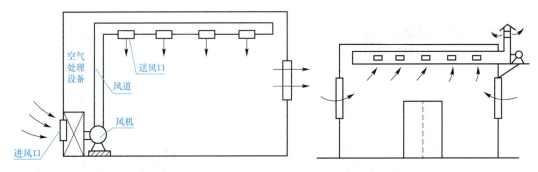

图 3-6 全面机械送风系统(自然排风)   图 3-7 全面机械排风系统(自然送风)

3.2 建筑防火分区与防排烟

3.2.1 火灾烟气危害及流动规律

建筑发生火灾,烟雾是阻碍人们逃生和进行灭火行动、导致人员死亡的主要原因之一。

1. 火灾烟气的危害主要有三个方面

(1) 毒害性:烟气包含高浓度的一氧化碳(CO)及其他各类有毒气体,如氢氰酸(HCN),氯化氢(HCl),对人体产生的直接危害。

配套资源

(2) 遮光性:烟气极大降低可见度,使人易于失去正确疏散方向,降低了人们在疏散时的行进速度。

(3) 高温危害:火灾初期(5~20 min)烟气温度能达到250 ℃,随后空气量不足温度会有所下降,当燃烧至窗户爆裂或人为将窗户打开则燃烧骤然加剧,短时间温度可达500 ℃。致使金属材料强度降低,从而使建筑物失去支撑能力。

2. 火灾烟气的流动规律

建筑物内烟雾流动的形成,总的来说,是由于风和各种通风系统造成的压力差,以及由于温度差造成气体密度差而形成的烟囱效应,其中温差和温度变化是烟雾流动最为重要的因素。

(1) 烟囱效应(即热压作用)。当室内温度高于室外温度时,在热压的作用下,空气沿建筑物的竖井向上流动的现象。

(2) 浮力作用。火灾发生后,温度升高,产生向上的浮力,烟气会沿顶棚向四周扩散,扩散的速度为0.3~0.8 m/s,浮力的作用是烟气水平方向流动的主要原因,同时也会使烟气通过缝隙孔洞向上层流动。

(3) 热膨胀。着火房间由于温度较低的空气受热,体积膨胀而产生压力变化。若着火房间门窗敞开,可忽略不计;若着火房间为密闭房间,压力升高会使窗户爆裂。

(4) 风力作用。由于风力作用,建筑物表面的压力是不同的,通常迎风面为正压,如着火区或室内回风口经空调机或通风机,通过风管送至房间。

建筑物火灾发生时烟气的流动是诸多因素共同作用的结果,因而准确地描述烟气在各时刻的流动是相当困难的。了解烟气的流动规律,有助于防排烟系统的正确设计。

3.2.2 防火分区

建筑设计中,防火分区的目的是防止火灾的扩大,分区内应该设置防火墙、防火门、防火卷帘等设备。防烟分区则是对防火分区的细分化,能有效地控制火灾产生的烟气流动。

(1) 防火分区,是指在建筑内部采用防火墙、楼板及其他防火分隔设施分隔而成,能在一定时间内防止火灾向同一建筑的其余部分蔓延的局部空间。

不同耐火等级建筑的允许建筑高度或层数、防火分区最大允许建筑面积,应符合表3-1和表3-2的规定。

表 3-1 民用建筑的分类

名称	高层民用建筑		单、多层民用建筑
	一类	二类	
住宅建筑	建筑高度大于 54 m 的住宅建筑（包括设置商业服务网点的住宅建筑）	建筑高度大于 27 m，但不大于 54 m 的住宅建筑（包括设置商业服务网点的住宅建筑）	建筑高度不大于 27 m 的住宅建筑（包括设置商业服务网点的住宅建筑）
公共建筑	1. 建筑高度大于 50 m 的公共建筑 2. 任一楼层建筑面积大于 1 000 m² 的商店、展览、电信、邮政、财贸金融建筑和其他多种功能组合的建筑 3. 医疗建筑、重要公共建筑 4. 省级及以上的广播电视和防灾指挥调度建筑、网局级和省级电力调度建筑 5. 藏书超过 100 万册的图书馆、书库	除一类高层公共建筑外的其他高层公共建筑	1. 建筑高度大于 24 m 的单层公共建筑 2. 建筑高度不大于 24 m 的其他公共建筑

注：(1) 表中未列入的建筑，其类别应根据本表类比确定。
(2) 除本规范另有规定外，宿舍、公寓等非住宅类居住建筑的防火要求，应符合本规范有关公共建筑的规定；裙房的防火要求应符合本规范有关高层民用建筑的规定。

表 3-2 不同耐火等级建筑的允许建筑高度或层数、防火分区最大允许建筑面积

名称	耐火等级	允许建筑高度或层数	防火分区的最大允许建筑面积/m²	备注
高层民用建筑	一、二级	按表 3-1 确定	1 500	对于体育馆、剧场的观众厅，防火分区的最大允许建筑面积可适当增加
单、多层民用建筑	一、二级	按表 3-1 确定	2 500	
	三级	5 层	1 200	—
	四级	2 层	600	—
地下或半地下建筑(室)	一级	—	500	设备用房的防火分区最大允许建筑面积不应大于 1 000 m²

注：(1) 表中规定的防火分区最大允许建筑面积，当建筑内设置自动灭火系统时，可按本表的规定增加 1.0 倍；局部设置时，防火分区的增加面积可按该局部面积的 1.0 倍计算。
(2) 裙房与高层建筑主体之间设置防火墙时，裙房的防火分区可按单、多层建筑的要求确定。

(2) 建筑内设置自动扶梯、敞开楼梯等上、下层相连通的开口时，其防火分区的建筑面积应按上、下层相连通的建筑面积叠加计算；当叠加计算后的建筑面积大于表 3-2 的规定时，

应划分防火分区。

(3) **防火分区之间应采用防火墙分隔，确有困难时，可采用防火卷帘等防火分隔设施分隔。**

(4) 一、二级耐火等级建筑内的营业厅、展览厅，当设置自动灭火系统和火灾自动报警系统并采用不燃或难燃装修材料时，其每个防火分区的最大允许建筑面积应符合下列规定：

1) 设置在高层建筑内时，不应大于 4 000 m^2。

2) 设置在单层建筑或仅设置在多层建筑的首层内时，不应大于 10 000 m^2。

3) 设置在地下或半地下时，不应大于 2 000 m^2。

3.2.3　建筑防烟与排烟

对于一座建筑，当其中某部位着火时，应采取有效的排烟措施排除可燃物燃烧产生的烟气和热量，使该局部空间形成相对负压区；对非着火部位及疏散通道等应采取防烟措施，以阻止烟气侵入，利于人员的疏散和灭火救援。

建筑中的防烟可采用机械加压送风防烟方式或可开启外窗的自然排烟方式。建筑中的排烟可采用机械排烟方式或也可采用开启外窗的自然排烟方式。

(1) **建筑的下列场所或部位应设置防烟设施：**

1) 防烟楼梯间及其前室。

2) 消防电梯间前室或合用前室。

3) 避难走道的前室、避难层(间)。

建筑高度不大于 50 m 的公共建筑、厂房、仓库和建筑高度不大于 100 m 的住宅建筑，当其防烟楼梯间的前室或合用前室符合下列条件之一时，楼梯间可不设置防烟系统：

1) 前室或合用前室采用敞开的阳台、凹廊。

2) 前室或合用前室具有不同朝向的可开启外窗，且可开启外窗的面积满足自然排烟口的面积要求。

(2) **厂房或仓库的下列场所或部位应设置排烟设施：**

1) 丙类厂房内建筑面积大于 300 m^2 且经常有人停留或可燃物较多的地上房间，人员或可燃物较多的丙类生产场所。

2) 建筑面积大于 5 000 m^2 的丁类生产车间。

3) 占地面积大于 1 000 m^2 的丙类仓库。

4) 高度大于 32 m 的高层厂房(仓库)内长度大于 20 m 的疏散走道，其他厂房(仓库)内长度大于 40 m 的疏散走道。

(3) **民用建筑的下列场所或部位应设置排烟设施：**

1) 设置在一、二、三层且房间建筑面积大于 100 m^2 的歌舞娱乐放映游艺场所，设置在四层及以上楼层、地下或半地下的歌舞娱乐放映游艺场所。

2) 中庭。

3) 公共建筑内建筑面积大于 100 m^2 且经常有人停留的地上房间。

4) 公共建筑内建筑面积大于 300 m^2 且可燃物较多的地上房间。

5) 建筑内长度大于 20 m 的疏散走道。

(4) **地下或半地下建筑(室)、地上建筑内的无窗房间，当总建筑面积大于 200 m^2 或一个房间建筑面积大于 50 m^2，且经常有人停留或可燃物较多时，应设置排烟设施。**

3.3 通风系统施工与土建配合

通风工程施工的主要内容：风管、风管部件、消声器、除尘器等的制作与安装；风管及部件的防腐保温等。土建结构工程施工时，通风工程施工配合的主要任务是预留风管的孔洞、预埋套管（人防预埋一节风管）和铁件。预埋铁

PPT 课件　　　配套资源

件主要用于大口径风道做吊支架固定。施工现场通风系统施工与土建配合的要点如下：

（1）通风设备基础施工时，应事先与专业图纸复核其平面位置、标高、几何尺寸等，当需要预埋地脚螺栓时，为了保证螺栓位置的准确性，基础形状复杂且螺栓数量较多时，宜采用预制螺栓间距样板，保证准确位置，使设备顺利就位，并保护好地脚螺栓的丝扣部分。

（2）结构施工时，对风管穿墙、穿楼板，应按复核后的位置及标高、洞口尺寸预留，施工时专业施工人员应配合复测，确认无误时再施工。避免大面积的剔砸楼板和墙体而破坏结构层。如发现漏留孔洞需砸剔时，需与土建施工人员和设计者商定方案或补救措施。结构钢筋不允许随意切割，需要切割时，应向土建技术负责人报告，经确定补救方案后再施工。

（3）体积大的通风设备，如不能在结构施工中就位，需在结构施工中留出吊装孔洞和运输通道，待设备就位后再补砌筑。通风工程预留孔洞较大、较多，经常同给水排水、消防喷淋、消火栓、强弱电管线与线槽等碰撞，应及时组织各专业协调会，提出施工图中标高、坐标位置，孔洞几何尺寸过大，管路平行敷设或垂直敷设过多、过密、碰撞问题，合理调整标高和坐标位置，并应及时办理设计变更洽商。

（4）通风管设置在吊顶内时，应先施工体积大的风管，其他专业的吊杆或支架不得附着在风道的支架上。

（5）当土建施工墙面、顶棚抹灰和面层时，应对已施工完毕的明装风管进行遮挡保护，通风设备用塑料布罩住，防止砂浆和喷涂物污染。对已施工完毕的墙地面，安装风道时应注意不要碰撞，刷油时应采取保护墙地面的措施。对暂未安装的风口或敞口处需暂时封堵，避免杂物或灰尘进入。防排烟用结构风道由土建施工完毕，应及时进行检查，防止建筑垃圾遗留在结构风道内，同时要求土建砌筑人员用水泥砂浆把风道内壁抹平，把缝隙封堵严实，防止漏风。

（6）当通风管道穿越土建划分的防火区时，应设置防火阀。竖风管穿楼板做法如图3-8所示，水平风管穿沉降缝做法如图3-9所示，水平风管穿防火墙做法如图3-10所示。

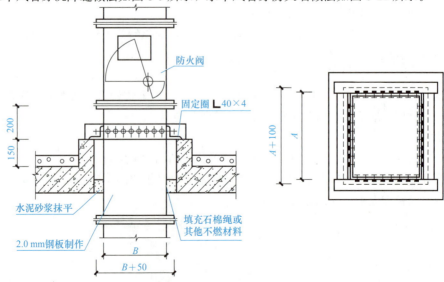

图 3-8　竖风管穿楼板做法

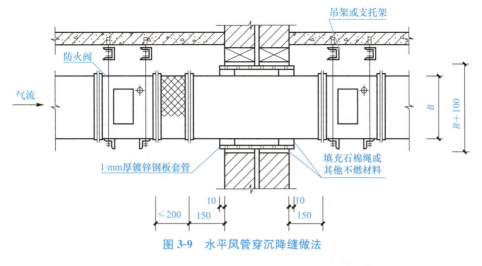

图 3-9 水平风管穿沉降缝做法

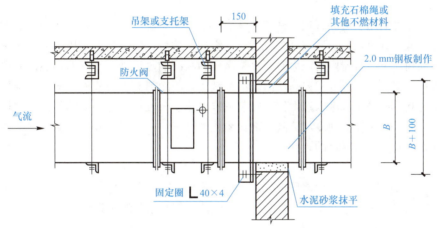

图 3-10 水平风管穿防火墙做法

（7）土建施工做屋面防水层之前，通风空调专业应把防排烟风机基础位置图做法提供给土建人员，由其负责施工。

（8）通风工程的风管及部件制作，应考虑所用材质，确定是现场加工，还是向生产厂订货。现场制作所用各种加工机械现场场地是否容许放置，放置不下时，还得考虑场外加工。如向生产厂家订货，应确定管道材质，并提供管道几何尺寸、管道部件规格尺寸、接管道方式等，确定加工周期、到场日期。

3.4 空调制冷系统的组成及原理

常见的空调用制冷系统有蒸汽压缩式制冷系统、溴化锂吸收式制冷系统和蒸汽喷射式制冷系统，其中蒸汽压缩式制冷系统应用最广。

3.4.1 蒸汽压缩式制冷基本原理

蒸汽压缩式制冷系统主要由制冷压缩机、冷凝

PPT 课件

配套资源

器、节流机构和蒸发器四大设备组成，如图 3-11 所示。

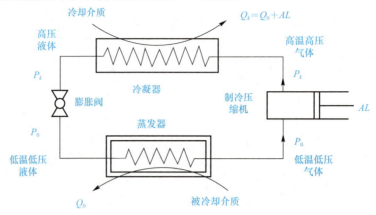

图 3-11　蒸汽压缩式制冷系统

这些设备之间用管道和管道附件依次连成一个封闭系统。工作时，制冷剂在蒸发器内吸热变成低温低压制冷剂，蒸汽被压缩机吸入，经过压缩后，变成高温高压的制冷剂蒸汽，当压力升高到稍高于冷凝器内的压力时，高温高压的制冷剂蒸汽排至冷凝器，在冷凝器内与冷却介质进行热交换而冷凝为中温高压的制冷剂液体，制冷剂液体经节流机构节流降压后变成低温低压的制冷剂湿蒸汽进入蒸发器，在蒸发器内蒸发吸收被冷却物体的热量，这样被冷却物体（如空气、水等）便得到冷却。制冷剂在系统中经压缩、冷凝、节流、蒸发四个过程依次不断循环，进而达到制冷目的。

蒸汽压缩式制冷系统按照制冷剂，分为氨制冷系统和氟利昂制冷系统。

（1）蒸汽压缩式氨制冷系统（图 3-12）。蒸汽压缩式氨制冷系统包括氨制冷剂系统、冷却水系统、冷冻水系统、排油系统、排除不凝性气体系统和紧急泄氨系统等。

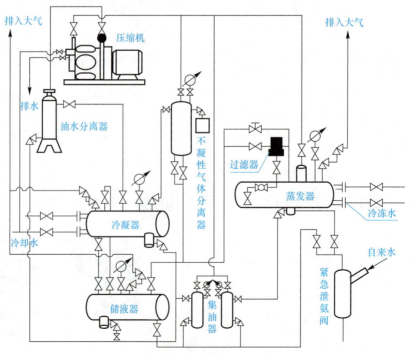

图 3-12　氨制冷系统

在氨制冷剂系统中，高温高压的氨气从压缩机释放出来，经油水分离器进入冷凝器被冷凝成液体，氨液从冷凝器经储液器和过滤器进入节流装置节流降压，低压湿蒸汽进入蒸发器后吸收冷冻水的热量而变为气体返回压缩机。

在冷却水系统中，冷凝器下部水池内的水经水泵加压后送入两台冷却塔降温，降温后的水送入卧式冷凝器上部，水在冷凝器中将氨气冷凝为氨液后流入水池。

在排除不凝性气体系统中，冷凝器内的不凝性气体（主要是空气）送至不凝性气体分离器（亦称空气分离器），利用从冷凝器来的氨液经膨胀阀节流后在空气分离器的盘管内汽化吸热来促使混合气体中的氨气冷凝为氨液，从而达到分离空气的目的。氨液汽化后氨气返回压缩机。

在排油系统中，储液器内的油送入储油器进行集中放油，以保证安全。紧急泄氨系统中，在危急情况时，将储液器和蒸发器中的氨液迅速排入紧急泄氨器中，用自来水混合稀释后排入下水道，以保证机房安全。

(2) 蒸汽压缩式氟利昂制冷系统。氟利昂制冷系统（图3-13）的工作流程：氟利昂低压蒸汽被压缩机吸入并压缩后，成为高温高压气体，经油分离器将油分出后进入冷凝器被冷却水（也有用风冷的）冷凝为液体。氟利昂液体从冷凝器出来，经干燥过滤器，将所含的水分和杂质除掉，再经电磁阀进入气液热交换器中与从蒸发器出来的低温低压气体进行热交换，使氟利昂液体过冷，过冷的液体经热力膨胀阀节流降压，将低温低压液体送入蒸发器，在蒸发器内，氟利昂液体吸收空调用冷冻水热量，汽化为低温低压气体，此气体经气液热交换器后，又重新被压缩机吸入。如此往复循环，以实现制冷。

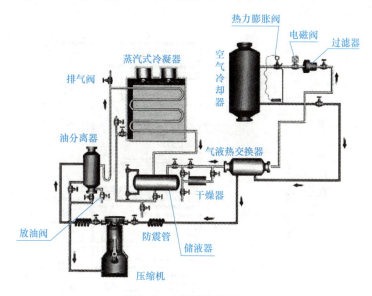

图3-13 氟利昂制冷系统

3.4.2 溴化锂吸收式制冷系统基本原理

溴化锂吸收式制冷系统原理如图3-14所示，主要由发生器、冷凝器、蒸发器和吸收器四个热交换设备组成。系统内的工质是两种沸点相差较大的物质（溴化锂和水）组成的二元溶液，其中沸点低的物质（水）为制冷剂，沸点高的物质（溴化锂）为吸收剂。四个热交换设备组成两个循环环路：制冷剂循环与吸收循环。左半部是制冷剂循环，由冷凝器、蒸发器和节流装置组成。高压气态制冷剂在冷凝器中向冷却水放热被冷凝成液态后，经节流装置减压后进入蒸发器。在蒸发器内，制冷剂液体被汽化为低压制冷剂蒸汽，同时吸取被冷却介质的热量产生制冷效应。右半部为吸收剂循环，主要由吸收器、发生器和溶液泵组成。在吸收器中，液态吸收剂吸收蒸发器产生的低压气态制冷剂形成的制冷剂——吸收剂溶液，经溶液泵升压后进入发生器，在发生器中该溶液被加热至沸腾，其中沸点低的制冷剂汽化形成高压气态制冷剂，又与吸收剂分离。然后，前者进入冷凝器液化，后者则返回吸收器再次吸收低压气态制冷剂。

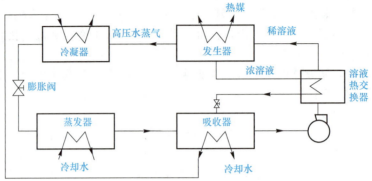

图3-14 单级溴化锂吸收式制冷系统原理

按其结构而言，这种系统有单筒、双筒、多级等几种形式。常用双筒式溴化锂吸收式制冷系统(图3-15)，将发生器、冷凝器置于一个(上)筒体上，蒸发器、吸收器放在另一个(下)筒体内，以保证系统的严密性。

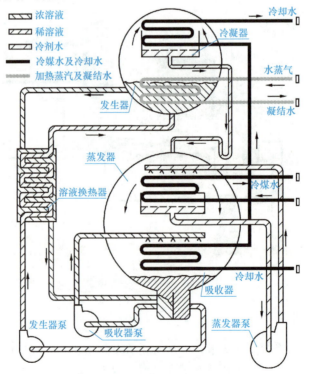

图3-15 双筒式溴化锂吸收式制冷系统

吸收剂循环：吸收器内的稀溶液由发生器泵经热交换器送到发生器内时，依靠发生器管簇内的工作蒸汽的加热,将溶液中低沸点的水汽化为冷剂水蒸气,而溶液本身得到浓缩。发生器中的浓溶液经热交换器放出热量后流入吸收器中,以吸收蒸发器内的冷剂水蒸气。

制冷剂循环:发生器中的冷剂水蒸气经挡水板后,便进入圆筒上部的冷凝器中,它把热量放给冷凝器管簇内的冷却水后,自身冷凝为冷剂水,并积聚在冷凝器下部的水盘内。从冷凝器出来的冷剂水,经U形管节流降压后进入蒸发器的水盘,水盘内的冷剂水由冷剂循环泵送入蒸发器进行喷淋,并均匀地喷洒在蒸发器管簇的外表面。冷剂水夺取管内冷冻水的热量而汽化为水蒸气,从而制得冷冻水供空调使用。

溴化锂吸收式制冷机出厂时是一个组装好的整体,溴化锂溶液管道、制冷剂水及水蒸气管道、抽真空管道以及电气控制设备均已装好,现场施工时只连接机外的蒸汽管道、冷却水管道和冷冻水管道即可。

3.5 空调系统的分类及组成

对某一房间或空间内的温度、湿度、洁净度和空气流速等进行调节和控制,并提供足够量的新鲜空气的方法称为空气调节,简称空调。空调可以实现对建筑热湿环境、空气品质进行全面控制,包括采暖和通风两部分功能。

PPT 课件

配套资源

3.5.1 空调系统的分类

1. 按承担室内热、冷负荷的介质分类

以建筑热湿环境为主要控制对象的系统,按承担室内热、冷负荷和湿负荷的介质的不同可分四类。

(1)全空气空调系统。全空气空调系统是指空调房间内的负荷全部由经处理过的空气来负担的空调系统,如图3-16(a)所示。在全空气空调系统中,空气的冷却、除湿处理完全集中于空调机房内的空气处理机组来完成;空气的加热可在空调机房内完成,也可在各房间内完成。

全空气空调系统具有以下优点:
1)有专门的过滤段,有较强的空气除湿能力和空气过滤能力。
2)送风量大,换气充分,空气污染小。
3)在春、秋过渡季节可实现全新风运行,节约运行能耗。
4)空调机置于机房内,运转、维修容易,能进行完全的空气过滤。
5)产生振动、噪声传播的问题较少。

其缺点主要有两方面:
1)占用机房。
2)冬季采用上回风方式,热空气不易下降,造成制热效果不好。

(2)全水空调系统。空调房间的空调负荷全部由水作为冷(热)工作介质来承担的系统称为全水空调系统,如图3-16(b)所示。由于水携带能量(冷量或热量)的能力比空气大得多,所以无论是夏天还是冬天,在空调房间空调负荷相同的条件下,只需要较小的水量就能满足空调系统的要求,从而减少了风道占据建筑空间的缺点,因为这种系统是用管径较小的水管输送冷(热)水管道代替了用较大断面尺寸输送空气的风道。在实际应用中,仅靠冷(热)水来消除空调房间的余热和余湿,并不能解决房间新鲜空气的供应问题,因而通常不单独采用全水空调系统。

(3) 空气-水空调系统。空气-水空调系统是全空气空调系统与全水空调系统的综合应用，它既解决了全空气空调系统因风量大导致风管断面尺寸大而占据较多有效建筑空间的问题，也解决了全水空调系统空调房间的新鲜空气供应问题，因此这种空调系统特别适合大型建筑和高层建筑。目前高层建筑中普遍采用风机盘管加独立的新风系统，如图3-16(c)所示。

空气-水空调系统具有如下特点：

1) 风道、机房占建筑空间小，无须设回风管道。
2) 如采用四管制，可同时供冷、供热。
3) 过渡季节不能采用全新风。
4) 检修较麻烦，湿工况要除霉菌。
5) 部分负荷时除湿能力下降。

(4) 制冷剂空调系统。制冷剂空调系统是将制冷系统的蒸发器直接放在空调房间内吸收空调房间内的余热、余湿。如现在的家用分体式空调器，分为室内机和室外机两部分。其中室内机实际就是制冷系统中的蒸发器，并且在其内设置了噪声极小的贯流风机，迫使室内空气以一定的流速通过蒸发器的换热表面，从而使室内空气的温度降低；室外机就是制冷系统中的压缩机和冷凝器，其内设有一般的轴流式风机，迫使室外的空气以一定的流速流过冷凝器的换热表面，让室外空气带走高温高压制冷剂在冷凝器中冷却成高压制冷剂液体放出的热量，如图3-16(d)所示。

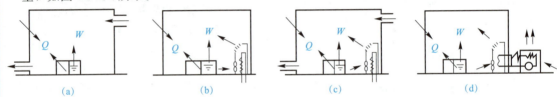

图3-16 按承担室内负荷的介质分类的空调系统
(a)全空气空调系统；(b)全水空调系统；(c)空气-水空调系统；(d)制冷剂空调系统

2. 按空气处理设备的集中程度分类

(1) 集中式空调系统。集中式空调系统(图3-17)是将所有的空气处理设备(包括风机、冷却器、加湿器、空气过滤器等空气处理制冷系统，水系统，自动测试及控制设备)都集中设置在一个空调机房内，对送入空调房间的空气集中处理，然后用风机加压，通过风管送到各空调房间或需要空调的区域。

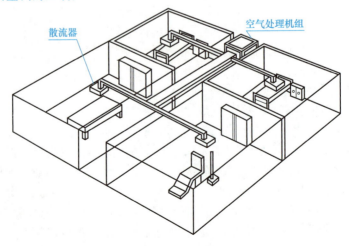

图3-17 集中式空调系统

这种系统的空气处理设备能实现对空气的各种处理过程,可以满足各种调节范围和空调精度及洁净度要求,也便于集中管理和维护,是工业空调和大型民用公共建筑采用的最基本的空调形式。

根据送风管的套数不同,集中式空调系统又可分为单风管式和双风管式;根据送风量是否可以变化,集中式空调系统又可分为定风量式和变风量式。

集中式空调系统的主要优点是:
1)空调设备集中设置在专门的空调机房里,管理维修方便,消声防振也比较容易。
2)空调机房可以使用较差的建筑空间,如地下室、屋顶间等。
3)可根据季节变化调节空调系统的新风量,节约运行费用。
4)使用寿命长,初投资和运行费比较少。

集中式空调系统的主要缺点是:
1)用空气作为输送冷热量的介质,需要的风量大,风道又粗又长,占用建筑空间较多,施工安装工作量大,工期长。
2)一个系统只能处理出一种送风状态的空气,当各房间的热、湿负荷的变化规律差别较大时,不便于运行调节。
3)当只有部分房间需要空调时,仍然要开启整个空调系统,造成能量上的浪费。

(2)半集中式空调系统。半集中式空调具有集中的空气处理室(主要处理室外新鲜空气)和送风管道,同时又在各空调房间设有局部处理装置。设在房间的局部处理装置又称末端装置,如风机盘管、诱导器。图3-18所示为全新风半集中式空调系统。

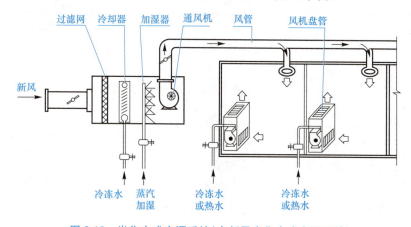

图3-18 半集中式空调系统(全新风半集中式空调系统)

与集中式空调系统相比较,半集中式空调系统在建筑中占用的机房少,较容易满足各个房间的温、湿度控制要求,但房间内设置空气处理设备后,管理维修不方便,如设备中有风机,还会给室内带来噪声。这类系统省去了回风管道,节省建筑空间,室内热、湿负荷主要由通过末端装置的冷(热)水来负担,由于水的比热容小、密度大,因而输水管径小,有利于敷设和安装,特别适用于高层建筑。

(3)分散式空调系统。分散式空调系统又称局部机组系统,是把冷源、热源和空气处理设备及空气输送设备(风机)集中设置在一个箱体内,形成一个紧凑的空气调节系统。因此,局部机组空调系统不需要专门的空调机房,可根据需要灵活、分散地设置在空调房间内某个比较方便的位置,不用单独机房,使用灵活,移动方便,可以满足不同的空调房间不同送风要求,是家用空调及车辆空调的主要形式。但其维修管理不便,分散的小机组能量效率一般比较低,其中制冷压缩机、风机会给室内带来噪声,而且会影响建筑的立面美观。

3. 按集中式空调系统处理空气来源分类

(1)封闭式空调系统。封闭式空调系统处理的空气全部取自空调房间本身,没有室外新鲜空气补充到系统里来,全部是室内的空气在系统中周而复始地循环。因此,空调房间与空气处理设备由风管连成一个封闭的循环环路,如图 3-19(a)所示。这种系统无论是夏季还是冬季,冷热消耗量最省,但空调房间内的卫生条件差,人在其中生活、学习和工作易患空调病。因此,封闭式空调系统多用于战争时期的地下庇护所或指挥部等战备工程,以及很少有人进出的仓库等。

(2)直流式空调系统。直流式空调系统处理的空气全部取自室外,即室外的空气经过处理达到送风状态点后送入各空调房间,送入的空气在空调房间内吸热、吸湿后全部排出室外,如图 3-19(b)所示。与封闭式系统相比,这种系统消耗的冷(热)量最大,但空调房间内的卫生条件完全能够满足要求,因此,这种系统用于不允许采用室内回风的场合,如放射性试验室和散发大量有害物质的车间等。

(3)混合式空调系统。因为封闭式空调系统不能满足空调房间的卫生要求,而直流式空调系统耗能又大,所以封闭式空调系统和直流式空调系统只能在特定的情况下才能使用。混合式空调系统综合了封闭式空调系统和直流式空调系统的利弊,既能满足空调房间的卫生要求,又比较经济合理,故在工程中被广泛采用。图 3-19(c)所示为混合式空调系统。

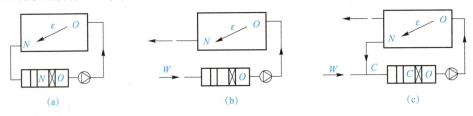

图 3-19 全空气空调系统的分类

(a)封闭式空调系统;(b)直流式空调系统;(c)混合式空调系统

N—室内空气;W—室外空气;C—混合空气;O—达到送风状态点的空气

4. 按空调系统用途或服务对象不同分类

(1)舒适性空调系统。舒适性空调主要服务的对象为室内人员,使用的目的是为人与人的活动提供一个达到舒适要求的室内空气环境。办公楼、住宅、宾馆、商场、餐厅、体育场(馆)等公共场所的空调,都属于这一类。

(2)工艺性空调系统。使用工艺性空调的目的是为研究、生产、医疗或检验等过程提供一个有特殊要求的室内环境。例如,电子车间、制药车间、食品车间、医院手术室以及计算机房、微生物实验室等使用的空调就属于这一类。这一类空调的设计主要以保证工艺要求,同时满足室内人员的舒适要求为目的。

3.5.2 空调系统的组成

集中式空调系统由以下几部分组成。

1. 空气处理部分

集中式空调系统的空气处理部分是一个包括各种空气处理设备在内的空气处理室。其主要有空气过滤器、喷淋室(或表冷器)、加热器等。用这些空气处理设备对空气进行净化过滤和热湿处理,可将送入空调房间的空气处理到所需要的送风状态点。各种空气处理设备都有现成的定型产品，这种定型产品称为空调机(或空调器)。

2. 空气输送部分

空气输送部分主要包括送风机、排风机(系统较小不用设置)、风管系统及必要的风量调节装置。其作用是不断地将空气处理设备处理好的空气有效输送到各空调房间，并从空调房间内不断地排出处于室内设计状态的空气。

3. 空气分配部分

空气分配部分主要包括设置在不同位置的送风口和回风口，作用是合理地组织空调房间的空气流动，保证空调房间内工作区(一般是 2 m 以下的空间)的空气温度和相对湿度均匀一致，空气的流速不致过大，以免对室内的工作人员和生产造成不良的影响。

4. 辅助系统部分

集中式空调系统是在空调机房集中进行空气处理，然后将处理后的气体送往各空调房间，空调机房里对空气进行制冷(热)的设备(空调用冷水机组或热蒸汽)和湿度控制设备等就是辅助设备。对于一个完整的空调系统，尤其是集中式空调系统，系统是比较复杂的。空调系统是否能达到预期效果，空调能否满足房间的热湿控制要求，关键在于空气的处理。

辅助系统是为空调系统处理空气提供冷(热)工作介质的部分。辅助系统又分为：

(1)空调制冷系统。在炎热的夏天，无论是喷淋室还是表面式冷却处理，都需要温度较低的冷水作为工作介质。而处理空气用的冷水的来源，一般都是由空调制冷系统制备出来的。目前使用的空调制冷系统都有定型的电脑控制运行的整体式机组，这种机组称作空调用冷水机组，如图 3-20 所示。

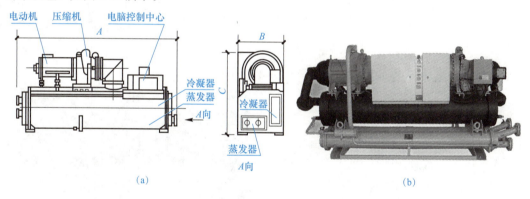

图 3-20 冷水机组
(a)冷水机组结构；(b)冷水机组实物

冷水机组用来供给风机盘管需要的低温水，室内空气通过盘管内的低温水得以降温冷却。

(2)空调用热源系统。空调中加热空气所用的工作介质一般是水蒸气，而加热空气用的水蒸气又是由设置在锅炉房内的锅炉产生的。锅炉产生的蒸汽首先输送到分汽缸，然后由分汽缸分别送到各个用户(如空调、采暖、蒸煮等)。蒸汽在各用户的用汽设备中凝结放出汽化潜热而变成凝结水，凝结水再由凝结水管回到软水箱。贮存在软水箱里的软化水(一般是凝结水)由锅炉给水泵加压注入锅炉重新加热变为蒸汽，这样周而复始地构成循环，不断产生用户所需要的蒸汽。

(3)水泵及管路系统。水泵的作用是使冷水(热水)在制冷(热)系统中不断循环。管路系统有双管、三管和四管系统。目前，我国较广泛使用的是双管系统。双管系统采用两根水管，一根为供水管，另一根为回水管。夏季送冷水，冬季送热水。

（4）**风机盘管机组**。风机盘管机组是半集中式空调系统的末端装置，由风机、盘管（换热器）以及电动机、空气过滤器、室温调节器和箱体组成。图3-21所示为风机盘管结构及连接示意，图3-22所示为风机盘管现场安装图。

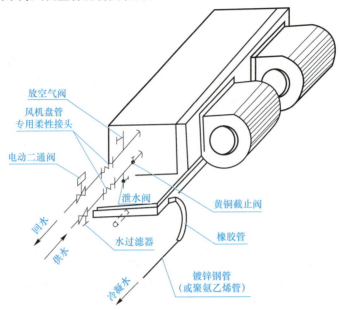

图3-21 风机盘管结构及连接示意

3.5.3 集中式空调系统

集中式空调系统又称中央空调，所有空气处理设备（风机、过滤器、加热器、冷却器、加湿器、减湿器和制冷机组等）都集中在空调机房内，由冷水机组，热泵，冷、热水循环系统，冷却水循环系统（风冷冷水机组无须该系统），以及末端空气处理设备（如空气处理机组、风机盘管等）组成。空气经过处理后，由风管送到各空调房里。这种空调系统热源和冷源也是集中的。它处理空气量大，运行可靠，便于管理和维修，但机房占地面积大。其适用

图3-22 风机盘管现场安装图

于大型公共建筑内的空调系统，尤其是有较大建筑面积和空间的公共场所和人员较多的建筑内（如大型商场、车站候车厅、候机厅、影剧院等）。

集中式空调系统的组成如图3-23所示。它主要由制冷机、冷却水循环系统、冷冻水循环系统、风机盘管系统和冷却塔组成。各部分的作用及工作原理如下：制冷机通过压缩机将制冷剂压缩成液态后，送至蒸发器中与冷冻水进行热交换，将冷冻水制冷，冷冻泵将冷冻水送到各风机风口的冷却盘管中，由风机吹送达到降温的目的。经蒸发后的制冷剂在冷凝器中释放出热量成气态，冷却泵将冷却水送到冷却塔上由水塔风机对其进行喷淋冷却，与大气之间进行热交换。

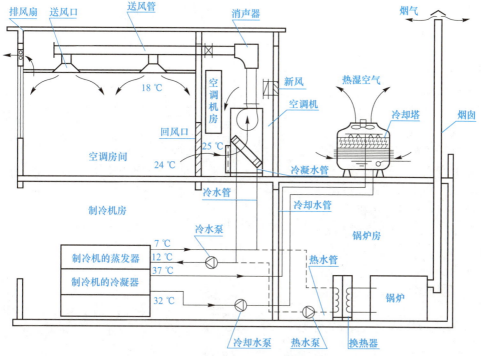

图 3-23 集中式空调系统组成示意

集中式空调系统服务面积大,在专用的空调机房内对空气进行集中处理,对处理空气用的冷源和热源,有专门的冷冻站和锅炉房。

1. 集中式一次回风空调系统

集中式一次回风空调系统主要由空调房间、空气处理设备、送/回风管道和冷热源四大部分组成。

集中式一次回风系统(图 3-24)属于出现最早且典型的集中式空调系统。其**主要特征为**:回风与新风在热湿处理设备前混合,适用于送风温差取较大值时或室内散湿量较大时。

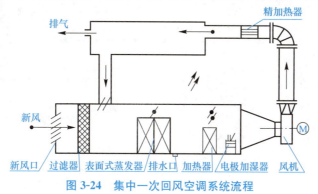

图 3-24 集中一次回风空调系统流程

<u>集中式一次回风系统的优点是</u>:设备简单,节省最初投资;可以严格控制室内温度和相对湿度;可以充分进行通风换气,室内卫生条件好;空气处理机组集中在机房内,维修管理方便;可以实现全年多工况节能运行调节;使用寿命长;可有效采取消声和隔振措施。

<u>集中式一次回风系统的缺点是</u>:机房面积大,风道断面大,占用建筑空间多;风管系统复杂,布置困难;一个系统供给多个区域,当区域负荷变化不一样时,无法进行精确调节;

空调房间之间有风管连通,使各房间相互污染;设备与风管安装量较大,周期较长。

2. 集中式二次回风空调系统

从图 3-25 可以看出空气的流动过程:房间的空气由回风口进入回风管,经消声器进入回风机;一次回风和室外空气进入空气处理机混合后,经一次加热器进入喷雾室,从喷雾室出来的空气与二次回风混合后,经二次加热器及初效过滤器进入送风机;由送风机出来后,经消声器、中效过滤器、电加热器、高效过滤器,由送风口送入房间。沿途空气还经过调节阀调整和分配。

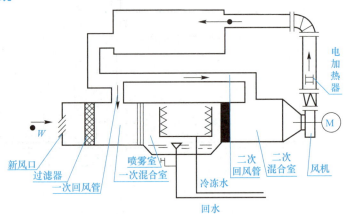

图 3-25 集中式二次回风空调系统流程

3.5.4 半集中式空调系统

半集中式空调系统是集中在空调机房的空气处理设备,仅处理一部分空气,另外在分散的各空调房间内还有空气处理设备。它们或对室内空气进行就地处理,或对来自集中处理设备的空气进行补充再处理。半集中式空调系统是在克服集中式和局部式空调系统的缺点而取其优点的基础上发展起来的,其是将空气的集中处理和末端装置的局部处理结合在一起的空气调节系统。图 3-26 所示为半集中式空调系统示意图。

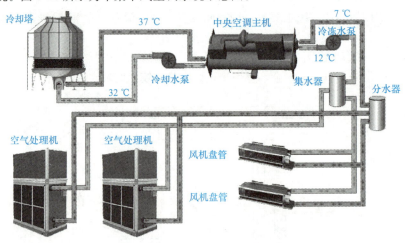

图 3-26 半集中式空调系统示意

1. 风机盘管系统

常见的半集中式空调系统有诱导器系统和风机盘管系统。其中,风机盘管加新风空调系统是目前最为广泛使用的空调系统。

风机盘管系统是为了克服集中式空调系统灵活性差、系统大、难以实现分散控制等缺点而发展起来的半集中式空气-水系统,其冷热媒是集中供给,新风可单独处理和供给,如图 3-27 所示。

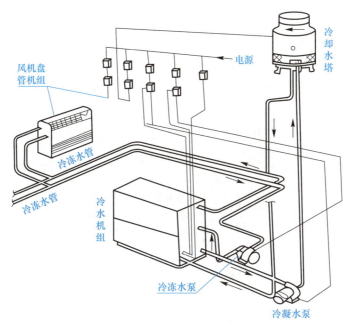

图 3-27 风机盘管系统

(1) 风机盘管的组成与分类。一般的盘管系统主要由末端装置、新风系统和空调冷热源等几部分组成。

1) 末端装置：风机盘管机组。主要功能为处理室内循环空气，承担室内的冷、热负荷。

2) 新风系统：主要功能为处理、输送新风，承担新风负荷。

3) 空调冷热源：主要功能是为系统提供冷、热量，输送冷、热媒。

风机盘管系统在空调房间内设置风机盘管作为系统的"末端装置"，再加上经集中处理后的新风送入房间，或者两者结合运行。

风机盘管机组主要由表面式热交换器（盘管冷热交换器）和风机组成，它使室内回风直接进入机组进行处理（冷却减湿或加热）。与风机盘管机组连接的有冷水管、热水管和凝结水管路。风机盘管机组的冷、热盘管的供水系统可以分为两管制、三管制和四管制三种形式，如图 3-28 所示，其优缺点见表 3-3。

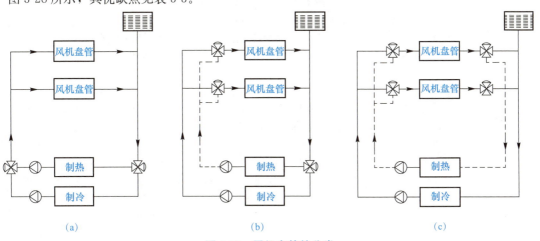

图 3-28 风机盘管的分类
(a) 两管制；(b) 三管制；(c) 四管制

表 3-3 风机盘管分类及优缺点

分类	定义	优点	缺点
两管制	供冷系统和供暖系统采用相同的供水管和回水管，只有一供一回两根水管的系统	系统简单，施工方便	不能同时供冷和供暖
三管制	分别设置供冷管路、供热管路、换热设备管路三根水管；其冷水与热水的回水管共用	三管制系统能够同时满足供冷和供热的要求	比两管制复杂，投资也比较高，控制较复杂，且存在冷、热回水的混合损失
四管制	冷水和热水的系统完全单独设置供水管和回水管，可以满足高质量空调环境的要求	能够同时满足供冷和供热的要求，并且配合末端设备，能够实现室内温度和湿度精确控制的要求	系统复杂，投资高

风机盘管机组一般分为立式和卧式两种，可根据室内安装位置或装饰需要明装或暗装。

(2)风机盘管系统优缺点。从风机盘管的结构看，其优点是：布置灵活，各房间可独立调温，房间不住人时可方便关掉机组(风机)，不影响其他房间，从而比其他系统节省运转费用，而且机组定型化、规格化，易于选择。此外，房间之间空气互不串通。又因风机多挡变速，在冷量上能由使用者直接进行一定量的调节。

它的缺点是：对机组的质量要求高，否则在建筑物大量使用时会带来维修方面的困难，当风机盘管机组没有新风系统同时工作时，冬季室内相对湿度偏低，故此种方式不能用于对全年室内湿度有要求的地方。风机盘管由于噪声的限制，风机转速不能过高，所以机组剩余压头小，气流分布受限制，适用于进深小于 6 m 的房间。

(3)风机盘管系统调节方式。为了适应房间内的负荷变化——非集中控制，风机盘管的调节方法主要有风量调节、水量调节和旁通风门调节，其特点及使用范围见表 3-4。

表 3-4 风机盘管调节方法、特点及使用范围

调节方法	特点	使用范围
风量调节	通过三速开关调节电动机输入电压，以调节风机转速，调节风机盘管的冷热量；简单方便；初期投资省；随风量的减小，室内气流分布不理想；选择时宜按中挡转速的风量与冷量选用	用于要求不太高的场所，目前国内用得最广泛
水量调节	通过温度敏感元件、调节器和装在水管上的小型电动直通或三通阀自动调节水量或水温；初期投资高	用于要求较高的场所，与风量调节结合使用
旁通风门调节	通过敏感元件、调节器和盘管旁通风门自动调节旁通空气混合比；调节负荷范围大；初期投资较高；调节质量好；送风含湿量变化不大；室内相对湿度稳定；总风量不变，气流分布均匀；风机功率并不降低	用于要求较高的场合，可使室温允许波动范围达到±1 ℃，相对湿度达到 40%～45%；目前国内用得不多

(4)风机盘管系统新风供给方式及特点见表 3-5。

表 3-5 风机盘管系统新风供给方式及特点

序号	供给方式	示意图	特 点
1	室外渗入新风供给		无组织渗透风、室温不均匀；结构简单、卫生条件差；初投资与运行费用低；机组承担新风负荷
2	新风从外墙洞口引入		新风口可调节，各季节新风量可控；随新风负荷变化，室内受影响；初投资与运行费用省；需要做好防尘、防噪声、防雨、防冻工作
3	独立新风系统（上部送入）		单设新风机组，可随室外气象变化调节，保证室内温湿度参数与新风量要求；初投资与运行费用高；新风口以靠近风机盘管为佳；卫生条件好，目前最常用
4	独立新风系统供给风机盘管		单设新风机组，可随室外气象变化调节，保证室内温湿度参数与新风量要求；初投资与运行费用高；新风接至风机盘管，与回风混合后进入室内，增加了噪声；卫生条件好

2. 空气诱导器系统

(1) 诱导器的工作原理。诱导器（图 3-29）为高速空调系统的主要送风设备。空调室内的气流组织不但取决于诱导器和空气分配器的结构、工作性能、送风口布置等，而且回风口的结构、布置位置对气流组织也有一定影响。良好的回风能促使气流更加均匀、稳定。

空气诱导器常用在车库的通风系统中，搅匀、清除局部空气死角，使局部空气得到改善。其工作原理是由以系统设计、适当布置的多台诱导风机喷嘴射出的定向高速气流，诱导室外的新鲜空气或经过处理的空气，在无风管的条件下将其送到所要求的区

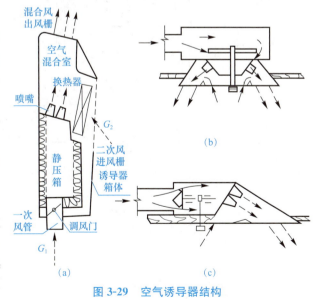

图 3-29 空气诱导器结构
(a)立式空气诱导器；(b)吊顶式空气诱导器（下进风）；(c)吊顶式空气诱导器（单侧进风）

域，实现最佳的室内气流组织，以达到高效、经济的通风换气效果，如图 3-30 和图 3-31 所示。诱导风机内置高效率离心风机，具有明显的噪声低、体积小、质量小、吊装方便（立式、卧式均可）、维护简单的特点，已广泛应用于地下停车场、体育馆、车间、仓库、商场、超市、娱乐场所等大型场所。

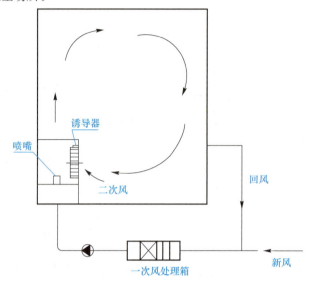

图 3-30　诱导器工作原理

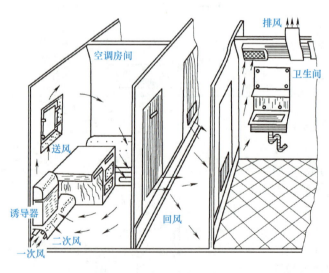

图 3-31　空气诱导器系统示意

诱导器的一个重要指标是诱导比，主要是反映被诱导的室内回风量（二次风）与一次风量的比值，其公式为

$$n = \frac{G_2}{G_1} \tag{3-1}$$

式中　n——诱导比，一般为 2.5~5.0；
　　　G_1——被喷嘴诱入的一次风量（kg/h）；
　　　G_2——通过静压风箱送出的二次风量（kg/h）。

$$G = G_1 + G_2 = (1+n)G_1 \tag{3-2}$$

$$G_1 = \frac{G}{1+n} \tag{3-3}$$

由上式可判断，在 G_1（一次风量）一定的条件下，诱导比大的诱导器送风量大，室内换气次数高。

(2) 诱导器系统的分类。

1) 全空气诱导器系统（VAV 系统）。全空气诱导器系统实质上是单风道变风量系统中的一种形式。它也是一个变风量末端机组，故也称变风量诱导器。该诱导器根据各房间的温度调节一次风的风量，但同时开大二次风（即回风）的风门，以保证送入室内的风量基本稳定。

全空气诱导器系统的优点是：保持了常规 VAV 系统的优点，而又避免了它在部分负荷时风量小而影响室内气流分布的特点。其缺点是：诱导器风门有漏风，系统总风量要比常规 VAV 系统稍大；诱导器内喷嘴风速较大，压力损失比常规的 VAV 末端机组要大很多，噪声也更大。

2) 空气-水诱导器系统。空气-水诱导器系统属于空气-水系统。房间负荷由一次风（通常是新风）与诱导器的盘管共同承担。经处理过的一次风进入诱导器后，由喷嘴高速喷出，在诱导器内产生负压，室内空气（二次风）经盘管被吸入；在盘管内二次风被冷却（或加热），被冷却（或加热）后的二次风与一次风混合，最后送入室内。在空气-水诱导器系统中，一次风可全部用新风，也可用一部分新风、一部分回风。

空气-水诱导器系统与空气-水风机盘管系统相比，其优点是：诱导器无须消耗风机电功率；喷嘴速度小的诱导器噪声比风机盘管低；诱导器无运行部件，设备寿命比较长。其缺点是：诱导器中二次风盘管的空气流速较低，盘管的制冷能力低，同一制冷量的诱导器体积比风机盘管大；诱导器无风机，盘管前只能用效率低的过滤网，盘管易积灰；一次风系统停止运行，诱导器就无法正常工作；采用高速喷嘴的诱导器，一次风系统阻力比风机盘管的新风系统阻力大，功率消耗多。

3.5.5 分散式空调系统

分散式空调系统是将空气处理设备全部分散在空调房间内，因此其又称为局部空调系统。通常使用的各种空调器就属于此类。空调器将空气处理设备，风机，冷、热源等都集中在一个箱体内。分散式空调只送冷源、热源，而风在房间内的风机盘管内进行处理。

1. 分散式空调系统的特点

(1) 具有结构紧凑、体积小、占地面积小、自动化程度高等优点。

(2) 由于机组的分散布置，可以使各房间根据自己的需要开停各自的空调机组，以满足不同的使用要求，所以机组系统的操作简单，使用灵活、方便；同时，各空调房间之间也不互相污染、串声，发生火灾时，也不会通过风道蔓延，对建筑防火非常有利。

(3) 机组系统对建筑外观有一定影响。房间空调机组安装后，经常破坏建筑物原有的建筑立面。另外，机组会产生噪声、凝结水。

2. 构造和类型

(1) 按容量大小分。

1) 窗式：容量小，冷量在 7 kW 以下，风量在 0.33 m^3/s(1 200 m^3/h) 以下，属于小型空调机。一般安装在窗台上，蒸发器朝向室内，冷凝器朝向室外，如图 3-32 所示。

2) 挂壁机和吊装机：容量小，冷量在 13 kW 以下，风量在 0.33 m^3/s(1 200 m^3/h) 以下。

挂壁机原理如图3-33所示。

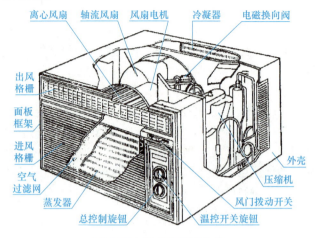

图 3-32　窗式空调器结构

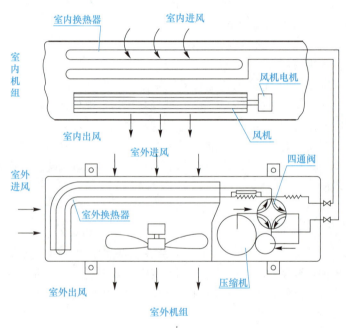

图 3-33　挂壁机原理

3)立柜式：容量较大，冷量在70 kW以下，风量在5.55 m³/s(20 000 m³/h)以下。立式空调机组通常落地安装，机组可以放在室外。

(2)按制冷设备冷凝器的冷却方式划分。

1)水冷式空调器：一般用于容量较大的机组。采用这种空调机组时，用户要具备水源和冷却塔。

2)风冷式空调器：对于容量较小的风冷式空调机组(如窗式)，其冷凝器设置在机组的室外部分，用室外空气冷却；对于容量较大的风冷式空调机组，需要在室外设置独立的风冷冷凝器(分体式)。风冷式空调器不需要冷却塔和冷却水泵，不受水源条件的限制，在任何地区都可以使用。

(3)按供热方式分。

1)普通式:冬季用电加热器加热空气供暖。

2)热泵式:冬季仍用制冷机工作,借助四通阀的转换,使制冷剂逆向循环,把原蒸发器当作冷凝器,原冷凝器作为蒸发器,空气流过冷凝器被加热作为采暖用。

(4)按机组的整体性来分。

1)整体式:将空气处理部分、制冷部分和电控系统的控制部分等安装在一个箱体中形成一个整体。其特点是结构紧凑,操作灵活,但噪声、振动较大。

2)分体式:将制冷系统的压缩机、冷凝器及冷却冷凝器的风机放在室外,其他处理设备和循环风机放在室内,两部分用铜管连接起来,铜管外包塑料管。这种机组可以减少室内噪声,减小室内机组的尺寸,使安装地点灵活。室内机组可以采用壁挂式、吊顶式和落地式等。

3. 机组的性能和应用

(1)空调机组的能效比(EER)。空调机组的能耗指标可用能效比来评价:

$$能效比(EER)=\frac{机组名义工况下制冷量(W)}{整机的功率消耗(W)} \qquad (3-4)$$

机组的名义工况(又称额定工况)制冷量是指国家标准规定的进风空气湿球温度、风冷冷凝器进口空气的干球温度等检验工况下测得的制冷量。随着产品质量和性能的提高,目前 EER 值一般为 2.9~3.6。

(2)空调机组的选择及应用。

1)根据使用条件和房间要求选择空调机组的形式。北方地区的建筑都有采暖设施,一般可选用单冷式,只做夏季空调用。当然,也可考虑选用热泵型的,以便在室外气温较低而又没到供暖期的过渡季节使用。在冬季室外气温低于空调供暖温度的南方地区,而又无采暖设备的情况下,应选择热泵型机组。当房间负荷变化较大且空调季节较长时,易选用变频空调器。

2)根据实际负荷确定空调机组的型号。空调机组容量和设计参数是根据较典型的空气处理过程及比较有代表性的设计参数来设计的。由于实际应用条件可能会与空调机组的设计条件不同,空调机组的实际产冷量是随外界条件的改变而变化的。空调机组的产品样本通常应给出不同的进风空气湿球温度、制冷机的蒸发温度、冷凝温度等条件下的实际供冷量,可根据空调房间的设计要求和需要消除的热、湿负荷,选择合适的空调机组。

3.6 地源热泵系统

3.6.1 地源热泵技术概述

大地土壤中蕴藏着丰富的低温地热,虽然与深层的高品位能量相比,浅层土壤热能品位较低,但是采集利用价值很大。因为浅层地下能源是一个巨大的太阳能集热器,其可吸收太阳照射在地球上的 47% 的能量并在地心热综合作用下形成相对恒温层,这个层在地面以下 30~500 m,温度接近全年的地表平均温度,温差波动在较深的地下消失,它贮存了取之不尽、用之不竭的低温、可再生能源,这种能源被称为浅层低温地热能。

PPT 课件

配套资源

地源热泵技术是一种利用浅层常温土壤中的能量作为能源的高效、节能、无污染、低运行成本的,既可采暖又可制冷并可提供生活热水的新型空调技术。

地源热泵系统是利用地下土壤常年温度相对稳定的特性，通过埋入建筑物周围的地耦管与建筑物内部完成热交换的装置。冬季通过地源热泵将大地中的低品位热能提高品位对建筑物供暖，同时把建筑物内的冷量贮存至地下，以备夏季制冷使用；夏季通过地源热泵将建筑物内的热量转移到地下对建筑物进行降温，同时贮存热量，以备冬季供暖时使用。

3.6.2 地源热泵系统分类

地源热泵系统按照室外换热方式不同，可分为三类：土壤埋管系统、地下水系统和地表水系统。

根据循环水是否为密闭系统，地源热泵系统又可分为闭环和开环系统。闭环系统如埋盘管方式(垂直埋管或水平埋管)、地表水安置换热器方式；开环系统如抽取地下水或地表水方式。

此外，还有一种"直接膨胀式"，它不像上述系统那样采用中间介质水来传递热量，而是直接将热泵的一个换热器(蒸发器)埋入地下进行换热。

3.6.3 地源热泵系统工作原理

地源热泵系统的工作原理分为制冷模式和供暖模式，图3-34和图3-35所示分别为内置式和外置式地源热泵系统的工作原理。

1. 地源热泵系统原理：制冷模式

在制冷状态下，地源热泵机组内的压缩机对冷媒做功，使其进行气-液转化的循环。通过蒸发器内冷媒的蒸发，将由风机盘管循环所携带的热量吸收至冷媒中，在冷媒循环的同时再通过冷凝器内冷媒的冷凝，由水路循环将冷媒所携带的热量吸收，最终由水路循环转移至地表水、地下水或土壤里。在室内热量不断转移至地下的过程中，通过风机盘管，以13℃以下冷风的形式为房间供冷。

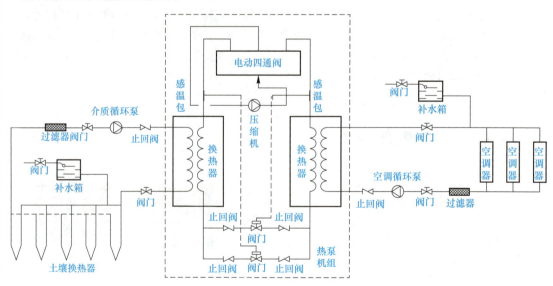

图3-34 内置式地源热泵系统工作原理

2. 地源热泵系统原理：供暖模式

在供暖状态下，压缩机对冷媒做功，并通过换向阀将冷媒流动方向换向。由地下的水路循环吸收地表水、地下水或土壤里的热量，通过冷凝器内冷媒的蒸发，将水路循环中的热量吸收

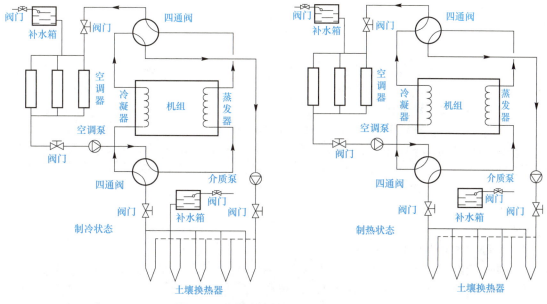

图 3-35 外置式地源热泵系统工作原理

至冷媒中,在冷媒循环的同时再通过蒸发器内冷媒的冷凝,由风机盘管循环将冷媒所携带的热量吸收。在地下的热量不断转移至室内的过程中,以 35 ℃以上热风的形式向室内供暖。

3.7 空气处理方式

3.7.1 空气加热处理

为了满足室内温度的需要,将空气进行加热处理,以提高送风的温度,空气加热一般通过空气加热器、电加热器等设备来完成。空气加热器(图 3-36)是由多根带有金属肋片的金属管连接在两端的联箱内,热媒在管内流动并通过管道表面及肋片放热,空气通过肋片间隙与其进行热交换,达到空气被加热的目的。空气加热器可根据需加热的空气量组成空气加热器组,通入加热器的热媒可采用蒸汽或热水。电加热器,可采用电阻丝安装在金属管内(电阻丝外安装有绝缘环),通过电阻丝发热使管表面温度升高,也可制作成盘管等形式,适用于加热处理量较小的系统,但耗电量较大。

空气加热器多用于集中空调、半集中空调系统的空气预热和二次

PPT 课件　　配套资源

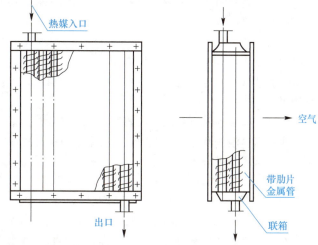

图 3-36 空气加热器构造

加热。

3.7.2 空气冷却处理

空气冷却处理用于夏季冷却空气，可采用表面式冷却器冷却和喷水室喷水降温两种冷却方法。

1. 表面式冷却器冷却

表面式冷却器简称表冷器，构造与加热器机组构造相似，由铜管上缠绕的金属翼片组成排管状或盘管状的冷却设备，管内通入冷冻水，空气从管表面通过进行热交换冷却，因为冷冻水的温度一般在 7 ℃～9 ℃，夏季有时管表面温度低于被处理空气的露点温度，这样就会在管表面产生凝结水滴，使其完成一个空气降温除湿的过程。

表冷器在空调系统中广泛使用，其结构简单、运行安全可靠、操作方便，但必须提供冷冻水源，不能对空气进行加湿处理。

2. 喷水室喷水降温

喷水室内有喷水管、喷嘴、挡水板及集水池。其主要对通过喷水室的空气进行喷水。将具有一定温度的水通过水泵、喷水管再经喷嘴喷出雾状水滴与空气接触，使空气达到冷却的目的，但耗水量较大。这种喷水降温的方法可由喷水的温度来决定是冷却减湿还是冷却加湿的过程。冷却加湿的过程适用于纺织厂、化纤厂等一些车间，工业空调中较多使用这种冷却方法。

3.7.3 空气加湿与减湿处理

当冬季空气中含湿量降低时（一般在大陆气候干燥地区），对湿度有要求的建筑物内需对空气加湿。对生产工艺需满足湿度要求的车间或房间，也需采用加湿设备。对空气进行减湿时，需要采用减湿设备。

1. 喷水室喷水加湿与减湿

当水通过喷头喷出细水滴或水雾时，空气与水雾进行湿热交换，这种交换取决于喷水的温度。当喷水的平均水温高于被处理空气的露点温度时，喷嘴喷出的水会迅速蒸发，使空气达到在水温下的饱和状态，从而达到加湿的目的。当空气需进行减湿处理时，喷水水温要低于空气的露点温度，此时空气中的水蒸气部分冷凝成水，使空气得以减湿。所以，调节控制水温，可以在喷水室完成加湿及减湿的过程，水温可靠调节装置来控制。

喷水室在加湿及减湿的过程中，还可起到净化空气的作用。喷水室是由混凝土预制或现浇而成，也可由钢板制作成定型的产品形式，图 3-37 所示为喷水室的结构。

喷水室的工作过程：被处理的空气以一定的速度经过前挡水板进入喷水空间，在那里与喷嘴中喷出的水滴相接触，进行热湿交换。然后，经后挡水板流出，从喷嘴喷出的水滴完成与空气的热湿交换后，落入底池中。喷入池中的水，可根据水温调节装置与补充水混合，重复使用。

喷嘴一般由硬质塑料制作，如工业空调常用的 Y-1 型及铜合金制作的 FL 型喷嘴等。水进入喷嘴多呈漩涡状运动，喷嘴盖呈杯形并可拆卸更换或清除喷孔。喷水管可根据设计成排布置，喷水方向可分成以下几种形式，如图 3-38 所示。

加湿效率也因其喷水室的喷水形式不同而有差异，单排顺喷平均加湿效率在 60％左右、单排逆喷为 75％，双排顺喷为 84％，双排对喷为 90％，双排逆喷为 95％左右（顺喷是指喷水方向与气流方向一致；逆喷是指喷水方向与气流方向相反）。

在水池底部的出水口需装有滤水器，主要是过滤水中的泥沙，防止阻塞喷头的孔眼。

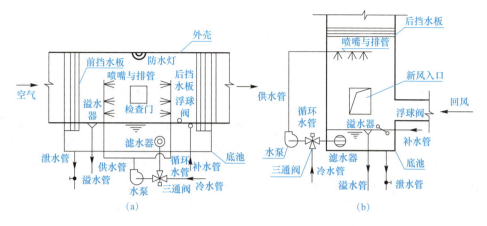

图 3-37 喷水室结构
(a)卧式；(b)立式

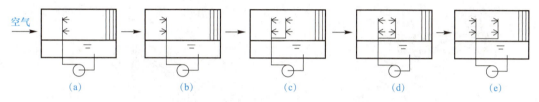

图 3-38 喷水管与喷嘴的喷水方式
(a)单排顺喷；(b)单排逆喷；(c)双排顺喷；(d)双排对喷；(e)双排逆喷

2. 蒸汽加湿器加湿与减湿

蒸汽加湿器是将蒸汽直接喷射到风管的流动空气中，这种加湿方法简单而经济，对工业空调可采用这种方法加湿。因在加湿过程中会产生异味或凝结水滴，对风道有锈蚀作用，不适于一般舒适用途的空调系统。

空气的减湿还可采用化学的方法，即采用吸湿剂吸附空气中的水分。吸湿剂有固态和液态两种类型。固体吸湿剂有硅胶和活性氧化铝等，经吸湿后可用高温的空气吹入，将吸湿剂内的水分除掉，使其恢复吸湿能力。液体吸湿可采用氯化锂等溶液喷淋到空气中，使空气中的水分凝结出来，达到减湿的目的。

3.7.4　空气过滤处理

空气过滤主要是将大气中有害的微粒(包括灰尘、烟尘)和有害气体(烟雾、细菌、病毒)，通过过滤设备处理，降低或排除空气中的微粒(在 0.1~200 μm 范围)。

根据过滤器过滤的能力、效率、微粒粒径及性质的不同，可分为低效、中效及高效(含亚高效)三种类型。在空调工程中，根据采用空调方式及对空气洁净度要求，多采用粗过滤、中效过滤，而洁净空调除采用低、中效的过滤，还在进入洁净室前将空气经高效过滤器过滤，以满足空气洁净等级标准的要求。

1. 初效过滤器

初效过滤器的滤材多采用玻璃纤维、人造纤维、金属丝及粗孔聚氨酯泡沫塑料等，也有用铁屑及瓷环作为填充滤料的。金属网丝、铁屑及瓷环等类型的滤料可以浸油后使用，以便提高过滤效率并防止金属表面锈蚀。初效过滤器需人工清洁或更换。为减少清洗工作量、提高运行质量，可采用自动浸油式过滤器或自动卷绕式空气过滤器，如图 3-39 所示。初效过滤器适用于一般空调系统，对尘粒较大的灰尘可以有效过滤，主要用于过滤 5 μm 以上的尘埃粒子。

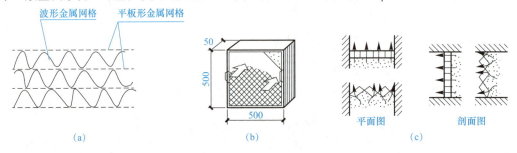

图 3-39　初效过滤器

(a)金属网格滤网；(b)过滤器外形；(c)过滤器安装方式

2. 中效过滤器

中效过滤器的主要滤料是玻璃纤维(直径比初效过滤器所用的玻璃纤维小，约 10 μm)、人造纤维合成的无纺布及中细孔聚乙烯泡沫塑料等。这种过滤器一般可做成袋式和抽屉式，如图 3-40 所示。

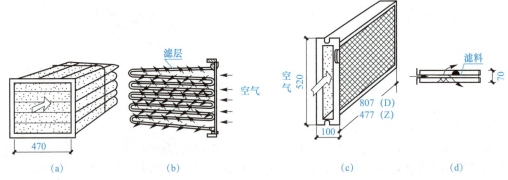

图 3-40　中效过滤器

(a)袋式过滤器外形；(b)袋式过滤器断面形状；(c)抽屉式过滤器外形；(d)抽屉式过滤器断面形状

中效过滤器一般对大于 1 μm 的粒子能有效过滤。大多数情况下用于高效过滤器的前级保护，少数用于清洁度要求较高的空调系统。

3. 高效过滤器

高效过滤器可分为亚高效、高效及超高效过滤器。一般滤料为超细玻璃纤维或合成纤维，将其加工成纸状，称为滤纸。为了降低气溶胶穿过滤纸的速度，采用低滤速(以 0.01 m/s 计)，需大大增加滤纸的面积，因而高效过滤器常做成折叠状，如图 3-41 和图 3-42 所示。

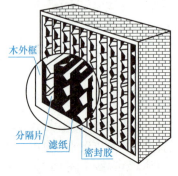

图 3-41　高效过滤器外形

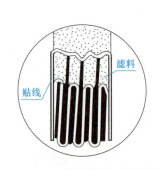

图 3-42　无分隔片多折式过滤器

3.7.5 消声处理

当风机运转时,由于机械运动产生的振动及噪声通过风道、墙体、楼板等部位传至空调房间而造成噪声污染,风道内也会因高速气流而产生噪声,因此除对风机或其他空调设备所产生的噪声进行消声减振处理外,风道内的噪声可通过在消声设备或风道内壁做消声板、消声弯头和做消声管段的方法降低噪声。

消声器的种类很多,空调工程上常用的有阻抗复合式消声器、管式消声器、微孔板消声器、片式消声器和折板式消声器等。

1. 阻抗复合式消声器

阻抗复合式消声器是利用对声音的阻性及抗性合成作用的一种消声器。

阻抗复合式消声器构造如图3-43(a)所示,其中利用内管截面突变及由内管和外管之间膨胀室作用而组成抗性消声,当声波遇到截面变化的断面就会向声源方向反射而减少声音的传递。抗性消声对10~15 dB的低频噪声有较好的消声作用。而阻性消声则是利用安装在管内用吸声材料做的消声板来消声的,当声波遇到松散孔隙的吸声材料时,会使其分子产生振动,加大摩擦阻力,声波会转变为热能,以达到消声的目的。这种阻性消声对15 dB的中频噪声及25~30 dB的高频噪声均有良好的消声效果。因此,阻抗复合式消声器对低、中、高频声波噪声有较好的消声作用。这种消声器性能稳定、安装方便、外观整齐,是空调系统中常用的消声器。

2. 管式消声器

管式消声器结构简单、体积较小、消声频带宽,主要靠超细玻璃棉作为吸声材料,可水平或垂直、串联安装,如图3-43(b)所示。

3. 微孔板消声器

微孔板消声器是一种由微孔管与共振腔组成的消声器,消声量大,对低频噪声吸声效果较好,微孔板可用铝制,外壳由镀锌钢板或不锈钢板制成,如图3-43(c)所示。

4. 消声管段、消声弯头

在风管或弯头内壁贴附消声材料,如聚酯膜或带有玻璃布面层的超细玻璃棉,以减少空气在输送中的噪声,如图3-43(d)所示。

(a)　　　　　　　　(b)　　　　　　　　(c)　　　　　　　　(d)

图3-43　各种类型的消声器

(a)阻抗复合式消声器;(b)管式消声器;(c)微孔板消声器;(d)消声弯头

3.8　空调系统施工与土建配合

中央空调系统主机房有冷热源设备房,即冷冻机房和热交换站(含水泵)、空调机房、风机房,机房内各种设备如水冷机组或风冷机组、冷却塔、大型风机、新风机组等设备,在建筑物结构施工和砌筑内隔墙及板孔封堵时,应预留出大型设备搬运通道。

空调设备基础较多、机房多、管线多，需及时提出各机房设备基础的几何尺寸和做法，提供给土建协助施工。

屋顶通风空调设备，如屋顶风机等设备体积较大、荷载重。当建筑物结构封顶，土建拆塔式起重机之前，应将这些大型设备利用塔式起重机运到屋顶安装部位。

PPT 课件

将各种风口标高、坐标位置、几何尺寸、数量提供给土建施工，同时配合土建检查各种风口是否符合设计规定。

风机盘管安装的高度和位置，应依据施工图和土建吊顶的高度确定，考虑向下或侧向封口的安装。同时，与其他专业协调配合，确定连接进出水管的标高、凝结水管的坡度等后，再进行安装。

冷却塔安装前应复核塔混凝土基础，应符合设计施工图尺寸规定，同时还应与设备厂家提供的型号样本基础尺寸相符。冷却水塔进出水管道应有土建设置支墩和支架。由电工配合敷设的电线管接口设置到电机接线盒位置处，接地线引至金属构架上，连接牢固、可靠。

通风空调工程在设备、风道、管道安装之前，应对各机房的设备基础、风机基础、冷却水塔基础等进行核实，确认无误才允许进行设备安装。

土建结构工程施工时，预埋铁件主要用于冷热水管道做支架固定。

3.9　通风空调工程施工图识读

3.9.1　通风工程施工图的主要内容和基本表示法

通风工程施工图包括基本图、详图及文字说明。基本图有通风系统平面图、剖面图及系统轴测图。详图有设备或构件的制作及安装图等。文字说明包括图纸目录、设计和施工说明、设备和配件明细表等。当详图采用标准图或套用其他工程图纸时，则需在图纸目录中加以说明。

PPT 课件

设计和施工说明包括以下内容：
(1)设计时使用的有关气象资料、卫生标准等基本数据。
(2)通风系统的划分。
(3)统一做法的说明，如与土建工程的配合施工事项；风管材料和制作的工艺要求，油漆，保温，设备安装技术要求，施工完毕后试运行要求等。

设备和配件明细表就是通风机、电动机、过滤器、除尘器、阀门等及其他配件的明细表，在表中要注明它们的名称、规格和数量，以便图表对照，进一步表明图示内容。

通风系统平面图表达出通风管道、设备的平面布置情况和有关尺寸。剖面图表达出通风管道、设备在高度方向的布置情况和它们的有关尺寸。这类图纸表达的重点在于把整个管道系统的整体布置情况显示清楚，不在于表达管道及设备的详细构造。为了使通风管道系统表示得比较明显，在通风系统平面图和剖面图中，可将房屋建筑的轮廓用细线来画(仅剖面图的地面线用粗线表示)，管道用粗线来画，设备和较小的配件用中粗线来画。

通风系统轴测图表达出通风管道在空间的曲折交叉情况，反映整个系统的概貌。

详图表达设备或配件的具体构造和安装情况。

3.9.2 通风空调施工图的基础知识

通风空调施工图是一种工程语言,是用来表达和交流技术思想的重要工具,设计人员通过施工图来表达其设计意图,反映设计理念。施工人员通过对施工图的识读,将图纸上的内容实体化,进行预制和施工。因而,熟悉图纸是施工准备中的一项重要工作。

1. 施工图概述

(1) 图纸目录。众多施工图纸设计工作完成后,设计人员按一定的图名和顺序将它们逐项归纳编排成图纸目录,以便查阅。通过图纸目录,我们可以了解整套图纸的大致内容——图纸编号及图纸名称。

(2) 设计施工说明。设计施工说明主要表达的是在施工图纸中无法表示清楚,而在施工中施工人员必须知道的技术、质量方面的要求,它无法用图的形式表达,只能以文字形式表述。设计施工说明包含的内容一般包括本工程主要技术数据,如建筑概况、设计参数、系统划分及施工、验收、调试、运行等有关事项。

(3) 设备及材料表。在设备表内,明确表示了所选用设备的名称、型号、数量、各种性能参数及安装地点等;在材料表中,各种材料的材质、规格、强度要求等也有清楚的表达。

(4) 原理图(流程图)。系统原理图(流程图)是综合性的示意图,用示意性的图形表示出所有设备的外形轮廓,用粗实线表示管线。从图中可以了解系统的工作原理,介质的运行方向,同时也可以对设备的编号、建(构)筑物的名称及整个系统的仪表控制点(温度、压力、流量及分析的测点)有一个全面的了解。另外,通过了解系统的工作原理,还可以在施工过程中协调各个环节的进度,安排好各个环节的试运行和调试的程序。

(5) 平面图。平面图是施工图中最基本的一种图,是施工的主要依据。它主要表示建筑物以及设备的平面布局,管路的走向分布及其管径、标高、坡度、坡向等数据,包括系统平面图、冷冻机房平面图、空调机房平面图等。在平面图中,一般风管用双线绘制,水、气管用单线绘制。

(6) 系统轴测图。系统轴测图是以轴测投影绘出的管路系统单线条的立体图。在图面上直接反映管线的分布情况,可以完整地将管线、部件及附属设备之间的相对位置的空间关系表达出来。系统轴测图还需注明管线、部件及附属设备的标高和有关尺寸。系统轴测图一般按正等测或斜等测绘制。水、气管道及通风、空调管道系统图均可用单线绘制。

(7) 剖面图。剖面图是在平面图上能够反映系统全貌的部位垂直剖切后得到的,它主要表示建筑物和设备的立面分布,管线垂直方向上的排列和走向,以及管线的编号、管径和标高。

识读时要根据平面图上标注的断面剖切符号(剖切位置线、投射方向线及编号)对应来识读。

(8) 大样图。大样图又称为详图。为了详细表明平、剖面图中局部管件和部件的制作、安装工艺,将此部分单独放大,用双线绘制成图。一般在平、剖面图上均标注有详图索引符号,根据详图索引符号可将详图和总图联系起来看。通用性的工程设计详图,通常使用国家标准图。

(9) 节点图。节点图能够清楚地表示某一部分管道的详细结构及尺寸,是对平面图及其他施工图不能表达清楚的某点图形的放大。节点用代号来表示它所在的位置。

(10) 标准图。标准图是一种具有通用性的图样。一般由国家或有关部委出版标准图集,作为国家标准或行业标准的一部分予以颁发。标准图中标有成组管道设备或部件的具体图形和详细尺寸,但它不能作为单独施工的图纸,而只作为某些施工图的组成部分。

通风与空调工程施工图通常按照国家标准《暖通空调制图标准》(GB/T 50114—2010)规定绘制,但也有一些设计单位仍旧按照习惯画法绘图,在识读图纸时应予以注意。

图纸是由图例符号画成的,因而在读懂了原理图之后,还要结合设计施工说明及有关施工验收规范,考虑如何进行安装和达到设计要求,这些都需要经过不断实践才能逐步达到熟练的程度。

2. 符号及图例

在施工图中,各种不同的图线表示不同的管道系统。随着计算机绘图的推广与普及,图线的线宽和基本线型也有了统一规定。

(1)线宽。在施工图中,图线的基本线宽 b 和线宽组,应根据图样的比例、类别及使用方式来确定。

(2)基本线型。施工图中的管道及管件一般采用统一的线型来表示,各种不同的线型所表示的含义和作用又有所不同,常用的几种基本线型见表3-6。

表3-6　施工图中常用的基本线型

序号	名称		线型	线宽	适用范围
1	实线	粗	——	b	单线表示的供水管线
		中粗	——	$0.7b$	本专业设备轮廓、双线表示的管道轮廓
		中	——	$0.5b$	尺寸、标高、角度等标注线及引出线;建筑物轮廓
		细	——	$0.25b$	建筑布置的家具、绿化等;非本专业设备轮廓
2	虚线	粗	------	b	回水管线及单根表示的管道被遮挡的部分
		中粗	------	$0.7b$	本专业设备及双线表示的管道被遮挡的轮廓
		中	------	$0.5b$	地下管沟、改造前风管的轮廓线;示意性连线
		细	------	$0.25b$	非本专业虚线表示的设备轮廓等
3	波浪线	中	~~~	$0.5b$	单线表示的软管
		细	~~~	$0.25b$	断开界线
4	单点长画线		—·—	$0.25b$	轴线、中心线
5	双点长画线		—··—	$0.25b$	假想或工艺设备轮廓线
6	折断线		—/\—	$0.25b$	断开界线

(3)管路代号。暖通空调专业施工图中,管道输送的介质一般为空气、水和蒸汽。为了区别各种不同性质的管道,国家标准规定用管道名称的汉语拼音字头作符号来表示。例如,空调风管用"K"表示,空调冷却水管用"LQ"表示。风道代号见表3-7。

表 3-7 风道代号

序号	代号	管道名称	备注	序号	代号	管道名称	备注
1	SF	送风管	—	6	ZY	加压送风管	—
2	HF	回风管	一、二次回风可附加1、2区别	7	P(Y)	排风排烟兼用风管	—
3	PF	排风管	—	8	XB	消防补风风管	—
4	XF	新风管	—	9	S(B)	送风兼消防补风风管	—
5	PY	消防排烟风管					

在施工图中，如果仅有一种管路或同一图上的大多数管路是相同的，其符号可略去不标，但需在图纸中加以说明。此外，在暖通空调施工图中还有各种常见字母符号，每一字母都表示一定的意义，如 D 表示圆形风管的直径或焊接钢管的内径；b 表示矩形风管的长边尺寸；DN 表示焊接钢管、阀门及管件的公称通径；s 表示管材和板材的厚度等。

(4) 系统编号。一个工程的施工图中同时有供暖、通风、空调等两个及两个以上的不同系统时，应有系统编号。暖通空调系统编号、入口编号是由系统代号和顺序号组成的。顺序号由阿拉伯数字表示，如图 3-44(a) 所示；当一个系统出现分支时，表示方法如图 3-44(b) 所示。

图 3-44 系统代号、编号的表示方法
(a) 系统代号画法；(b) 系统编号画法

(5) 通风空调设备、系统常用的编号见表 3-8。

表 3-8 通风空调设备、系统常用的编号

系统名称	系统编号	设备编号	系统名称	系统编号	设备编号
空调系统	K	AHU—	厕所排风系统		TEL—
空调新风系统	X	PAU—	通风系统	T	
送风系统	S	FAF—	变频多联机系统		VRV—
净化系统	J		热泵		ASHP
排风系统	P	EAF—	冷水机组		CH
除尘系统	C		水泵		P
正压送风系统	JS	SPF—	汽-水交换器		SHE
排烟系统	PY	SEF—	水-水换热器		WHE
排风兼排烟系统	P(Y)	E/SEF—	风机盘管		FCU—
补风系统		CAF—	热水锅炉		B
送风兼补风系统		C/FAF—	溴化锂机组		FCH

(6)通风空调设备、系统常用的图例。施工图中的管道及部件多采用国家标准规定的图例来表示。这些简单的图样并不完全反映实物的形象,仅仅是示意性地表示具体设备、管道、部件及配件。各个专业施工图都有各自不同的图例,且有些图例还互相通用。现将暖通空调专业常用的图例列出,见表3-9。

表 3-9　通风空调系统常用的图例

序号	名称	图例	备注
1	通风管	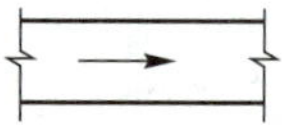	
2	矩形送风管	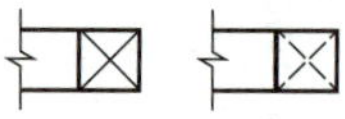	
3	圆形送风管	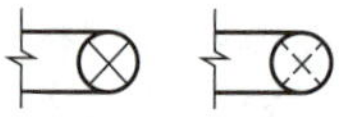	
4	弯头	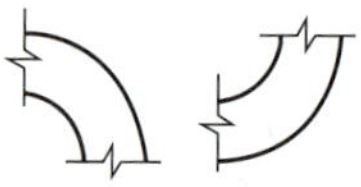	
5	矩形排风管	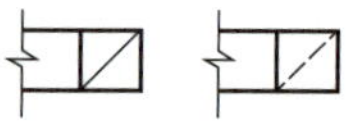	
6	圆形排风管		
7	混凝土管道	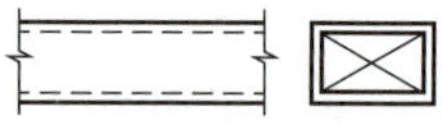	
8	异径管	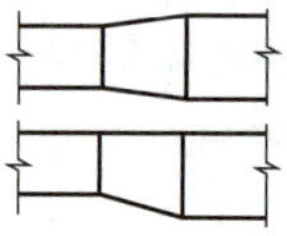	上部为同心异径管 下部为偏心异径管
9	异形管(方圆管)	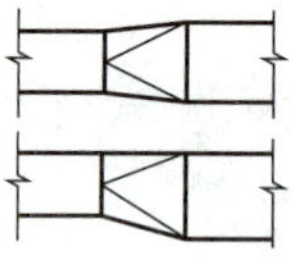	上部为同心异形管 下部为偏心异形管
10	带导流片弯头		
11	消声弯头		
12	风管检查孔	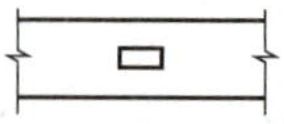	
13	风管测定孔	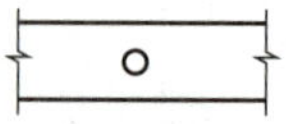	
14	柔性接头	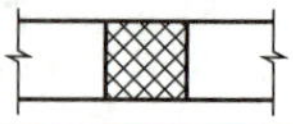	

续表

序号	名称	图例	备注
15	圆形三通(45°)	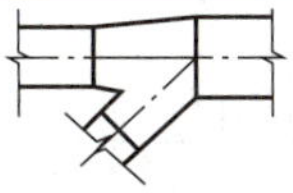	
16	矩形三通	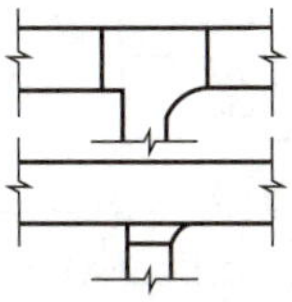	
17	车形风帽		左侧为平面图 右侧为系统图
18	筒形风帽	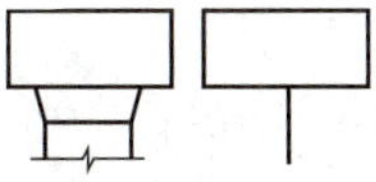	左侧为平面图 右侧为系统图
19	椭圆形风帽	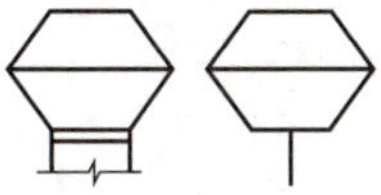	左侧为平面图 右侧为系统图
20	送风口	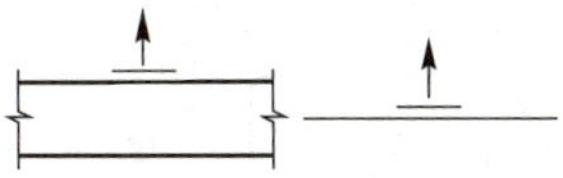	左侧为平面图 右侧为系统图
21	排风口	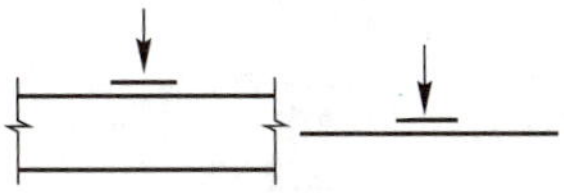	左侧为平面图 右侧为系统图
22	方形散流器	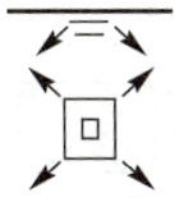	下部为平面图 上部为系统图
23	圆形散流器	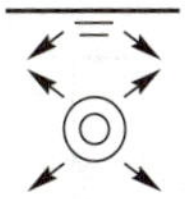	下部为平面图 上部为系统图
24	单面吸送风口		
25	百叶窗	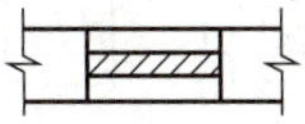	
26	风管插板阀	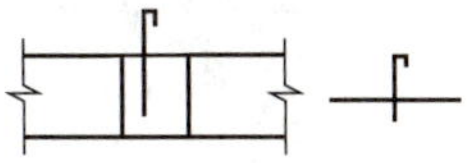	
27	风管斜插板阀	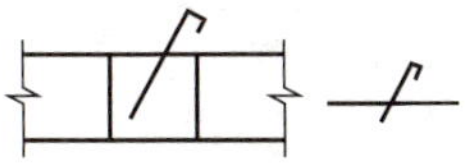	

续表

序号	名称	图例	备注
28	风管螺阀	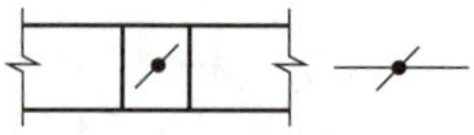	
29	对开式多叶调节阀	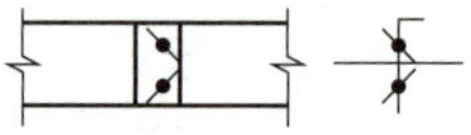	
30	风管止回阀	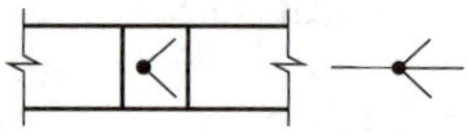	
31	风管防火阀	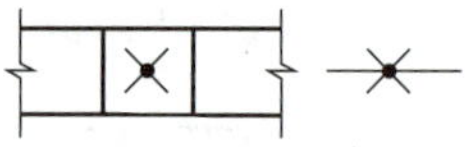	
32	风管三通调节阀	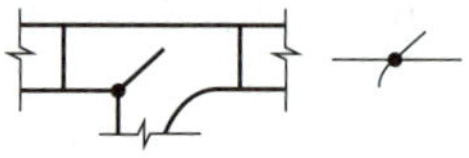	
33	空气过滤器	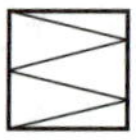	
34	加湿器		
35	电加热器		
36	消声器		
37	空气加热器	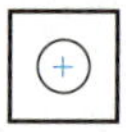	
38	空气冷却器		
39	风机盘管	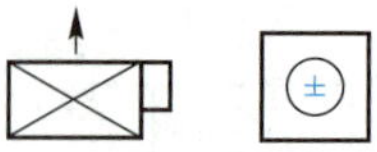	左侧为平面图 右侧为系统图
40	管式空调器		
41	空气幕	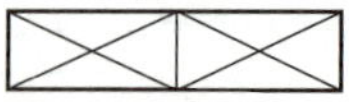	

续表

序号	名称	图例	备注
42	离心风机		左侧为平面图 右侧为系统图
43	轴流风机		
44	屋顶通风机		
45	压缩机		

3.9.3 通风工程图的基本图样

(1)通风空调施工图的特点。通风空调施工图属于建筑图的范畴,其显著特点是示意性和附属性。在图纸上,各种管线作为建筑物的配套部分,用不同的图线和图例符号不仅能将管件与设备表示出来,还能反映出其位置及安装具体尺寸和要求。

因此,在学习之前,必须具备一定的识图基础,如必须初步具有相关通风空调设备、部件、管道、管件等的安装工艺知识;了解安装操作的基本方法及管路的特点与安装要求;熟悉施工规范和质量验收标准。另外,还必须对建筑物的构造及建筑施工图的表示方法有所了解,弄清楚管线与建筑物之间的关系。

(2)识读施工图的方法和步骤。通风空调施工图的识读,应当遵循从整体到局部、从大到小、从粗到细的原则,同时要将图样与文字对照看,各种图样对照看,达到逐步深入与细化。看图的过程是一个从平面到空间的过程,还要利用投影还原的方法,再现图纸上各种图线图例所表示的管件与设备空间位置及管路的走向。

看图的顺序是:首先,看图纸目录,了解建设工程性质、设计单位,弄清楚整套图纸共有多少张,分为哪几类;其次,看设计施工说明、材料设备表等一系列文字说明;最后,再按照原理图、平面图、剖面图、系统轴测图及详图的顺序逐一详细阅读。

对于每一单张图纸,看图时首先要看标题栏,了解图名、图号、图别、比例,以及设计人员,其次看图纸上所画的图样、文字说明和各种数据,弄清各系统编号、管路走向、管径大小、连接方法、尺寸标高、施工要求;对于管路中的管道、配件、部件、设备等,应弄清其材质、种类、规格、型号、数量、参数等;另外,还要弄清管路与建筑、设备之间的相互关系及定位尺寸。

3.9.4 通风空调系统图实例

1. 设计依据

(1)《民用建筑供暖通风与空气调节设计规范》(GB 50736—2012)。
(2)《通风与空调工程施工规范》(GB 50738—2011)。
(3)《建筑设计防火规范》(GB 50016—2014)。

(4)《公共建筑节能设计标准》(GB 50189—2015)。
(5)重庆市《公共建筑节能(绿色建筑)设计标准》(DBJ 50—052—2016)。
(6)《全国民用建筑工程设计技术措施：暖通空调·动力》(2009 年版)。

2. 工程概况

建筑总面积为 1 246.52 m^2，建筑类别为低层公建，建筑耐火等级为二级。

3. 主要设计气象参数

(1)夏季空调室外计算干球温度：36.3 ℃。
(2)夏季空调室外计算湿球温度：27.3 ℃。
(3)夏季通风室外计算干球温度：32.4 ℃。
(4)夏季大气压力：973.1 hPa。
(5)冬季空调室外计算干球温度：3.5 ℃。
(6)冬季空调室外计算相对湿度(最冷月月平均相对湿度)：82%。
(7)冬季大气压力：993.6 hPa。

4. 设计内容

(1)集中空调设计：本项目空调建筑总面积约为 842 m^2。夏季设计冷负荷约为 221 kW，冬季设计热负荷约为 88 kW。
(2)冷热源选用：采用 Super VRVⅢ型空调机组，共设两套。夏季制冷，冬季采暖。
空调机组基本参数见表 3-10。

表 3-10 空调机组基本参数

空调机名称	设置位置	服务区域	单台制冷量	单台制热量
空调室外机	一层室外	一层	130 kW	145 kW
空调室外机	一层室外	吊一层、二层	135 kW	150 kW

空调机组的清洗、安装、试漏、加油、抽真空、充加制冷剂、调试等事宜，应严格按照制造厂提供的《使用说明书》进行；同时，还应遵守《制冷设备、空气分离设备安装工程施工及验收规范》(GB 50274—2010)。

5. 空调室内设计参数

空调室内设计参数见表 3-11。

表 3-11 空调室内设计参数

	模型展示区、洽谈	多媒体	酒吧	VIP 包房
室内温度/℃	25~27(夏)	25~27(夏)	25~27(夏)	25~27(夏)
	18~20(冬)	18~20(冬)	18~20(冬)	18~20(冬)
相对湿度/℃	50~65(夏)	55~65(夏)	55~65(夏)	55~65(夏)
	≥30(冬)	≥30(冬)	≥30(冬)	≥30(冬)
新风量/(m^3·h^{-1}·人$^{-1}$)	20	30	30	30

6. 空气调节系统

(1)采用由变频室外机控制室内机的调节方式。
(2)各送风口均采用可调节风口。安装风管及设置风口时，应与装修密切配合，并应视情况设置导流叶片。

7. 调节与控制

通过房间内温控器的信号,由室外机变频控制室内机。

8. 风管

(1)设计图中所注风管的标高:对于圆形,以中心线为准;对于方形或矩形,以风管顶为准。

(2)各吊顶空调送、回风箱均应采用消声材料制作,使室内环境满足噪声要求;风管材料采用超级消声风管,以降低噪声。

(3)当设计图中未标出测量孔位置时,安装单位应根据调试要求在适当的部位配置测量孔,测量孔的做法见《风管测量孔和检查门》(06K131)。

(4)穿越沉降缝或变形缝的风管两侧,以及与通风机、空调器进、出口相连处,应设置长度为200~300 mm的帆布软接;软接的接口应牢固、严密,在软接处禁止变形。

(5)风管穿越墙体、楼板的孔洞及墙上安装风口、阀门等的孔洞,由土建预留或预埋。预埋木框、角钢框、风管穿过后应填塞严密,表面抹平,风管上的可拆卸接口不得设置在墙体或楼板内。

(6)所有水平或垂直的风管,必须设置必要的支、吊或托架,其构造形式由安装单位在保证牢固、可靠的原则下根据现场情况选定,可采用膨胀螺栓固定,详见国标08K132。

(7)风管支、吊或托架应设置于保温层的外部,并在支、吊、托架与风管间镶以垫木;同时,应避免在法兰、测量孔、调节阀等部件处设置支、吊、托架。

(8)风管穿越空调机房应在机房隔墙处设置防火阀,注意将操作手柄配置在便于操作的部位。

(9)安装防火阀和排烟阀时,应先对其外观质量和动作的灵活性与可靠性进行检验,确认合格后再行安装。

(10)防火阀的安装位置必须与设计相符,气流方向必须与阀体上标注的箭头一致,严禁反向。

(11)防火阀必须单独配置支吊架。

9. 保温

(1)水管保温:冷水供、回水管,集管,阀门,冷媒管等,均需以橡塑绝热材料保温,冷水管保温厚度如下:管径 $\phi \leqslant DN50$,采用28 mm厚管材保温;$DN70 \leqslant \phi \leqslant DN150$,采用32 mm厚板材保温;$\phi \geqslant DN200$,采用36 mm厚板材保温。冷凝水管采用20 mm厚管材保温。保温材料要求:难燃B_1级,湿阻因子u不小于10 000(提供报告);真空吸水率$\leqslant 4.5\%$;导热系数为$0.030 \sim 0.037$ W/(m·K)($-20\ ℃ \sim 40\ ℃$)。

(2)风管保温:空调送风、回风管采用离心玻璃棉板(导热系数<0.037 W/(m·K))进行保温,外贴铝箔防潮层。保温层的厚度:空调送风、回风管采用30 mm厚新风管,排风管无须保温。离心玻璃棉表观密度为30 kg/m³。排烟管道安装于吊顶内,采用不燃烧材料作隔热层(采用岩棉,厚度为50 mm),防火间距满足相关规定。空调风管隔热层热阻应大于0.74 m²·K/W。

10. 油漆

(1)保温风管、冷水管道、设备等在表面除锈后,刷防锈底漆两遍。

(2)不保温风管、金属支吊架、排水管等,在表面除锈后,刷防锈底漆和磁性调和漆各两遍。

一层、二层通风空调平面图如图3-45和图3-46所示。

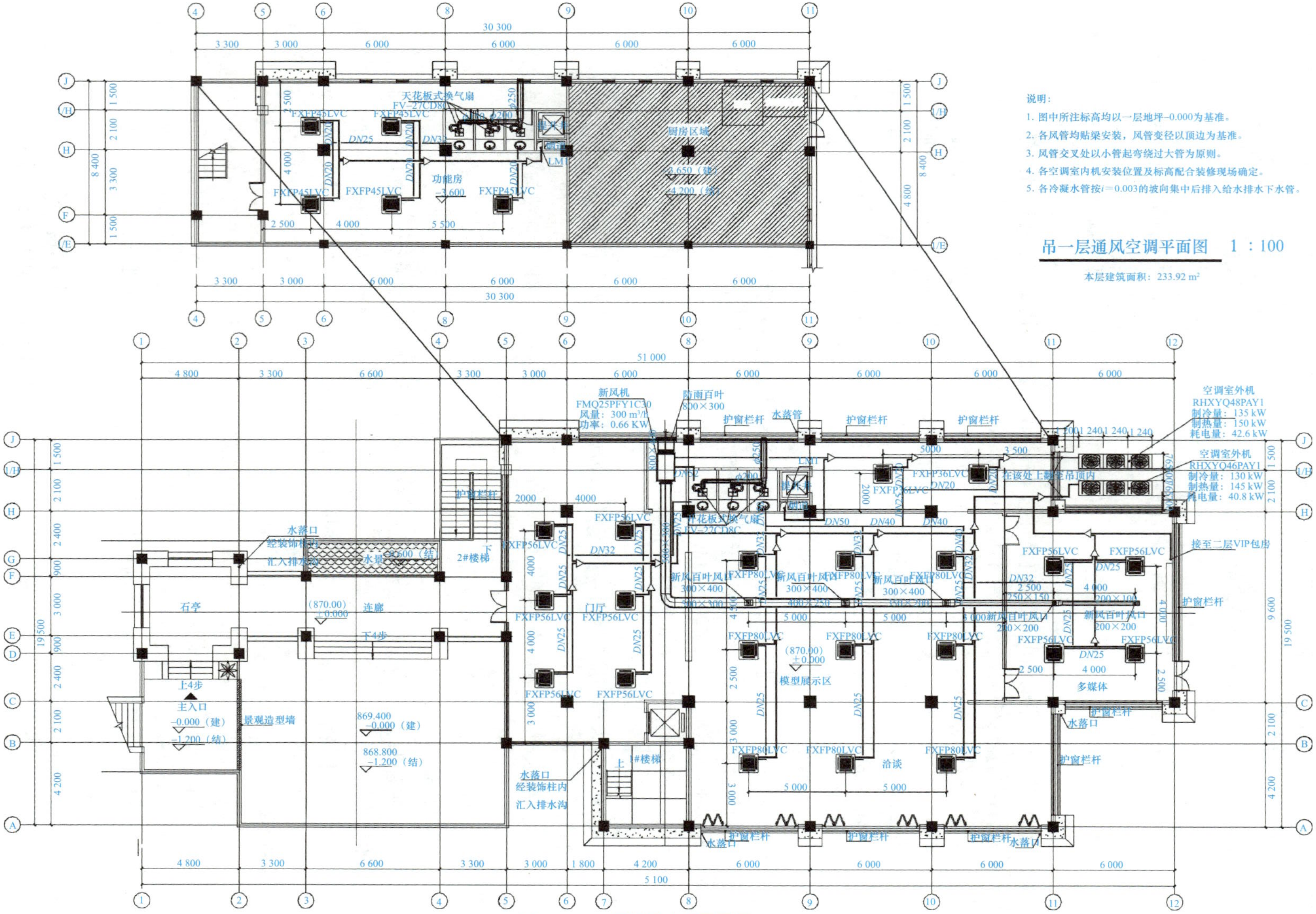

说明：

1. 图中所注标高均以一层地坪-0.000为基准。
2. 各风管均贴梁安装，风管变径以顶边为基准。
3. 风管交叉处以小管起弯绕过大管为原则。
4. 各空调室内机安装位置及标高配合装修现场确定。
5. 各冷凝水管按$i=0.003$的坡向集中后排入给水排水下水管。

吊一层通风空调平面图　1：100

本层建筑面积：233.92 m²

图 3-45　一层通风空调平面图

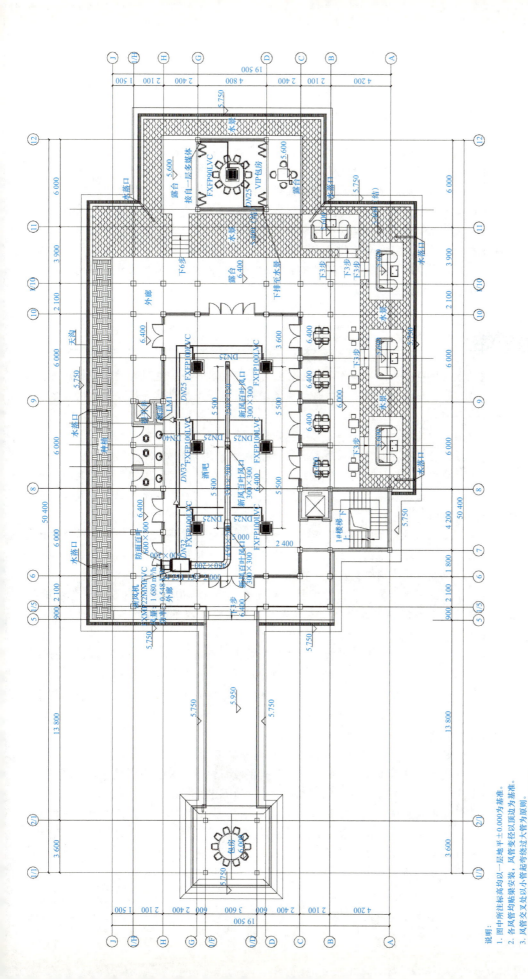

图 3-46 二层通风空调平面图

知识拓展

建筑物的节能工程是一项复杂的系统工程，包括各种综合性的技术，包括建筑物本身和通风空调系统、设备的节能工程。就通风和空调系统而言，系统节能又与建筑节能有关，包括建筑物的朝向和平面布置、维护结构的保温性能、窗户的隔热和建筑物遮阳等。空调系统的节能也与运行管理节能有关，包括采用降低室内设计标准、减少新风量的方法；采用天然冷源、过渡季节取室外新风自然冷却、冷却塔供冷技术；采用建筑设备控制自动化技术，采用蓄冷空调技术；采用高大空间建筑物空调节能技术；采用热回收技术，如从排风中回收能量等。另外，可再生能源的利用也是空调系统节能的一个重要途径，如热泵和太阳能热水供热系统。热泵包括空气源热泵、水源热泵和土壤源热泵。

本章小结

通风方法按照空气流动的作用动力可分为自然通风和机械通风两种。根据压差形成的机理，可以分为风压作用下的自然通风、热压作用下的自然通风以及热压和风压共同作用下的自然通风。

火灾烟气的危害主要有三个方面：毒害性、遮光性和高温危害。

防火分区是指在建筑内部采用防火墙、耐火楼板及其他防火分隔设施分隔而成，能在一定时间内防止火灾向同一建筑的其余部分蔓延的局部空间。防烟分区是指在建筑内部屋顶或顶板、吊顶下采用具有挡烟功能的构配件进行分隔所形成的，具有一定蓄烟能力的空间。

在通风工程中风机可以满足输送空气流量和所产生的风压来克服介质在风道内的损失及各类空气处理设备的阻力损失。通风工程中，常用的风机有离心式风机、轴流式风机、斜流式风机、离心式屋顶风机等。

蒸汽压缩式制冷系统主要由压缩机、冷凝器、节流机构、蒸发器四大设备组成，制冷剂在系统中经压缩、冷凝、节流、蒸发四个过程依次不断循环，进而达到制冷目的。

以建筑热湿环境为主要控制对象的系统，按承担室内热负荷、冷负荷和湿负荷的介质的不同可分四类：全空气系统、全水系统、空气-水系统和制冷系统。按空气处理设备的集中程度分类，空调系统可分为：集中式空调系统、半集中式空调系统和分散式空调系统。根据集中式系统处理空气来源分类，空调系统可分为：封闭式系统、直流式系统和混合式系统。

地源热泵技术，是一种利用浅层常温土壤中的能量作为能源的高效节能、无污染、低运行成本的既可采暖又可制冷，并可提供生活热水的新型空调技术。地源按照室外换热方式不同可分为三类：土壤埋管系统、地下水系统、地表水系统。

制冷机组由制冷压缩机、冷凝器、冷风机(蒸发器)、电磁阀四大部件为主，加上油分离器、储液桶、视油镜、膜片式手阀回器过滤器等部件组装在一起，成为一个整体。这种机组结构紧凑，使用灵活，管理方便，而且占地面积小，安装简单。常用的制冷机组有压缩—冷凝机组、冷水机组、单元式空调机组、热泵机组。

空调制冷水系统的作用，就是以水作为介质在空调建筑物之间和建筑物内部传递冷量或热量。正确合理地设计空调水系统是整个空调系统正常运行的重要保证，同时也能有效地节省电能消耗。就空调工程的整体而言，空调水系统包括冷冻水系统、冷却水系统和冷凝水系统。

空调常用的处理方式有：空气加热处理、空气冷却处理、空气的加湿与减湿、空气的过滤与空气的消声处理。

通风工程施工图包括基本图、详图及文字说明。基本图有通风系统平面图、剖面图及系统轴测图。详图有设备或构件的制作及安装图等。文字说明包括图纸目录、设计和施工说明、设备和配件明细表等。

自我测评

一、选择题

1. 自然通风的动力是（　　）。
   A. 风压　　　　　　　　　　B. 热压
   C. 室内热上升气流　　　　　D. 风压和热压

2. 风压是指（　　）。
   A. 室外风的全压　　　　　　B. 室外风的静压
   C. 室外风的动压　　　　　　D. 室外风在建筑外表面造成的压力变化值

3. 局部排风系统不包括（　　）。
   A. 局部排风罩　　B. 风管　　C. 除尘器　　D. 排风窗

4. 对于散发有害气体的污染源，加以控制应优先采用（　　）方式。
   A. 全面通风　　B. 自然通风　　C. 局部送风　　D. 局部排风

5. 设置机械通风的民用建筑和工业建筑，当室内的有害气体和粉尘有可能污染相邻房间时，室内压力设计应该是（　　）。
   A. 保持正压　　B. 保持负压　　C. 保持零压　　D. 保持大气压

6. 空调系统不控制房间的下列哪个参数？（　　）
   A. 温度　　B. 湿度　　C. 气流速度　　D. 发热量

7. 房间小、多且需单独调节时，宜采用何种空调系统？（　　）
   A. 风机盘管加新风　　　　　B. 风机盘管
   C. 全空气　　　　　　　　　D. 分体空调加通风

8. 手术室净化空调室内应保持（　　）。
   A. 正压　　B. 负压　　C. 常压　　D. 无压

9. 压缩式制冷机由下列哪组设备组成？（　　）
   A. 压缩机、蒸发器、冷却泵、膨胀阀
   B. 压缩机、冷凝器、冷却塔、膨胀阀
   C. 冷凝器、蒸发器、冷冻泵、膨胀阀
   D. 压缩机、冷凝器、蒸发器、膨胀阀

10. 空调机组所处理的空气全部为新风的系统称为（　　）。
    A. 全封闭式空调系统　　　　B. 直流式空调系统
    C. 一次回风系统　　　　　　D. 二次回风系统

11. 热泵循环中的制热过程是( )。
    A. 电热加热　　　B. 热水供热　　　C. 制冷剂汽化　　　D. 制冷剂冷凝
12. 蒸发温度的获得是通过调整( )来实现的。
    A. 蒸发器　　　　B. 冷凝器　　　　C. 节流机构　　　　D. 压缩机
13. 中央空调的冷水机组一般提供 5 ℃～12 ℃的冷冻水，冷却水进水温度一般为( )，出水温度为 36 ℃左右。
    A. 25 ℃　　　　B. 32 ℃　　　　C. 20 ℃　　　　D. 36 ℃

二、简答题

1. 什么是通风？
2. 通风系统的主要功能有哪些？
3. 通风系统的分类有哪些？
4. 火灾烟气的主要危害有哪些？
5. 什么是防烟分区和防火分区？
6. 自然排烟口的设计要满足哪些要求？
7. 简述蒸汽压缩式制冷系统的基本原理。
8. 简述溴化锂吸收式制冷系统的基本原理。
9. 简述空调系统的分类。
10. 简述集中式空调系统的组成与基本原理。
11. 简述分散式空调系统的特点。
12. 什么是地源热泵技术及其工作原理？
13. 简述空调制冷水系统的作用。
14. 常用的空调处理方式有哪些？
15. 简述通风空调施工图的组成。
16. 简述通风空调施工图的识读方法和步骤。

第 4 章 电工基本知识

学习目标

了解电路的相关概念；熟悉单相及三相交流电路；了解变压器的结构原理及铭牌技术数据；了解异步电动机的基本知识。

内容概要

项　目	内　容
直流电路	电路的组成、作用及工作状态
	电阻的连接
交流电路	正弦交流电的基本概念
	三相交流电路
变压器	变压器的基本结构
	变压器的基本工作原理
	变压器的铭牌与额定值
	变压器的用途和分类
异步电动机	异步电动机的结构和工作原理
	异步电动机的铭牌

本章导入

电路，就是电流的路径，是各种电气器件按一定方式连接起来组成的整体。建筑电气线路与一般意义上的电路一样，都是由电源、负载和中间环节构成的。

电路的功能一是进行能量的转换、传输和分配。例如供电系统、手电筒、电风扇等，这些电路中，将其他能量转变为电能的设备(如发电机、电池等)称为电源，将电能转变为其他能量的设备(如电动机、电炉、日光灯等)叫作负载。在电源和负载之间的输电线、控制电器等是执行传输和分配任务的器件。

电路的功能二是进行信号的传递和处理。常见的扩音机，先由话筒把语言或音乐(通常称为信息)转换为相应的电压和电流，它们就是电信号,而后通过电路传递到扬声器,把信号还原为语言或音乐。由于由话筒输出的电信号比较微弱,不足以推动扬声器发音,因此中间还要用放大器来放大。信号的这种转换和放大,称为信号的处理。话筒是输出信号的设备,称为信号源,相当于电源;扬声器是接收和转换信号的设备,也就是负载。信号传递和处理的例子很多,如收音机和电视机,它们的接收天线(信号源)把载有语言、音乐、图像信息的电磁波接收后转换为相应的电信号,而后通过电路把信号传递和处理(调谐、变频、检波、放大等),送到扬声器和显像管(负载),还原为原始信息。

建筑物内的电气线路可以比作人的神经系统,它是按照建筑物的功能要求设置的,在建筑物内起到控制、保护等作用。

4.1 直流电路

4.1.1 电路的组成、作用及工作状态

1. 电路组成

简单地说,电路就是电流的通路。实际电路组成方式多种多样,但通常由电源、负载和中间环节三部分组成。

PPT 课件　　　　配套资源

电源是将其他形式的能量转换为电能的装置,如干电池、蓄电池和发电机等均为电源。建筑工程电气使用的电源由各城市电网、自备柴油发电机组或蓄电池供给。电源分直流电源(用字母 DC 表示)和交流电源(用字母 AC 表示)两大类。

负载是指用电设备,它将电能转换为其他形式的能量,如日光灯将电能转换成光能,电动机将电能转换成机械能,电炉将电能转换成热能。在电路原理图和建筑电气的施工图中,应用国家标准规定的图例符号表示各类不同的负载。

中间环节是指连接电源和负载的部分,将电源的能量输送给负载,根据需要控制电路的接通和断开,如导线、开关、变压器、熔断器等。配电箱(柜)是中间环节中的重要设备,它将开关、熔断器等设备集中安装在箱(柜)体内,便于线路控制、维护和管理。

图 4-1 所示为手电筒电路,图中 E 是电池的电动势,R_0 是电池内阻,K 是开关,R 是小电珠电阻。

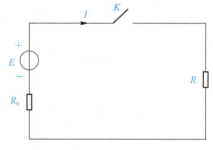

图 4-1　手电筒电路

2. 电路的作用

建筑电气工程线路的作用主要有两大类:

一是实现能量的传输、分配和转换。如在电力系统中,发电机将势能、水能、风能、太阳能、原子能等转换成电能,通过变压器、输电线路将电能转换传输和分配给各用户,用户又会将电能转换成机械能、热能和光能等。

二是实现信号的传递和处理。现代建筑中一般有电话、电视、网络和对讲系统,这些线路主要是对含有某些信息的电信号进行传递和处理,还原为声音和图像信息,满足人们的需要。

3. 电路的工作状态

电路有开路、通路和短路三种工作状态。

开路即断路，就是将电路断开，电路中没有电流流过，这时图 4-1 中所示小电珠不亮。开关断开形成的开路属于控制性开路；因保险丝熔断而开路属于保护性开路；导线断线，接触不良而造成的电路开路则属于故障性开路。开路时电路的工作状态称为空载。

通路就是接通电路，电路中有电流流过，如图 4-1 中所示的小电珠点亮，电路接通后的电流用 I 表示，其大小可用欧姆定律计算，即 $I=E/(R_0+R)$。接在电路中的电气设备在正常工作时的电压和电流都有一个规定的数值，这个数值称为额定值。按照额定值使用，电气设备可以保证安全可靠，充分发挥设备的效能，并且可保证正常的使用寿命。

短路是一种电路事故。如图 4-2 所示，电路的 a、b 间用一根导线接通时，称为 ab 处被短路。由于导线上电阻很小，负载 R 上电压、电流均为零。短路后电源回路由于电源内阻 R_0 很小，所以短路电流 I_s 很大，将导致电源或导线绝缘的损坏。在电力系统供配电线路中，由于绝缘损坏、设备故障或操作不当等原因造成短路的现象是难以避免的，所以要采取保护措施。简单常用的方法是在线路中装设熔断器。若负载发生短路，熔断器内的熔丝（又称熔体、保险丝）熔断，保护电源和线路。

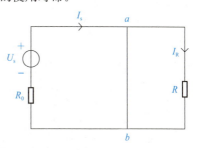

图 4-2 短路示意图

4.1.2 电阻的连接

1. 电阻串联

将几个电阻顺序相接，其中没有分岔，即串联，如图 4-3 所示。电阻串联的特征是每个电阻上流过的电流大小相同。

串联等效电阻（图 4-4）：

$$R=R_1+R_2 \tag{4-1}$$

$$U_1=R_1 I=R_1 \frac{U}{R}=\frac{R_1}{R_1+R_2}U \tag{4-2}$$

$$U_2=R_2 I=R_2 \frac{U}{R}=\frac{R_2}{R_1+R_2}U \tag{4-3}$$

由式(4-2)、式(4-3)可知，串联电阻上电压的分配和电阻的数值成正比。

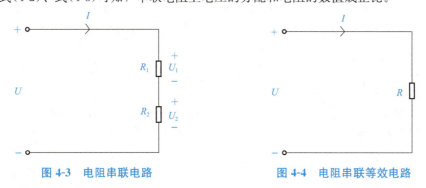

图 4-3 电阻串联电路　　　　图 4-4 电阻串联等效电路

2. 电阻并联

将电阻并排连接，并承受相同的电压，称为电阻的并联，如图 4-5 所示。电阻并联后总电流为各支路电流之和。

并联等效电阻(图 4-6)： $R = \dfrac{U}{I} = \dfrac{1}{\dfrac{1}{R_1}+\dfrac{1}{R_2}} = \dfrac{R_1 R_2}{R_1 + R_2}$ （4-4）

$$I_1 = \dfrac{U}{R_1} = \dfrac{RI}{R_1} = \dfrac{R_2}{R_1 + R_2} I \qquad (4\text{-}5)$$

$$I_2 = \dfrac{U}{R_2} = \dfrac{RI}{R_2} = \dfrac{R_1}{R_1 + R_2} I \qquad (4\text{-}6)$$

由式(4-5)、式(4-6)可知，支路中的电阻越大，从总电流中分到的电流越小，即并联电路电流的分配和电阻的数值成反比。

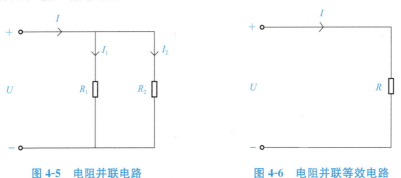

图 4-5 电阻并联电路　　　　图 4-6 电阻并联等效电路

3. 电阻混联

既有串联又有并联的电路称为混联电路。掌握了电阻串、并联的规律，即可对电阻的混联进行分析计算。

4.2 交流电路

4.2.1 正弦交流电的基本概念

1. 交流电概述

在生产和日常生活中所使用的交流电，一般指正弦交流电。交流电与直流电相比，具有更广泛的应用。

PPT 课件

配套资源

其主要原因是：从发电、输电和用电几个方面来看，交流电都比直流电优越。交流发电机与直流发电机相比，结构简单、造价低、维护方便。现在电能几乎都以交流的形式生产出来，之后又利用变压器对交流电升压或降压。交流电具有控制方便、输送经济和使用安全的特点。

2. 正弦交流电的三要素

电压、电流和电动势的大小和方向都随时间按正弦规律变化的电源，称为正弦交流电，简称交流电。交流电的正弦特性表现在三个方面：角频率、幅值和初相位，即正弦函数的三要素。

(1) 周期、频率、角频率。正弦交流电变化一周所需要的时间称为周期，用符号 T 表示，单位为秒(s)。我国交流电的周期为 0.02 s。

正弦交流电在每秒内变化的次数，称为频率，用符号 f 表示，单位为赫兹(Hz)。我国采用 50 Hz 作为电力标准频率，又称工频。

周期和频率互为倒数关系,即

$$f=\frac{1}{T} \tag{4-7}$$

正弦交流电每秒内变化的电角度称为角频率,用符号 ω 表示,单位是弧度每秒(rad/s)。

周期、频率、角频率都可用来表示正弦交流电变化的快慢,三者之间的关系为

$$\omega=2\pi f=\frac{2\pi}{T} \tag{4-8}$$

(2) 瞬时值、幅值和有效值。正弦交流电在变化过程中任一瞬间所对应的数值,称为瞬时值,用小写字母 i、u、e 表示。

瞬时值中最大的数值称为正弦交流电的幅值或最大值,用大写字母加下标"m"表示,即 I_m、U_m 或 E_m。

交流电的瞬时值使用不方便,常用它的有效值来表示。交流电的有效值是用电流的热效应来定义的。对同一电阻 R,在相同时间内,某交流电通过它所产生的热量与另一直流电通过它所产生的热量相等时,则将这一直流电的数值称为交流电的有效值。有效值用 I、U 或 E 表示。

幅值和有效值的关系为

$$\left. \begin{array}{l} I_m=\sqrt{2}I=1.414I \\ E_m=\sqrt{2}E \\ U_m=\sqrt{2}U \end{array} \right\} \tag{4-9}$$

在交流电路中,用电压表、电流表测量出来的电压、电流均为有效值。通常,工作在交流电路中的电气设备的额定电压、额定电流也是有效值。元器件在交流电路中工作时,其耐压值应按交流电压的最大值进行考虑。

(3) 相位、初相位、相位差。正弦电流的表达式为

$$i_{(t)}=I_m\sin(\omega t+\varphi_i) \tag{4-10}$$

式中,$(\omega t+\varphi_i)$ 称为正弦量的相位,也称相位角,它反映了正弦量随时间变化的进程。相位角 $(\omega t+\varphi_i)$ 中的 φ_i 是 $t=0$ 时的相位,称为初相位,简称初相。

假设两个同频率的正弦量 u,i 分别为

$$u=U_m\sin(\omega t+\varphi_u)$$
$$i=i_m\sin(\omega t+\varphi_i) \tag{4-11}$$

它们的相位差为

$$\varphi=(\omega t+\varphi_u)-(\omega t+\varphi_i)=\varphi_u-\varphi_i \tag{4-12}$$

可见相位差即初相位之差(图 4-7)。若知道两个正弦量的相位差,就可以清楚了解这两个正弦量的变化关系。

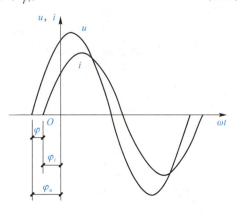

图 4-7 相位与相位差

4.2.2 三相交流电路

1. 三相交流电源

三相交流电源是由三相交流发电机产生的,建筑物内的三相交流电源都取自城市电网。供电可靠性要求较高的建筑,通常自备三相柴油发电机组作为备用电源。

三相电源的三相绕组分别用 A、B、C 表示其首端，X、Y、Z 表示其尾端，三相绕组上产生的感生电压分别用 u_A、u_B、u_C 表示，如图 4-8 所示。

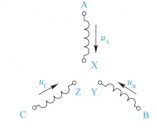

图 4-8　三相定子绕组及其产生的电压

这三相电压具有以下特点：

三相电压的幅值（最大值）相等；角速度相同，即三相电压频率相等；三相电压的初相位互差 120°，其瞬时值表达式为

$$u_A = U_m \sin(\omega t)$$
$$u_B = U_m \sin(\omega t - 120°)$$
$$u_C = U_m \sin(\omega t - 240°) = U_m \sin(\omega t + 120°)$$
(4-13)

三相电压的波形图及其相量图如图 4-9 所示。

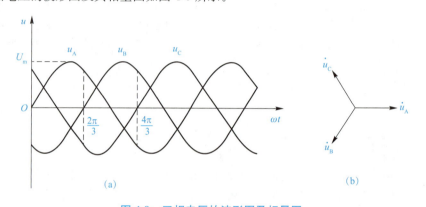

图 4-9　三相电压的波形图及相量图
(a)三相电压的波形图；(b)三相电压的相量图

显然对称三相电压满足：

$$u_A + u_B + u_C = 0 \tag{4-14}$$

三相交流电出现正最大值的顺序称为**相序**。如图 4-9 所示的三相电压的相序为 A→B→C→A，称为正序或顺序。若三相电压的相序是 C→B→A→C，则称为反序或逆序。目前电力系统普遍采用的是正序。工程中，普遍用黄、绿、红三种颜色标识 A、B、C 三相。

在三相电力系统中，发电机或变压器的三相绕组不是各自独立供电的，而是按照一定的方式连接起来构成三相电源来为系统供电。对称三相交流电源的连接方式有星形连接和三角形连接两种，简称星接和角接，分别用符号 Y 和 △ 表示。通常主要采用星形连接，下面我们只讨论星形连接的有关问题。

将三相绕组的尾端 X、Y、Z 连成一点，三相绕组的首端与负载相连接，如图 4-10 所示，称为星形连接。

从三相首端引出 3 条导线称作相线（又称端线或火线），用 A、B、C 表示（新的国际统一符号为 L1、L2、L3）。X、Y、Z 三点的连接点称为中性点（用 N 表示），从 N 引出的导线称为中性线，简称中线（在中性点接地系统中又叫作零线），中线有时与大地相连，所以也称为地线。因为总共引出四根导线，所以这样的电源被称为三相四线制电源。

由三相四线制的电源输出的两种电压，即相电压和线电压。相电压是相线和中性线间的电压即每相绕组两端的电压，用 U_P 表示，如图 4-10 中的 u_A、u_B、u_C。线电压指相线与相线间的电压，用 U_L 表示，如图 4-10 中的 U_{AB}、U_{BC}、U_{CA}。相电压和线电压的相量图如图 4-11 所示。

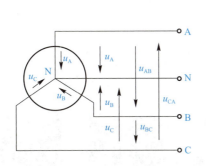

图 4-10 三相电压的波形图及相量图

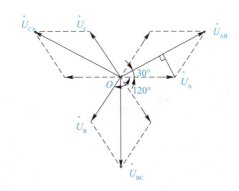

图 4-11 相电压和线电压的相量图

相电压和线电压间的大小和相位关系可表示为

$$U_L = \sqrt{3} U_p$$
$$\varphi_{AB} = \varphi_A + 30°$$
$$\varphi_{BC} = \varphi_B + 30° \quad (4\text{-}15)$$
$$\varphi_{CA} = \varphi_C + 30°$$

在我国的低压供配电系统中,三相四线制电源相电压有效值为 220 V,线电压有效值为 380 V,用 380/220 V 表示;照明用电为 220 V,动力用电为 380 V。

2. 三相负载

三相负载是由三个阻抗相连接构成的,每个阻抗称为一相负载。三相负载可以是一个整体,如三相电动机;也可以是独立的三个单相负载,如日常照明电路中的日光灯。三相负载的连接方式有两种,即星形连接和三角形连接。

(1) 三相负载的星形连接。三相负载的星形连接是将负载的一端连接在一起,另一端与三相电源的三根相线连接,如图 4-12 所示,图中有三根相线和一根中性线共四根导线,称为三相四线制供电方式。图 4-12 中,相线中流过的电流 i_A、i_B、i_C 称为线电流;负载中流过的电流 i_a、i_b、i_c 称为相电流;中性线中流过的电流称为中线电流,用 i_N 表示。

当三相负载对称时,中线中无电流流过。当三相负载不对称时,中线中的电流便不为零,因此,供用电规范规定,在三相四线制供电系统中,中性线上不得安装开关和熔断器。以免在开关断开和熔断器熔断时,造成各相负载电压的升高或降低,从而导致负载不能正常工作甚至损坏。

(2) 三相负载的三角形连接。三相负载的三角形连接是将三个负载顺次首尾连接,三个连接点分别接电源的三根相线,如图 4-13 所示。

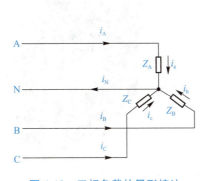

图 4-12 三相负载的星形接法

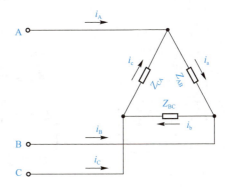

图 4-13 三相负载的三角形接法

图中三相负载只需要三根电源线与之相连,所以该电路称三相三线制供电方式。i_A、i_B、i_C 称为线电流,用 i_L 表示。i_a、i_b、i_c 称为相电流,用 i_p 表示。当负载对称时,线电流的大小等于相电流的 $\sqrt{3}$ 倍,线电流滞后对应的相电流 $30°$,即 $i_L = \sqrt{3} i_p$。

4.3 变压器

变压器是电力系统用来输送电能的重要设备,当输送功率($P = \sqrt{3} U_1 I_1 \cos\varphi$)及功率因数 $\cos\varphi$ 一定时,电压 U_1 越高,线路电流 I_1 越小。这样,既可减小导线截面面积、节省材料投资,又可减少线路上的功率损耗。因此,发电厂向远方用电地区输送电能时,先用变压器将电压升高,进行高压输电(如 220 kV、330 kV、500 kV 等),到了用电地区,再用变压器将电压降低(如 10 kV、380 V、220 V 等),供用电设备使用。

PPT 课件　　　配套资源

变压器利用电磁感应的原理工作,不仅能输送电能、变换电压,还可以变换电流、变换阻抗和传递信号。

4.3.1 变压器的基本结构

变压器由铁芯和绕组两个基本部分组成,其外形如图 4-14 所示。

1. 铁芯

铁芯构成变压器的磁路部分。变压器的铁芯大多用 0.35～0.50 mm 厚的硅钢片交错叠装而成,叠装前,硅钢片上还需涂一层绝缘漆,这样可以减小铁芯中的磁滞和涡流损耗。常用的变压器铁芯又分壳式和心式,如图 4-15 所示。

2. 绕组

绕组是变压器的电路部分,用导线绕制而成(图 4-16)。小容量变压器的绕组多用高强度漆包线绕制,大容量变压器的绕组可用绝缘铜线或铝线绕制。接电源的称为原绕组或一次绕组,匝数为 N_1;接负载的称为副绕组或二次绕组,匝数为 N_2。

图 4-14　S11—M 系列油浸式电力变压器外形

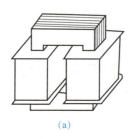

(a)　　　　　(b)

图 4-15　变压器的铁芯结构
(a)心式变压器;(b)壳式变压器

图 4-16　变压器的绕组

由于变压器在工作时铁芯和线圈都要发热，故需考虑散热问题。小容量的变压器采用空气自冷式；大中容量的变压器采用油冷式，即把铁芯和绕组装入有散热管的油箱中。

4.3.2　变压器的基本工作原理

变压器是基于电磁感应原理工作的。

（1）当一次绕组接入交流电源 u_1 时，其中便有 i_1 通过，从而在闭合的铁芯中产生交变磁通 φ。根据电磁感应定律，当穿过一次绕组和二次绕组的磁通发生变化时，在各线圈绕组内就有感应电动势产生，并且线圈绕组中感应电动势的大小和线圈匝数成正比。这一交变磁通 φ 不仅交链着一次绕组，而且也交链着二次绕组，因此它会在一次绕组中产生出感应电动势 e_1，在二次绕组产生感应电动势 e_2，且两者感应电动势的大小与两者的匝数成正比，即

$$\frac{E_1}{E_2}=\frac{N_1}{N_2} \tag{4-16}$$

若略去各绕组中的内阻和漏磁通（通过气隙而闭合的磁通）的影响，我们可以近似地认为 $U_1 \approx E_1$，$U_2 \approx E_2$，故得到

$$\frac{U_1}{U_2}=\frac{N_1}{N_2}=K \tag{4-17}$$

式（4-17）说明变压器原副绕组电压与其匝数成正比，这就是变压器能够改变电压的原因。如果副绕组的匝数 N_2 少于原绕组的匝数 N_1，就能够降低电压，这种变压器叫降压变压器；反之，如果副绕组的匝数 N_2 多于原绕组的匝数 N_1，即升压变压器。实际中，可以根据需要，制成各种变比的变压器。

（2）变压器还可以改变电流，所以变压器又是变流器。变压器只是一个控制和传递能量的器件，本身消耗的能量很少，效率很高，高达95%甚至98%以上。在二次绕组接通负载后，可近似认为原边输入的视在功率 S_1 与副边输出的视在功率 S_2 近似相等，即 $S_1 \approx S_2$，或可写成 $U_1 I_1 \approx U_2 I_2$，可得到

$$\frac{I_1}{I_2} \approx \frac{U_2}{U_1}$$

因为

$$\frac{U_1}{U_2}=\frac{N_1}{N_2}$$

所以

$$\frac{I_1}{I_2}=\frac{N_2}{N_1} \tag{4-18}$$

式（4-18）说明变压器原副边电流与其匝数成反比。

当负载电流即变压器二次绕组电流 I_2 增大时，变压器的一次绕组电流 I_1 也按比例增大。为防止电流过大而烧坏变压器，在变压器的铭牌上标有额定值，使用时应注意。

（3）变压器不但能变换电压和电流，还能变换阻抗。我们可以采用不同匝数比的变压器，将负载阻抗变换为电源 U_1 所需要的合适的数值，这种做法通常称为阻抗匹配。变换公式为

$$|Z'_L|=|Z_L|K^2 \tag{4-19}$$

式（4-19）说明，接在变压器副边的负载阻抗 $|Z_L|$ 反映到变压器原边的等效阻抗为 $|Z'_L|=K^2|Z_L|$，即扩大 K^2 倍，这就是变压器的阻抗变换作用。

4.3.3　变压器的铭牌与额定值

为了正确选择和使用变压器，必须了解和掌握其额定值。额定值指根据国家标准，对变压器长期正常可靠运行所制定的限制参数。变压器的额定值主要包括额定电压、额定电流、额定

容量、阻抗电压和额定频率。额定值通常标注在变压器的铭牌上,故又称铭牌值(图4-17)。

产品型号	S9-500/10	标准号	
额定容量	500 kV·A	使用条件	户外式
额定电压	10 000/400 V	冷却条件	ONAN
额定电流	28.9/721.7 A	短路电压	4.05%
额定频率	50 Hz	器身吊重	1 015 kg
相数	三相	油重	302 kg
联结组别	Yyn0	总质量	1 753 kg
制造厂		生产日期	

图 4-17 电力变压器的铭牌

1. 额定电压 U_{1N}、U_{2N}

U_{1N} 为一次绕组的额定电压,它是根据变压器的绝缘强度和允许发热条件而规定的一次绕组正常工作的电压值。U_{2N} 为二次绕组的额定电压,它是当一次绕组加上额定电压,而变压器分接开关置于额定分接头处时,二次绕组的空载电压值。对于三相变压器,额定电压值是指线电压。如配电变压器较多采用 10/0.4 kV,U_{1N} 为 10 kV,U_{2N} 为 0.4 kV。

2. 额定电流 I_{1N}、I_{2N}

额定电流是根据允许发热条件所规定的绕组长期允许通过的最大电流值,以 I_{1N}/I_{2N} 表示,单位为 A 或 kA。对于三相变压器,额定电流是指线电流。

3. 额定容量 S_N

额定工作状态下变压器的视在功率称为变压器的额定容量 S_N,单位为 V·A 或 kV·A。额定容量与额定电压、电流的关系为

单相变压器: $$S_N = U_{1N} I_{1N} = U_{2N} I_{2N} \tag{4-20}$$

三相变压器: $$S_N = \sqrt{3} U_{1N} I_{1N} = \sqrt{3} U_{2N} I_{2N} \tag{4-21}$$

4. 联结组别

联结组别是指变压器原、副绕组的连接方法,常用的有 Yyn0、Dyn0 等。

5. 阻抗电压(短路电压)$U_d\%$

阻抗电压是指将变压器副绕组短路,在原绕组通入额定电流时加到原绕组上的电压值。常用该绕组额定电压的百分数表示阻抗电压 $U_d\%$。电力变压器的阻抗电压一般为 5% 左右。$U_d\%$ 越小,变压器输出电压 U_2 随负载变化的波动就越小。

6. 额定频率 f_N

额定频率是指变压器应接入的电源频率。我国电力系统的标准频率为 50 Hz。

4.3.4 变压器的用途和分类

1. 变压器的用途

变压器在电力系统、通信、广播、冶金、建筑、焊接、自动控制和电器测量等领域都得到了极为广泛的应用。

为了远距离输电可以减少电能损失,在电力系统中使用变压器先将电压升高,到了用户

端，再用降压变压器将电压降低，以满足用户的用电需求和安全使用的目的；测量系统中使用的电压互感器可以将高电压变换成低电压，电流互感器可以将大电流变换为小电流，以隔离高电压、大电流，便于安全测量；实验室使用的自耦调压器可以针对负载对电压的要求，随意调节输出电压的大小；建筑物装配式结构、桥梁钢结构、给水排水管线的连接、煤气及热力管线的连接以电弧焊为主，这需用到电焊变压器。

2. 变压器的分类

根据变压器的使用目的和工作条件，可以分成以下几类：
(1) 按用途分，有电力变压器和特种变压器两大类。
(2) 按绕组构成分，有双绕组、三绕组、多绕组和自耦变压器。
(3) 按铁芯结构分，有心式和壳式变压器。
(4) 按相数分，有单相、三相和多相变压器。
(5) 按冷却方式分，有干式和油浸式变压器。

4.4 异步电动机

电动机是一种将电能转换成机械能的动力设备，按所需电源不同分为直流电动机和交流电动机。交流电动机按工作原理不同分为同步电动机和异步电动机（图4-18）。三相异步电动机是最常用的一种电动机。它具有结构简单、价格便宜和使用方便等优点，广泛用于驱动各种金属切削机床、轻工机械、建筑机械、交通运输机械、传送带以及功率不大的通风机和水泵等。家用电器如电冰箱、洗衣机、电风扇等则使用单相异步电动机。

从基本作用原理来看，各种电动机都是以"载流导体在磁场中承受电磁力的作用"为其物理基础。因此，在结构上各种电动机都有产生磁场的部分和获得电磁力的部分。

PPT 课件

配套资源

图 4-18 异步电动机的外形

4.4.1 异步电动机的结构和工作原理

1. 异步电动机的结构

三相交流异步电动机的结构如图 4-19 所示。

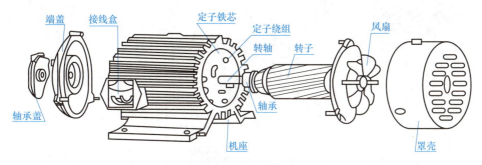

图 4-19 三相交流异步电动机结构

(1)定子。定子由基座内圆筒形的铁芯组成,铁芯内放置对称的三相绕组 A—X、B—Y 和 C—Z(组成定子绕组)(图 4-20)。三相绕组可接成星形或三角形。当三相绕组通入对称的三相电流时,便可在定子铁芯内腔空间产生旋转的磁场。

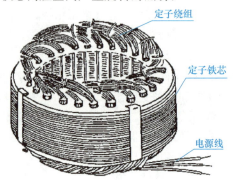

图 4-20　三相异步电动机的定子结构

(2)转子。转子有鼠笼式的,也有绕线式的,如图 4-21 和图 4-22 所示。

鼠笼式转子:转子铁芯是圆柱状的,在转子铁芯的槽内放置铜质导条,其两端用端环相接,呈鼠笼状,所以称为鼠笼式转子,如图 4-21(a)所示。也可以在转子铁芯的槽内浇注铝液,铸成一个鼠笼式转子,这样便可以用铝代替铜,既经济又便于生产,如图 4-21(b)所示。目前,中小型鼠笼式异步电动机几乎都采用铸铝转子。

图 4-21　鼠笼式转子
(a)鼠笼和鼠笼式转子；(b)铸铝转子

绕线式转子:这种转子的特点是在转子铁芯的槽内放置对称的三相绕组,接成星形,如图 4-22 所示,转子绕组的三个出线头连接在三个铜质的滑环上,滑环固定在转轴上。环与环、环与转轴都互相绝缘。在环上用弹簧压着碳制电刷,电刷上又连接着三根外接线。

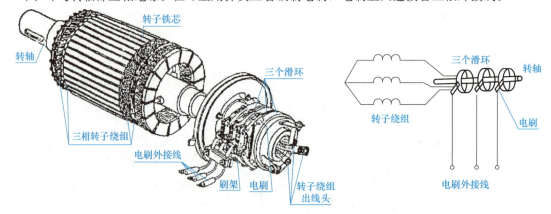

图 4-22　绕线式转子

2. 异步电动机的工作原理

三相异步电动机的工作原理是定子绕组通入三相交流电源后,在电动机定子中产生空间的旋转磁场,转子绕组切割旋转磁场的磁力线,并在闭合的转子回路中产生感应电动势和感应电流,产生了感应电流的转子在旋转磁场中受到作用力,产生电磁转矩,带动转子旋转。转子的转向取决于旋转磁场的方向,旋转磁场的方向受制于电源的相序。图 4-23 所示为三相异步电动机工作原理示意。

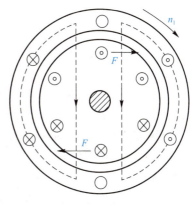

图 4-23 三相异步电动机工作原理示意

4.4.2 异步电动机的铭牌

异步电动机的铭牌就是指机座外壳上钉的一块金属牌,上面注明了这台电动机的额定值,它是电动机选用、安装和维修时的依据。图 4-24 所示为某异步电动机的铭牌数据。Y100L1-4 型三相异步电动机是全封闭自扇冷式鼠笼式三相异步电动机。

三相异步电动机			
型号	Y100L1-4	接法	△/Y
功率	2.2 kW	工作方式	S_1
电压	220/380 V	绝缘等级	B
电流	5 A	温升	70 ℃
转速	1 430 r/min	质量	34 kg
频率	50 Hz	编号	
×××电机厂			

图 4-24 异步电动机的铭牌

1. 型号

型号表示电动机的结构形式、机座号和级数。如 Y100L1-4 中,Y 表示是一般用途的全封闭自扇冷鼠笼型三相异步电动机(YR 则表示绕线式异步电动机);100 表示机座中心高 100 mm;L 表示长机座(M 表示中机座,S 表示短机座);1 为短铁芯代号(2 为长铁芯代号);4 为电动机的极数。

2. 额定电压 U_N 和接法

电动机铭牌上的电压值是指电动机运行于额定情况时定子绕组应加的额定线电压。Y 系列额定线电压都是 380 V。额定功率为 3 kW 及其以下的电动机,其定子绕组都是星形接法,4 kW 及其以上的电动机,定子绕组都是三角形接法。有些旧型号(如 J、JO 系列)电动机,额定电压有 380/220 V 两个数值,表示该电动机定子绕组有两种接法:若电源线电压为 380 V,电动机定子绕组接成星形;若电源线电压为 220 V,电动机定子绕组接成三角形。这样,加在每相绕组上的电压都是 220 V。于是,两种情况下电动机的额定功率和额定转速均相同。

3. 电流 I_N

铭牌上的电流值是指电动机在额定状态下运行定子绕组的线电流。对于前面提到的

Y100L1－4型电动机，额定工作状态下，定子绕组额定的线电流为5 A。

4. 功率 P_N、效率 η_N 和功率因数 $\cos\varphi$

功率 P_N 是指电动机在额定情况下运行时轴上输出的机械功率。

效率 η_N 是指电动机在额定情况下运行，轴上输出的机械功率 P_N 与定子绕组从电源输入的电功率 P_{1N} 之比。

功率因数 $\cos\varphi$ 是指电动机在额定负载状态下的 $\cos\varphi$，因为电动机是感性负载，定子相电流比相电压要滞后一个 φ 角，所以 $\cos\varphi$ 值要小于1。应该指出，电动机的效率和功率因数都是随着轴上输出功率的大小而变化的，在空载和半载时其效率和功率因数很低，所以应尽量使异步电动机工作在满载状态。

5. 转速 n_N

转速 n_N 即额定转速，是指异步电动机满载时转子每分钟的转速。

6. 绝缘等级

绝缘等级是指电动机绕组所用的材料的绝缘等级，它决定了电动机绕组的允许温升。按耐热程度不同，将电动机的绝缘等级分为 A、E、B、F、H 等几个等级。绝缘耐热等级、绝缘材料的允许温升和电动机的允许温升的关系见表4-1。

表 4-1　电动机的允许温升与绝缘等级的关系

绝缘耐热等级	A	E	B	F	H
绝缘材料的允许温升/℃	105	120	130	155	180
电动机的允许温升/℃	60	75	80	100	125

7. 工作方式

工作方式是指电动机的运行状态。根据发热条件可分为三种方式：**S_1 表示连续工作方式**，允许电动机在额定负载下连续长期运行；**S_2 表示短时工作方式**，在额定负载下只能在规定时间短时运行；**S_3 表示断续工作方式**，可在额定负载下按规定周期性重复短时运行。

8. 温升

温升是指在规定的环境温度下，电动机各部分允许超出的最高温度。通常规定的环境温度是40 ℃，如果电动机铭牌上的温升为70 ℃，则允许电动机的最高温度可达到110 ℃。显然，电动机的温升取决于电动机绝缘材料的等级。电动机工作时，所有损耗都会使电动机发热，温度上升。在正常的额定负载范围内，电动机的温度是不会超出允许温升的。但若是超载或故障运行时，电动机的温升超过允许值，则电动机的寿命将受到很大影响。

知识拓展

电工知识在当今的建筑工程中应用越来越广泛，如电气照明装置，不但满足人们对光照条件的要求，同时也满足了人们心理需求为主的气氛照明；为使室内空气环境不受自然条件影响，人们通过采用空调、通风设备达到适宜的温度、一定的湿度和洁净度，补充新鲜空气，排除室内有害气体。电气照明、空调、通风设备的冷源制造，气体的输送和分配等多是靠电动机转动完成的。另外，水是工农业生产、民用生活的基本保障，水的增压和输送设备等都依赖于电动机，以电子技术、计算机技术与自动化控制技术为基础的新型、智能建筑物也在不断发展和更新。

本章小结

电路都是由电源、负载和中间环节组成的。电路的作用是实现能量的传输、分配和转换以及信号的传递和处理。电路有开路、通路和短路三种工作状态。元件的连接方式有串联、并联和混联。

在工业生产及日常生活中，广泛使用的是交流电路。正弦交流电来自各发电厂的发电机。正弦交流电有三要素：幅值(最大值)或有效值；周期、频率或角频率；初相位。三相电源和三相负载均有星接和角接两种连接方式。

变压器是基于电磁感应原理工作的，由铁芯和绕组构成。变压器使用中均有其额定值，广泛应用于冶金、建筑、广播、通信等领域。

电动机是将电能转换成机械能的旋转机械。异步电动机由定子和转子构成。三相异步电动机按其结构可分为鼠笼式异步电动机和绕线式异步电动机两种类型。

自我测评

一、选择题

1. 如图 4-25 所示电路，ab 间的等效电阻为(　　)Ω。
   A. 0.5　　　　　B. 1　　　　　C. 2　　　　　D. 5

2. 一只额定功率是 1 W 的电阻，电阻值为 100 Ω，则允许通过的最大电流值是(　　)A。
   A. 0.1　　　　　B. 0.01　　　　C. 1　　　　　D. 100

3. 建筑电气工程线路的作用主要有(　　)。
   A. 电能的传输和分配　　　　　　B. 信息的传递和处理
   C. 电压的变换　　　　　　　　　D. 电流的变换

4. 如图 4-26 所示，电路的工作状态为(　　)。
   A. 开路　　　　　B. 通路　　　　C. 短路　　　　D. 都不对

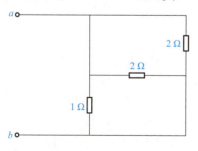

图 4-25　选择题 1 图

图 4-26　选择题 4 图

5. 一交流电压的表达式为：$u_{(t)}=380\sqrt{2}\sin(314t+30°)$，则此交流电的周期为(　　)。
   A. 0.01　　　　　B. 0.02　　　　C. 0.03　　　　D. 0.04

6. 变压器的一次、二次绕组之间没有电的联系，它是靠(　　)原理传递能量的。
   A. 电场　　　　　B. 磁场　　　　C. 电磁感应　　　D. 磁通

7. 变压器的铁芯大多用 0.35～0.50 mm 厚的硅钢片交错叠装而成，叠装前，硅钢片上还需涂一层绝缘漆，这是为了减少（　　）损耗。
　A. 磁滞和涡流　　　　　　　　B. 铜损和铁损
　C. 磁滞和铜损　　　　　　　　D. 涡流和铁损

8. 一台电动机的铭牌上标注：电压 220/380 V、接法△/Y，表示该电动机在△接和 Y 接时的定子绕组的额定电压分别是（　　）。
　A. △接和 Y 接时均为 220 V
　B. △接和 Y 接时均为 380 V
　C. △接时为 380 V 和 Y 接时为 220 V
　D. △接时为 220 V 和 Y 接时为 380 V

9. 电力系统中的电能来源于（　　）。
　A. 变压器　　　　　　　　　　B. 发电机
　C. 电动机　　　　　　　　　　D. 蓄电池

10. 若负载发生短路，（　　）内的熔丝（又称熔体、保险丝）熔断，保护电源和线路。
　A. 熔断器　　　　　　　　　　B. 开关
　C. 空气开关　　　　　　　　　D. 热继电器

二、简答题

1. 试说明电路的组成及各部分的作用。
2. 电路的工作状态有几种？简述电路的作用。
3. 正弦交流电的三要素分别是什么？
4. 一个频率为 50 Hz 的正弦电压，其有效值为 220 V，初相为 −45°，试写出此电压的三角函数表达式。
5. 交流电的有效值是怎样规定的？它是否随时间变化？它与频率和相位有无关系？
6. 供用电规范规定，在三相四线制供电系统中，中性线上不得安装开关和熔断器，为什么？
7. 有一台单相照明变压器，容量为 10 kV·A，电压为 3 300/220 V。今欲在副边接上 60 W，220 V 的白炽灯，如果变压器在额定状态下运行，这种电灯能接多少只？原、副边绕组的电流各是多少？
8. 变压器有何用途？电力系统为什么采用高压输电？
9. 变压器原边与副边没有电的联系，那么原边的电能是怎样传递到副边的？
10. 变压器铭牌上标出的额定容量为什么是"千伏安"，而不是"千瓦"？
11. 异步电动机由哪两大部分构成？它们各起什么作用？
12. 试简述异步电动机的工作原理。电动机的转向由什么决定？

第 5 章　供配电系统

学习目标

了解民用建筑供配电系统的基本组成；了解电力负荷的分级及其计算；了解常用的低压电气设备及导线、电缆截面的选择原则；了解架空线路的组成及其特点；掌握室内配电线路及材料；熟读建筑变配电系统施工图。

内容概要

项　目	内　容
建筑变配电系统概述	供配电系统概述
	我国电网电压等级及低压线路的接线方式
	电力负荷的分级及负荷计算
变配电所设备及导线电缆的选择	变配电所主要设备
	建筑配电线路的结构与敷设及导线电缆截面的选择
配管配线工程	室内配线材料
	室内配管材料
建筑变配电系统施工图识读	室内电气施工图的组成
	电气施工图的标注方法及常用的图形、符号

本章导入

电能是一种很重要的二次能源。由于电能与其他形式的能量容易相互转换、输送、分配和控制简单经济，因此电能在各行各业的应用非常广泛。

电能与其他形式的能量相比，有很多特有的优点。首先，人们可以通过利用各种电气设备把电能转化为机械能、光能、热能等不同形式的能量，而且可以随意控制，以满足人们各种不同需要；其次，人们可以利用各种不同形式的发电机组，把分散的各种形式的能量如核能、热能、水的位能和动能、风能、潮汐能、太阳能等变成强大的集中的容易控制的电能，并迅速经济地把它通过各种高低压输变电线路传输到各个需要能量的角落。此外，人们还可以利用电能以有线或无线的形式准确地为人类传递信息，如有线电视、电话、网络等。

民用建筑内部的配电形式与线路功能、敷设方式、线路距离、负荷分布等条件有关。一般中小型工厂与民用建筑的供电线路电压，主要是10 kV及以下的高压和低压，而在三相四线制低压供电系统中，380/220 V是最常采用的低压电源电压。如现在的高层建筑中，因为用电量大，供电范围广，一般在楼内设变压器室与低压配电屏等（即变配电所）。当用电量较小时，也可直接采用380/220 V电压引入，在楼内只设总配电箱与分配电箱，变配电所设于楼外。

5.1 建筑变配电系统概述

5.1.1 供配电系统概述

众所周知，电能是世界上最环保的能源之一，是现代工农业生产、国防建设、建筑中的主要能源和动力。电能的输送和分配既简单经济，又便于控制、调节和测量，有利于实现生产过程自动化，而且现代社会的信息技术和其他高新技术无一不是建立在电能应用基础之上的。由电力线路将一些发电厂、变电所和电力用户联系起来的一个发电、输电、变电、配电和用电的整体，称为电力系统。图5-1所示为电力系统示意。

PPT课件

配套资源

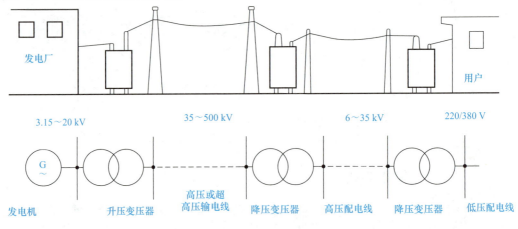

图5-1 电力系统示意

1. 发电厂

发电厂是将其他形式的能量转换成电能的场所，按其所利用的能源不同，分为水力发电厂、火力发电厂、核能发电厂、风力发电厂、地热发电厂和太阳能发电厂等类型。我国以火力和水力发电为主。目前我国最著名的水电站是三峡水电站，它安装了32台单机容量为70万千瓦的水电机组，它也是目前世界上规模最大的水电站。

2. 电力网

电力网简称电网，是电力系统中发电厂和用户之间的中间环节，由各种电压等级的输配电线路和变配电所构成,用以变换电压、输送和分配电能。

配电所的任务是接受电能和分配电能,不改变电压;而变电所的任务是接受电能、改变电压和分配电能。

3. 电力用户

电力用户简称用户,是电力系统中应用电能的最终环节。一幢建筑或建筑群即一个电力系统的用户。从供电的角度讲,总供电容量不超过 1 000 kV·A 的为小型用户;超过 1 000 kV·A 而低于 10 000 kV·A 的为中型用户;超过 10 000 kV·A 的为大型用户。

建筑供配电系统是指从电力电源进入建筑物变配电起,到所有用电设备接入端为止的整个电路。

5.1.2 我国电网电压等级及低压线路的接线方式

1. 我国电网(电力线路)的额定电压

电网(电力线路)的额定电压(标准电压)等级,是国家根据国民经济发展的需要和电力工业发展的水平,经全面的技术经济分析后确定的,它是确定各类电力设备额定电压的基本依据。《标准电压》规定了我国电力系统的标准电压值,以作为供电系统标称电压的优选值,以及设备和系统设计的参考值。高压远距离输电可以减少线路上的电能损失和电压损失,减小导线的截面,从而节约有色金属,节约投资。

2. 低压线路的接线方式

供配电系统中,高低压线路的接线方式均有放射式、树干式和环形接线三种方式。与建筑供配电系统相关的是低压线路的接线方式。

(1)低压放射式接线。低压放射式接线的特点是其引出线发生故障时互不影响,供电可靠性较高,但其有色金属消耗较多,采用的开关设备较多。当用电设备为大容量或负荷性质重要或在有特殊要求的车间、建筑物内,宜采用放射式接线。低压放射式接线如图5-2所示。

(2)低压树干式接线。低压树干式接线有三种形式,即低压母线放射式配电的树干式接线、低压"变压器-干线组"的树干式接线、低压链式接线。

1)低压母线放射式配电的树干式接线如图 5-3 所示,这种配电方式引出配电干线较少,采用的开关设备较少,有色金属消耗也较少,但当干线发生故障时,影响范围大,供电可靠性较低。其适用于用电容量较小而分布均匀的场所,如照明配电线路。

2)低压"变压器-干线组"的树干式接线如图 5-4 所示,该接线方式省去了变电所低压侧整套低压配电装置,从而使变电所结构大为简化,大大减少了投资。为提高供电干线可靠性,此方式一般接出的分支回路数不超过 10 条,且不适于频繁启动、容量较大的冲击性负荷和对电压质量要求较高的设备。

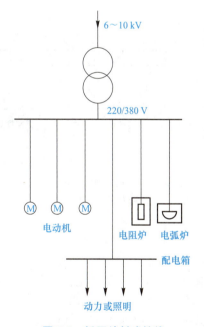

图 5-2 低压放射式接线

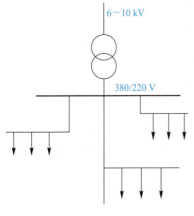

图5-3 低压母线放射式
配电的树干式接线

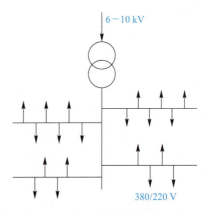

图5-4 低压"变压器-干线组"
的树干式接线

3)低压链式接线如图5-5所示,它是一种变形的树干式接线。链式接线的特点与树干式基本相同,适于用电设备彼此相距很近而容量均较小的次要用电设备。链式相连的用电设备一般不宜超过5台,链式相连的配电箱不宜超过3台,且总容量不宜超过10 kW。此方式的缺点是供电的可靠性差。

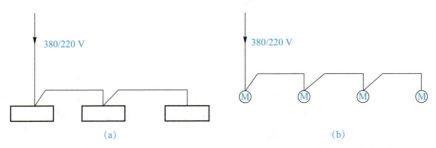

图5-5 低压链式接线
(a)连接配电箱;(b)连接电动机

(3)低压环形接线。低压环形接线如图5-6所示,工厂内的一些车间变电所的低压侧,可通过低压联络线相互连接成为环形。环形接线的任一段线路发生故障或检修时,都不会造成供电中断,经切换操作后即可恢复供电,供电可靠性较高。

实际工程中的配电形式多为以上形式的混合,依具体情况而定。一般在正常环境的车间或建筑内,当大部分用电设备容量不大且无特殊要求时,宜采用树干式配电。一方面是树干式配电比放射式经济,另一方面是我国供电人员对树干式配电积累了较多的运行和管理经验。一般民用建筑的配电形式如图5-7所示,高层建筑的配电形式如图5-8所示。

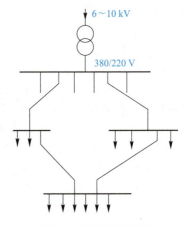

图5-6 低压环形接线

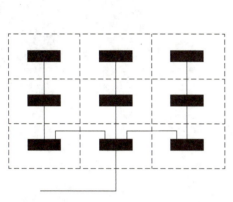

图 5-7 一般民用建筑的配电形式

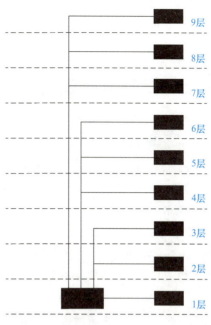

图 5-8 高层建筑的配电形式

5.1.3 电力负荷的分级及负荷计算

电力负荷简称负荷，可以指用电设备或用电单位，也可以指用电设备或用电单位的功率或电流的大小。负荷按其用途可分为动力用电设备（如电动机）、工艺用电设备（如电解、电焊设备）、电热用电设备（如电炉）和照明用电设备（如灯具）等。电力负荷按《供配电系统设计规范》(GB 50052—2009)规定，根据其对供电可靠性的要求及中断供电造成的损失或影响的程度进行分级。

(1) 符合下列情况之一的应为一级负荷：

1) 中断供电将造成人身伤亡。

2) 中断供电将在政治、经济上造成重大损失。如重大设备损坏、重大产品报废、用重要原料生产的产品大量报废、国民经济中重点企业的连续生产过程被打乱需要长时间才能恢复等。

3) 中断供电将发生中毒、爆炸和火灾等情况的负荷，以及特别重要场所不允许中断供电的负荷，应视为特别重要的负荷。如保证安全生产的应急照明、通信系统等。

一级负荷要求由两个独立电源供电，对于特别重要的负荷还应增设应急电源，如柴油发电机组、蓄电池等。

(2) 符合下列情况之一的应为二级负荷：

1) 中断供电将在政治、经济上造成较大损失，如主要设备损坏、大量产品报废、连续生产过程被打乱需较长时间才能恢复、重点企业大量减产等。

2) 中断供电将影响重要用电单位的正常工作或造成公共场所秩序混乱。例如，交通枢纽、通信枢纽等用电单位的重要电力负荷，大型影剧院、大型商场等较多人员集中的公共场所的电力负荷。

二级负荷宜由两回路供电，供电变压器一般也有两台。在负荷较小或地区供电条件困难时，可由一条 6 kV 及以上专用线路供电。

(3) 所有不属于上述一、二级负荷者均属三级负荷。各类建筑物主要用电负荷的分级可查阅《民用建筑电气设计规范》(JGJ 16—2008)。由于三级负荷短时中断供电造成的损失不大，用一般单路电源供电即可。

5.2 变配电所设备及导线电缆的选择

5.2.1 变配电所主要设备

常用的高压和低压设备均位于变配电所中，其主要作用是变换电压与分配电能，是建筑供配电与照明系统的枢纽。中小型民用建筑变配电所电压等级主要为 10 kV。

PPT 课件

配套资源

1. 变配电所所址的选择

变配电所应按照《20 kV 及以下变电所设计规范》(GB 50053—2013)选择合适的位置，做到接近负荷中心、进出方便、考虑环境、兼顾发展。

2. 变配电所主要设备

变配电所中常用的设备分高压设备和低压设备。高压设备有高压熔断器、高压隔离开关、高压负荷开关、高压断路器和高压开关柜。低压设备有低压熔断器、低压刀开关、低压断路器、低压配电屏和配电箱等。这里重点介绍低压设备。

(1) 低压熔断器(FU)。熔断器俗称保险丝，其结构简单、安装方便，在低压电路中作短路和过载保护之用，熔断器是串联在电路中工作的。低压熔断器的类型很多，如瓷插式(RC型)、螺旋式(RL型)、无填料密封管式(RM型)、有填料密封管式(RT型)，以及引进技术生产的有填料管式 gF、aM 系列，高分断能力的 NT 型，我国设计生产的 RZ1 型自复式熔断器等。熔断器主要由金属熔体、安装熔体的熔管和熔座三部分组成。为了增加熔断器的灭弧能力，有的熔断器内装有特殊灭弧物质，如产气纤维管、石英砂等。其外形如图 5-9 所示。

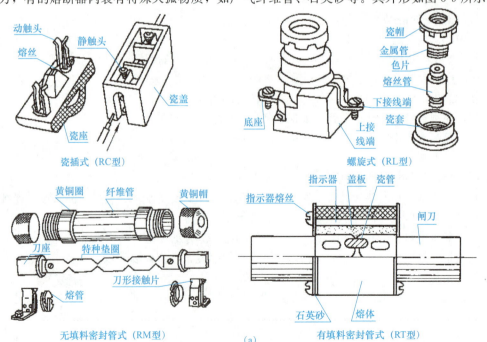

图 5-9 低压熔断器
(a)组成

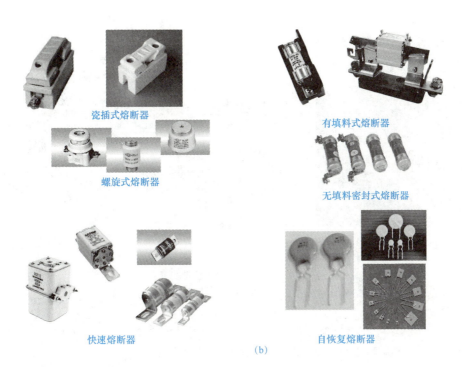

图 5-9 低压熔断器(续)
(b)实物

(2)低压刀开关(QS)。刀开关是一种简单的手动操作电器,用于非频繁接通和切断容量不大的低压供电线路,并兼做电源隔离开关。隔离器可造成明显的断开点,以保证电气设备能进行安全检修,在低压配电柜内也起隔离电压的作用。刀开关由手柄、动触头、静触头和底座等组成,如图 5-10 所示。刀开关的操作顺序是:合闸时应先合刀开关,再合断路器;分闸时应先分断断路器,再分断刀开关。这是因为刀开关即使带灭弧罩,它的灭弧能力也是极其有限,需要用断路器分断电路中的大电流。

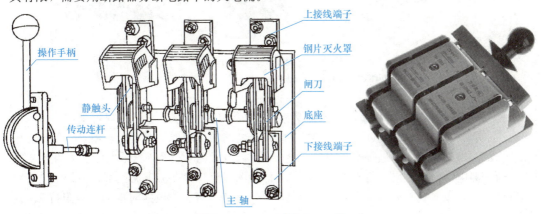

图 5-10 HD13 型低压刀开关

(3)低压负荷开关(QL)。低压负荷开关是由低压负荷开关和熔断器串联组合而成,外装封闭式铁壳或开启式胶盖的开关电器,如图 5-11 所示。低压负荷开关具有带灭弧罩刀开关和熔断器的双重功能,既可带负荷操作,又能进行短路保护,但短路熔断后需更换熔体才能恢复供电。

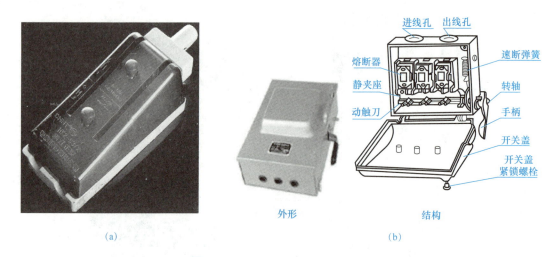

图 5-11 HH、HK 型低压负荷开关
(a)胶盖闸刀开关(开启式负荷开关);(b)铁壳开关(封闭式负荷开关)

(4)断路器(QF)。低压断路器是建筑低压供配电与照明系统中的主要元件之一,是建筑物内应用最广泛的开关设备。低压断路器又称低压自动开关或者空气开关,它既能带负荷通断电路,又能在短路、过载和失压或欠压等非正常情况下自动分断电路。断路器主要由主触头系统、灭弧系统、储能弹簧、脱扣系统、保护系统及辅助触头等组成,按结构分为塑料外壳式(装置式)、框架式(万能式)。其外形如图 5-12 所示。

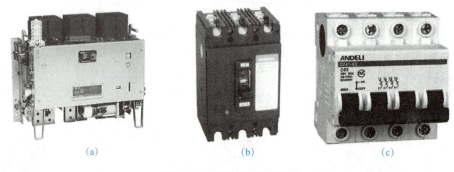

图 5-12 常见的低压断路器
(a)DW15 系列万能断路器;(b)DZ20 系列塑壳式断路器;(c)DZ47 系列微型塑壳式断路器

(5)漏电保护器(RCD)。漏电保护器又称"剩余电流保护器",它是在规定条件下,当漏电电流(剩余电流)达到或超过规定值时能自动断开电路的一种保护电器。它用来对低压配电系统中的漏电和接地故障进行安全防护,防止发生人身触电事故及因接地电弧引发的火灾。

所谓漏电,一般是指电网或电气设备对地的泄漏电流。对交流电网而言,各相输电线对地都存在着分布电容 C 和绝缘电阻 R。这两者合起来叫作每相输电线对地的绝缘阻抗 Z。流过这些阻抗的电流叫作电网对地漏电电流,当人体不慎触及电网或电气设备的带电部位时,流经人体的电流称为触电电流。

漏电保护器按其反应动作的信号分,有电压动作型和电流动作型两类。电压动作型技术上尚存在一些问题,所以现在生产的漏电保护器差不多都是电流动作型,电流动作型漏电保护器有单相和三相之分。

电流动作型漏电保护器利用零序电流互感器来反映接地故障电流,以动作于脱扣机构。

它按脱扣机构的结构分，又有电磁脱扣型和电子脱扣型两类。漏电保护器外形如图 5-13 所示。

(6) 互感器(TA、TV)。从基本结构和工作原理上来说，互感器就是一种特殊的变压器，又叫作仪用变压器，分为电流互感器(TA)和电压互感器(TV)两大类。电流互感器可将线路中的大电流变成标准的小电流(如额定值 5 A、1 A 等)；电压互感器能将高电压变成标准的低电压(如额定值 100 V 等)。

互感器的功能：

一是用来使仪表、继电器等二次设备与主电路绝缘，这既可避免主电路的高电压直接引入仪表、继电器等二次设备，又可防止仪表、继电器等二次设备的故障影响主电路，提高一、二次电路的安全性和可靠性，并有利于人身安全。

二是用来扩大仪表、继电器等二次设备的应用范围，例如用一只 5 A 的电流表，通过不同变流比的电流互感器就可测量任意大的电流。同样，用一只 100 V 的电压表，通过不同电压比的电压互感器就可测量任意高的电压。而且由于采用了互感器，可使二次仪表、继电器等设备的规格统一，有利于设备的批量生产。

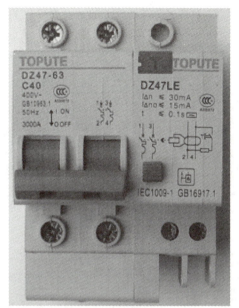

图 5-13　漏电保护器

使用电流互感器时应注意：

电流互感器在工作时其二次侧不得开路。由于电流互感器的二次绕组匝数远比一次绕组匝数多，所以在二次侧开路时会感应出危险的高压，危及人身和设备的安全。因此电流互感器工作时二次侧不允许开路。在安装时，其二次接线要求牢固可靠，且其二次侧不允许接入熔断器和开关。

电流互感器的二次侧有一端必须接地。这样可以防止其一、二次绕组间绝缘击穿时，一次侧的高电压窜入二次侧，危及人身和设备的安全。

在安装和使用电流互感器时，一定要注意其端子的极性，否则其二次仪表、继电器中流过的电流就不是预想的电流，甚至可能引起事故。

使用电压互感器时应注意：

电压互感器工作时其二次侧不得短路。由于电压互感器一、二次绕组都是在并联状态下工作的，如果二次侧短路，将产生很大的短路电流，有可能烧毁互感器，甚至影响一次电路的安全运行。因此，电压互感器的一、二次侧都必须装设熔断器进行短路保护。

电压互感器的二次侧有一端必须接地。这与电流互感器的二次侧有一端必须接地的目的相同，也是为了防止一、二次绕组间的绝缘击穿时，一次侧的高压窜入二次侧，危及人身和设备的安全。

电压互感器在连接时也应注意其端子的极性。

电流互感器和电压互感器的原理及外形示意如图 5-14 和图 5-15 所示。

(7) 低压配电屏(柜)和配电箱。为了便于统一控制和管理供配电系统，前面所讲的变配电所内的电气设备，通常分路集中布置在一起，形成了成套配电装置。建筑变配电所常使用户内成套配电装置，包括低压配电屏(柜)和配电箱。低压配电屏(柜)的类型有固定式(所有电气元件都为固定安装、固定接线)和抽屉式(电气元件是安装在各个抽屉内，再按一、二次线路方案将有关功能单元的抽屉叠装在封闭的金属柜体内,可按需要推入或抽出)。目前常用的低压配电屏(柜)如图 5-16 所示。室内配电柜外形如图 5-17 所示。

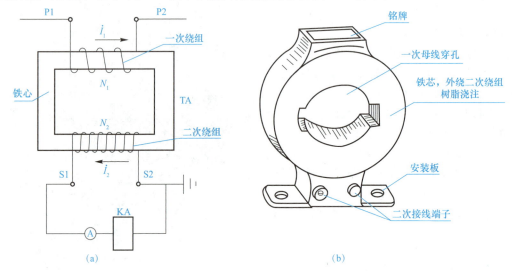

图 5-14　电流互感器原理及外形示意
(a)电流互感器原理；(b)LMZJ1-0.5 型电流互感器示意

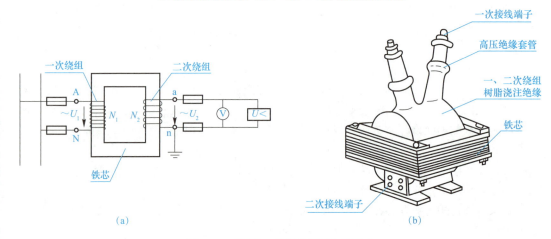

图 5-15　电压互感器原理及外形示意
(a)电压互感器原理；(b)JZZJ-10 型电压互感器示意

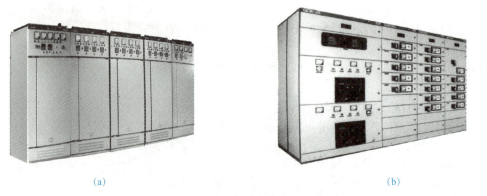

图 5-16　低压配电柜
(a)GGD 低压固定式配电柜；(b)GCK 低压抽屉式配电柜

低压配电箱是直接向低压用电设备分配电能的控制、计量盘，低压配电箱的类型有动力配电箱和照明配电箱，是供配电系统中对用电设备的最后一级控制和保护设备。从低压配电屏引出的低压配电线路一般经动力或照明配电箱接至各用电设备。动力配电箱通常具有配电和控制两种功能，主要用于动力配电和控制，但也可用于照明配电与控制。照明配电箱主要用于照明和小型动力线路的控制、过负荷和短路保护。低压配电箱外形如图5-18所示。

图 5-17　室内配电柜外形

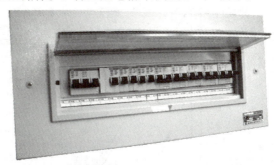
图 5-18　低压配电箱外形

5.2.2　建筑配电线路的结构与敷设及导线电缆截面的选择

配电线路形式有架空线路、电缆线路和建筑室内外线路三种。

（1）架空线路。架空线路由导线、电杆、绝缘子和线路金具等主要元件组成。为了防雷，有的架空线路上还装设有避雷线（又称架空地线）（图5-19）。为了加强电杆的稳固性，有的电杆还安装有拉线或扳桩（图5-20）。从架空线路的电杆上引到建筑物第一支持点的一段架空导线称为接户线（图5-21）。架空线路成本低、投资少，安装容易，维护和检修方便，容易发现和排除故障，但它易受环境影响，易发生断线或倒杆事故，还要占用地面和空间，影响交通、有碍观瞻，因此使用受到限制。目前，民用建筑不推荐使用架空线路。

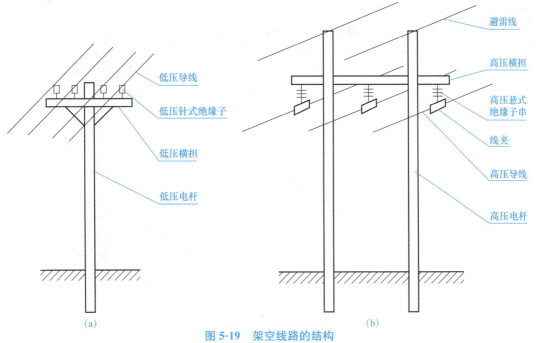
图 5-19　架空线路的结构
(a)低压架空线路；(b)高压架空线路

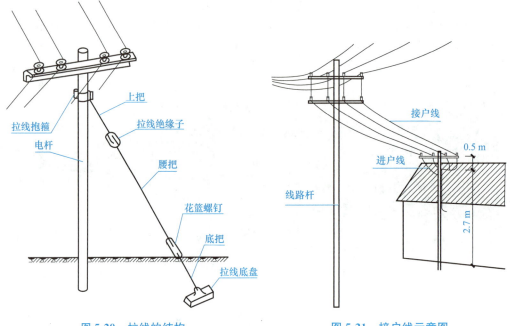

图 5-20　拉线的结构　　　　图 5-21　接户线示意图

　　(2) 电缆线路。电缆线路与架空线路相比，具有成本高、投资大，查找故障困难，工艺复杂，施工周期长等缺点。但是电缆线路具有受外界因素影响小，运行可靠，无须架设电杆、不占地面、不碍观瞻，发生事故不易影响人身安全等优点，特别是在有腐蚀性气体和易燃易爆场所，不宜架设架空线路时，只能敷设电缆线路，在民用建筑中广泛应用。

　　电缆的敷设方式有电缆直接埋地敷设（图 5-22）、电缆排管敷设（图 5-23）、电缆沟敷设（图 5-24）、电缆桥架敷设（图 5-25）、电缆隧道敷设（图 5-26）等多种形式。电缆敷设要求严格遵守技术规程规定和设计要求；竣工后，要按规定的手续、要求进行检查和验收，以确保电缆线路的质量。具体内容可查阅《电力工程电缆设计规范》(GB 50217—2007)。

　　(3) 建筑室内外线路。建筑室内外线路包括室内配电线路和室外配电线路。室内配电线路大多采用绝缘导线，但配电干线则多采用裸导线（母线），少数采用电缆。室外配电线路指沿车间外墙或屋檐敷设的低压配电线路，一般采用绝缘导线。

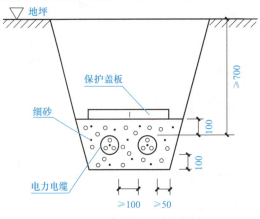

图 5-22　电缆直接埋地敷设

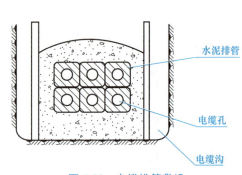

图 5-23　电缆排管敷设

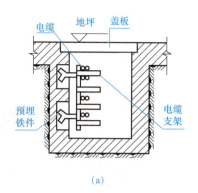
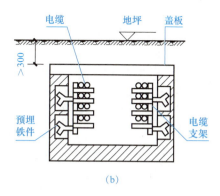

图 5-24 电缆沟敷设
(a) 户内电缆沟；(b) 建筑外电缆沟

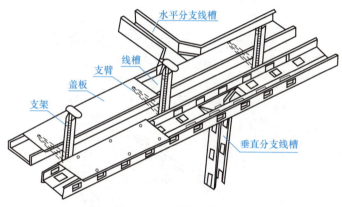

图 5-25 电缆桥架敷设

绝缘导线的敷设方式分明敷和暗敷两种。明敷是导线直接敷设或在穿线管、线槽内，敷设于墙壁、顶棚的表面及桁架、支架等处。暗敷是导线在穿线管、线槽等保护体内，敷设于墙壁、顶棚、地坪及楼板等内部，或者在混凝土板孔内敷线等。

建筑物内配电裸导线大多数采用裸母线的结构，其截面形状有圆形、管形和矩形等，其材质有铜、铝和钢。常用的裸导线有矩形的硬铝母线（LMY）和硬铜母线（TMY）。裸导线上通常刷有不同颜色的漆，不仅为了识别裸导线的相序，而且利于运行维护和检修，利于防腐蚀及改善散热条件。规定在三相交流系统中 L1、L2、L3 三相分别涂黄、绿、红色；N 线涂淡蓝色；PE 线涂黄、绿双色；在直流系统中，正极用褐色，负极用蓝色。

现代建筑物内，裸导线的敷设采用封闭式母线布线，它具有安全、灵活、美观以及容量大的优点，缺点是耗用的金属材料多、投资大。敷设方式有水平敷设和垂直敷设两种，如图 5-27 所示。

图 5-26 电缆隧道敷设

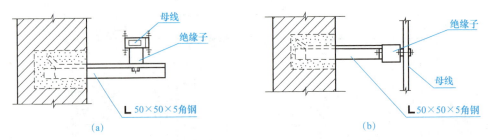

图 5-27　裸导线水平、垂直方向安装示意
(a)水平安装母线；(b)垂直安装母线

封闭式母线常采用插接式母线槽结构敷设，它的优点是容量大、绝缘性能好、通用性强、拆装方便、安全可靠、使用寿命长，并且可灵活增加母线槽的数量来延伸电路。封闭(插接)式母线槽示意如图 5-28 所示。

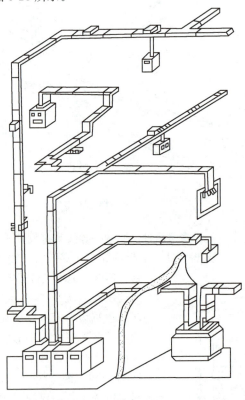

图 5-28　封闭(插接)式母线槽示意

5.3　配管配线工程

5.3.1　室内配线材料

室内配电线路大多采用绝缘导线，但配电干线则多采用裸导线(母线)，少数采用电缆。

PPT 课件

配套资源

1. 绝缘导线

绝缘导线按线芯材料分，有铜芯和铝芯两种。民用建筑内推荐采用铜芯绝缘导线。绝缘导线按绝缘材料分，有橡皮绝缘导线和塑料绝缘导线两种。橡皮绝缘具有良好的电气性能和化学稳定性，在很大的温度范围内具有高弹性。塑料绝缘导线的绝缘性能好、耐油和抗酸碱腐蚀、价格较低，可节约大量橡胶和棉纱，因此在室内明敷和穿管敷设中应优先选用塑料绝缘导线。但是塑料绝缘材料在低温时易变硬变脆，高温时又易软化老化，因此室外敷设宜优先选用橡皮绝缘导线。

绝缘导线的型号编写方式如图 5-29 所示。

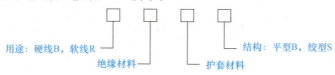

图 5-29　绝缘导线的型号编写方式

常用绝缘导线见表 5-1。

表 5-1　常用绝缘导线

序号	导线型号	名称
1	BV(BLV)	铜(铝)芯聚氯乙烯(PVC)绝缘导线
2	BVV(BLVV)	铜(铝)芯聚氯乙烯绝缘聚氯乙烯护套圆形导线
3	BX(BLX)	铜(铝)芯橡皮绝缘导线
4	BVVB(BLVVB)	铜(铝)芯聚氯乙烯绝缘聚氯乙烯护套平型导线
5	BVR	铜芯聚氯乙烯绝缘软导线
6	BXR	铜芯橡皮绝缘软导线
7	BXS	铜芯橡皮绝缘双股软导线

有一条 TN—S 线路，所选导线型号为 BLX—500—(3×50+1×25+PE25)，表示铝芯塑料绝缘导线，额定电压 500 V，三根相线截面均为 50 mm^2，一根中性线截面为 25 mm^2，一根保护线截面为 25 mm^2。

2. 电缆

电缆按电压分，有高压电缆和低压电缆；按线芯数分，有单芯、双芯、三芯、四芯和五芯电缆；按线芯材料分，有铜芯电缆和铝芯电缆；按绝缘材料分，有油浸纸绝缘、塑料绝缘和橡胶绝缘电缆。电缆是一种特殊结构的导线，由线芯、绝缘层和保护层三部分组成，交联聚氯乙烯绝缘电缆如图 5-30 所示。

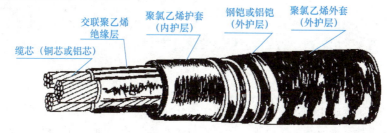

图 5-30　交联聚氯乙烯绝缘电缆

线芯是用来输送电流的，通常由铜或铝的多股绞线做成，比较柔软易弯曲。

绝缘层的作用是将导电线芯与相邻导体以及保护层隔离，用以抵抗电力电流、电压、电场对外界的作用，保证电流沿线芯方向传输。

保护层简称护层，分内护层和外护层两部分。内护层直接用来保护绝缘层不受潮湿，常用铅、铝和塑料等；外护层用来使内护层不受机械损伤和化学腐蚀，常用的有钢丝或钢带构成的钢铠，外覆沥青、麻被或塑料护套。

每一种电缆都有型号，表示这种电缆的结构、使用场合、绝缘种类和某些特征，见表5-2。

表 5-2　电缆型号组成及含义

类别	导体	绝缘	内护套	特征
电力电缆（省略不表示） K：控制电缆 P：信号电缆 ZT：电梯电缆 U：矿用电缆 Y：移动式软缆 H：市内电话电缆 UZ：电钻电缆 DC：电气化车辆用电缆	T：铜线 （可省略） L：铝线	Z：油浸纸 X：天然橡胶 (X)D：丁基橡胶 (X)E：乙丙橡胶 V：聚氯乙烯 Y：聚乙烯 YJ：交联聚乙烯 E：乙丙胶	Q：铅套 L：铝套 H：橡胶套 (H)P：非燃性 HF：氯丁胶 V：聚氯乙烯护套 Y：聚乙烯护套 VF：复合物 HD：耐寒橡胶	D：不滴油 F：分相 CY：充油 P：屏蔽 C：滤尘用或重型 G：高压

外护层代号

第一个数字		第二个数字	
代号	铠装层类型	代号	外被层类型
0	无	0	无
1	钢带	1	纤维线包
2	双钢带	2	聚氯乙烯护套
3	细圆钢丝	3	聚乙烯护套
4	粗圆钢丝	4	—

目前供配电系统常用的电缆是 VV 和 YJV 电缆。 VV 指聚氯乙烯绝缘聚氯乙烯护套电力电缆；YJV 指交联聚乙烯绝缘聚氯乙烯护套电力电缆；YJV22 指交联聚乙烯绝缘聚氯乙烯护套钢带铠装电力电缆。民用建筑推荐选用 YJV 电缆，虽然价格比 VV 高，但其工作温度高，同样截面面积其载流量比 VV 大，更为主要的是在发生电气火灾时，由于其绝缘材料不含氯，燃烧时不会产生有毒气体，因此环保性能好。

3. 母线

建筑内的配电裸导线大多采用硬母线的结构，其截面形状有圆形、管形和矩形等，其材质有铜、铝和钢。常用的裸导线类型有矩形的硬铝母线（LMY）和矩形的硬铜母线（TMY）。

5.3.2　室内配管材料

在室内电气工程施工中，为使绝缘导线免受化学腐蚀和机械损伤，常把导线穿入线管内敷设，**常用的线管有金属管和塑料管**。金属管包括水煤气管、薄壁钢管和金属软管等。塑料管有硬型、半硬型和软型等；按材质分，主要有聚氯乙烯管、聚乙烯管和聚丙烯管等。其特点是常温下抗冲击性能好，耐碱、耐酸、耐油性能好，但易变形老化，机械强度不如钢管。

线路敷设方式代号见表5-3，线路敷设部位文字符号见表5-4。

表5-3　线路敷设方式代号（据09DX001标准图集）

序号	名称	代号	序号	名称	代号
1	穿低压流体输送用焊接钢管敷设	SC	8	钢索敷设	M
2	穿电线管敷设	MT	9	穿塑料波纹电线管敷设	KPC
3	穿硬塑料导管敷设	PC	10	穿可挠金属电线保护套管敷设	CP
4	穿阻燃半硬塑料导管敷设	FPC	11	直接埋设	DB
5	电缆桥架敷设	CT	12	电缆沟敷设	TC
6	金属线槽敷设	MR	13	混凝土排管敷设	CE
7	塑料线槽敷设	PR			

表5-4　线路敷设部位文字符号（据09DX001标准图集）

序号	名称	代号	序号	名称	代号
1	沿或跨梁（屋架）敷设	AB	6	暗敷设在墙内	WC
2	暗敷在梁内	BC	7	沿天棚或顶板面敷设	CE
3	沿或跨柱敷设	AC	8	暗敷设在屋面或顶板内	CC
4	暗敷在柱内	CLC	9	吊顶内敷设	SCE
5	沿墙面敷设	WS	10	地板内或地面下敷设	FC

例如，BV（3×2.5）SC20－FC，表示聚氯乙烯绝缘导线型号BV，三根相线截面为2.5 mm^2，穿直径20 mm的钢管沿地板内暗敷。

5.4　建筑变配电系统施工图识读

5.4.1　室内电气施工图的组成

图纸是工程实施的依据，它是沟通设计人员、安装人员、操作管理人员的工程语言，是进行技术交流不可缺少的重要资料。一个建筑中电气工程规模不同，图纸的数量和种类也不同。一套常用的电气施工图一般包含以下几个部分。

PPT课件

1. 首页

首页主要包括图纸目录、设计说明、图例、设备材料明细表等。电气工程包含的全部图纸都应在图纸目录上列出，图纸目录内容有图纸名称、编号以及张数等。设计说明主要阐述电气工程建筑概况、设计的依据、设计主要内容、施工原则、电气安装标准、施工方法、工艺要求等内容。图例是图中各种符号的简单说明，一般只列出本套图纸中涉及的一些图形符号。设备材料明细表上列出了该电气工程所需要设备和材料的名称、型号、规格和数量、安装方法和生产厂家等。

2. 电气系统图

电气系统图是应用国家标准规定的电气简图的图形符号和文字符号概略地表示一个系统的基本组成、相互关系及其主要特征的一种简图。某机械加工车间的动力配电系统如图5-31

所示。该车间采用铝芯塑料电缆 VLV－1000－(3×185＋1×95)直埋(DB)，由车间变电所来电，其总配电箱 AP1 采用 XL(F)－31 型。它通过铝芯塑料绝缘线 BLV－500－(3×70＋1×35)沿墙明敷向分配电箱 AP2 配电。分配电箱 AP2 又引出一路 BLV－500－4×10 穿钢管(SC)埋地(F)向另一分配电箱 AP3 配电。总配电箱 AP1 又通过一路 BLV－500－(3×95＋1×50)沿墙明敷向分配电箱 AP4 配电。另通过一路 BLV－500－(3×50＋1×25)沿墙明敷向分配电箱 AP5 配电。分配电箱 AP5 又通过一路 BLV－500－(3×25＋1×16)穿钢管(SC)埋地(F)向另一配电箱 AP6 配电。所有分配电箱(AP2～AP6)均为 XL-21 型。电气系统图只表示电气回路中各个元器件的连接关系，不表示元器件的具体安装位置和具体连线方法，一般只用一根线来表示三相线路，即"单线图"，但为表示线路中导线的根数，可在线路上加短斜线，短斜线数等于导线根数；也可在线路上画一条短斜线再加注数字表示导线根数。从电气系统图，我们可以看出工程的概况。

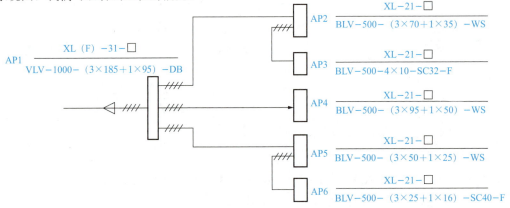

图 5-31 某机械加工车间的动力配电系统图

3. 电气平面图

电气平面布置图又称电气平面布线图，或简称电气平面图，是用国家标准规定的图形符号和文字符号，按照电气设备的安装位置及电气线路的敷设方式、部位和路径绘制的一种电气平面布置和布线的简图，是进行电气施工安装的主要依据。常用的电气平面图有：变配电所平面图、动力平面图、照明平面图、防雷平面图、接地平面图、弱电平面图等。某教室照明平面图如图 5-32 所示。

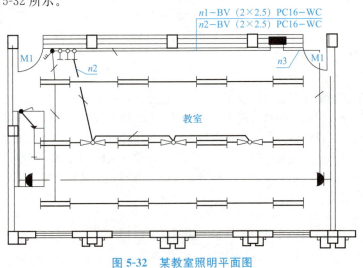

图 5-32 某教室照明平面图

4. 设备布置图

设备布置图是表现各种电气设备和元器件之间的平面与空间的位置、安装方式及其互相互关系的图纸，通常由平面图、立体图、剖面图及各种构件详图等组成，如图 5-33 所示。

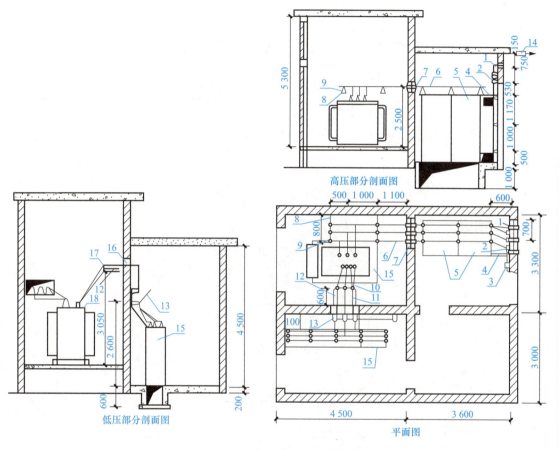

图 5-33 设备布置图

1—穿墙套管；2—隔离开关；3—隔离开关操动机构；4—保护网；5—高压开关柜；6—高压母线；
7—穿墙套管；8—高压母线支架；9—支持绝缘子；10—低压中性母线；11—低压母线；
12—低压母线支架；13—低压断路器；14—架空引入线架及零件；15—低压配电屏；
16—低压母线穿墙板；17—电车绝缘子；18—电力变压器

5. 电气原理图

电气原理图是表现某一设备或系统电气工作原理的图纸，它根据简单、清晰的原则，采用电气元件展开的形式绘制而成。它只表示电气元件的导电部件之间的接线关系，并不反映电气元件的实际位置、形状、大小和安装方式。图 5-34 所示为电动机单方向旋转的电路原理图。

6. 电气安装接线图

电气安装接线图是用来表示电气设备或系统内部各种电气元件之间连线的图纸，用来指导安装、接线和查线，它与原理图相对应。图 5-35 所示为电动机单方向旋转的电气安装接线图。

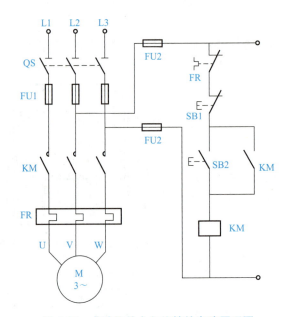

图 5-34　电动机单方向旋转的电路原理图

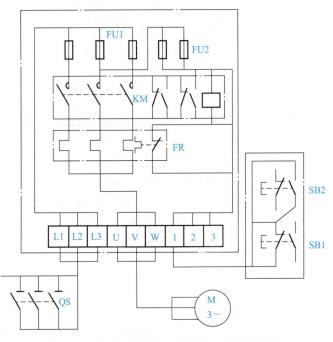

图 5-35　电动机单方向旋转的电气安装接线图

7. 大样图

大样图是表示电气安装工程中的局部做法图，经常采用标准图集。个别非标准的工程项目，有关图集中没有的，才会有安装大样图。目前标准图集分为三种类型：国家编制的标准图集，适用于全国；省市自治区编制的标准图集，适用于省市自治区；设计院内部编制的标准图集，适用于设计院自身设计的工程项目。

5.4.2 电气施工图的标注方法及常用的图形、符号

1. 电力设备的标注

按住房和城乡建设部批准的《建筑电气工程设计常用图形和文字符号》(09DX001)规定，电气安装图上用电设备标注的格式为a/b，a为设备编号或设备位号，b为额定功率量(kW或kV·A)。

在电气安装接线图上，还需表示出所有配电设备的位置，同样要依次编号，并注明其型号规格。按上述09DX001标准图集的规定，电气箱(柜、屏)标注的格式为－a+b/c，a为设备种类代号(表5-5)，b为设备安装位置代号，c为设备型号。例如－AP1+1·B6/XL21－15，表示动力配电箱种类代号为－AP1，位置代号为+1·B6，即安装在一层B6轴线上，配电箱型号为XL21－15。

表5-5 部分电力设备的文字符号

设备名称	文字符号
交流(低压)配电屏	AA
控制箱(柜)	AC
照明配电箱	AL
动力配电箱	AP
电能表箱	AW
插座箱	AX
电力变压器	T, TM
插头	XP
插座	XS
端子板	XT

2. 配电线路的标注

配电线路标注的格式为ab－c(d×e+f×g)i－jh。

这里的a为电缆线路编号；b为电缆型号；c为并联电缆和线管根数(单根电缆或单根线管则省略)；d为电缆线芯数；e为线芯截面(mm^2)；f为PE、N线芯数(一般为1)；g为线芯截面(mm^2)；i为线缆敷设方式代号；j为线缆敷设部位代号；h为线缆敷设高度(m)。例如，WP201 YJV－0.6/1kV－2(3×150+1×70)SC80－WS3.5，表示电缆线路编号为WP201；电缆型号为YJV－0.6/1kV；2根电缆并联，每根电缆有3根相线芯，每根截面为150 mm^2，有1根N线芯，截面为70 mm^2，敷设方式为穿焊接钢管，管内径为80 mm，沿墙面明敷，电缆敷设高度离地3.5 m。

3. 建筑常用电气图图形符号

建筑常用电气图图形符号见表5-6。

表5-6 建筑常用电气图图形符号

图形	名称	图形	名称
	双绕组		单相变压器

续表

图形	名称	图形	名称
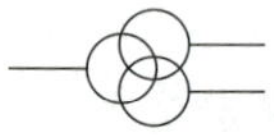	三绕组	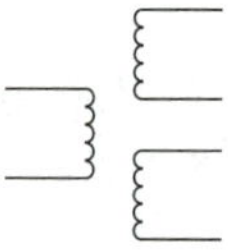	三相变压器
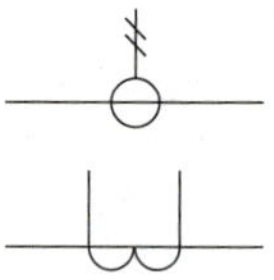	电流互感器 （上下为两种形式）	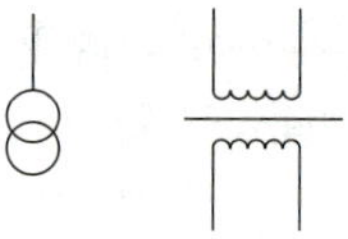	电压互感器 （左右为两种形式）
	电缆、电线、母线一般符号		接触器
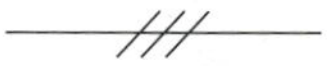	三根导线		断路器
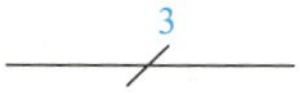	三根导线		熔断器一般符号
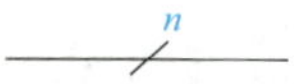	n根导线	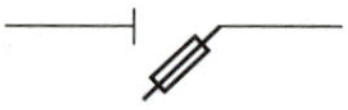	熔断器式隔离开关
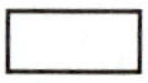	屏、台、箱、柜一般符号		熔断器式开关
	动力或动力—照明配电箱		避雷器
	指示电压表		有功电能表

知识拓展

　　电能为建筑电气设备的使用提供了条件，是工农业生产、生活的基础。建筑物内的电气线路如人的神经系统，在建筑物内起到控制、保护等重要作用。建筑物内部的配电形式与线路功能要求、敷设方式、线路距离、负荷分布等条件有关，具体使用什么配电形式，一般选择多个方案，经过安全、质量、经济等对比后，才能确定。从现状来看，变配电设备向智能化、一体化、小型化及模块化组合式发展是今后供配电设计发展的必然趋势。

本章小结

由电力线路将一些发电厂、变电所和电力用户联系起来的一个发电、输电、变电、配电和用电的整体,称为电力系统。建筑电气设备使用的能量来源于电力系统。低压电路的接线方式有放射式、树干式和环形三种。电力负荷分为三级,即一级负荷、二级负荷以及三级负荷,计算负荷的确定方法有需要系数法、二项式法和单位指标法等。

建筑工程中常用的低压电气设备有刀开关、熔断器、断路器、各种继电器和低压配电屏(柜)等;民用建筑配电系统中导线和电缆截面的选择必须满足发热条件、电压损耗条件以及机械强度条件。

室内配电线路有明敷和暗敷两种方式;室内配电线路所需管材有金属管和塑料管,金属管包括水煤气管、薄壁钢管和金属软管等。塑料管有硬型、半硬型和软型等。常用的绝缘导线有铝芯或铜芯的橡胶绝缘线、铝芯或铜芯的聚氯乙烯绝缘线和铝芯氯丁橡胶绝缘线,还有各种电力电缆。

建筑电气施工图由首页、电气系统图、电气平面图、电气原理图、设备布置图、电气安装接线图和大样图组成。

自我测评

一、选择题

1. 建筑供配电系统,低压线路的接线方式有( )种。
   A. 1   B. 2
   C. 3   D. 4

2. 目前我国最著名的水电站是( ),它安装了32台单机容量为70万千瓦的水电机组,它也是目前世界上规模最大的水电站。
   A. 石龙坝   B. 三峡
   C. 秦山   D. 石井

3. 电力负荷按《供配电系统设计规范》(GB 50052—2009)规定,根据其对供电可靠性的要求及中断供电造成的损失或影响的程度分成( )级。
   A. 一   B. 二
   C. 三   D. 四

4. 供配电系统要安全可靠地运行,各电气元件必须选择得当,除了满足工作电压和频率的要求,最重要的就是要满足( )的要求。因此有必要对供配电系统中各个环节的电力负荷进行计算,计算结果是否准确,对经济合理选择设备、配电线路安全运行起着决定性作用。
   A. 负荷电流   B. 有功功率
   C. 无功功率   D. 视在功率

5. 负荷计算中,使用公式 $P_{30}=\dfrac{K_\Sigma K_L}{\eta_e \eta_{WL}}P_e$ 进行计算的方法是( )。
   A. 二项式法   B. 需要系数法
   C. 单位指标法   D. 单位负荷法

6. 有一电动机控制电路,装有符合其短路保护要求的熔断器,在开机时,熔断器的熔体被屡次熔断,采取的措施应为( )。
   A. 更换大规格的熔体
   B. 用粗铁丝替代原规格的熔体
   C. 查出短路点予以处理后,再更换原规格的熔体
   D. 去掉熔断器直接接入电源电路
7. 在有腐蚀性气体和易燃易爆场所,只能敷设( )线路。
   A. 架空   B. 电缆
8. 有一条 TN—S 线路,导线型号为 BLX—500—(3×50+1×25+PE25),表示铝芯塑料绝缘导线,相线截面为( )mm²。
   A. 500   B. 100   C. 50   D. 25
9. 由于线路存在阻抗,所以线路通过负荷电流时要产生电压损耗。为保证供电质量,一般线路的允许电压损耗不超过( )。
   A. 3%   B. 4%   C. 5%   D. 6%
10. 规定在三相交流系统中 PEN 线涂( )。
    A. 淡蓝   B. 黄色
    C. 黄绿双色   D. 绿色

二、简答题

1. 试比较放射式接线和树干式接线的优缺点及适用范围。
2. 试比较架空线路和电缆线路的优缺点及适用范围。
3. 电力负荷按重要程度分哪几级?各级负荷对供电电源有什么要求?
4. 什么叫计算负荷?正确确定计算负荷有何意义?
5. 确定计算负荷的需要系数法和二项式法各有什么特点?各适用于哪些场合?
6. 导线和电缆的选择应满足哪些条件?一般动力线路宜先按什么条件选择再校验其他条件?照明线路宜先按什么条件选择再校验其他条件?为什么?
7. 三相系统中的中性线(N线)截面一般情况下如何选择?三相系统中引出的两相三线线路及单相线路中的中性线(N线)截面又如何选择?三次谐波比较突出的三相线路中的中性线(N线)截面又如何选择?
8. 三相系统中的保护线(PE线)和保护中性线(PEN线)各如何选择?
9. 线路敷设符号 SC、MT、WS 各是什么含义?
10. 电气平面图上配电线路标注的 BLV—500—(3×120+1×70)—PC80—WC 是什么含义?
11. AP2 $\dfrac{XL-12-100}{BLV-500-(3\times25+1\times16)-G40-FC}$ 中各项所代表的含义是什么?
12. 某配电线路标注为 ZR—YJV—(4×25+1×16)—SC40—CC,说明其含义。
13. 建筑电气施工图的组成有哪些?
14. 常用的低压电气设备有哪些?
15. 简述电力电缆的结构和类型及几种敷设方式。

第6章 电气照明系统

学习目标

了解电气照明系统的基本知识；熟悉室内照明线路安装与调试；掌握建筑电气照明施工图的识读方法。

内容概要

项　目	内　容
电气照明的基本知识	照明技术概述
	照明技术的有关概念
	照明方式和种类
室内照明线路安装与调试	电源进线
	照明配电箱
	室内照明线路
	用户设备
建筑电气照明施工图识读	常用建筑照明图例
	灯具的标注
	建筑电气照明施工图的组成和内容
	建筑电气照明施工图识读实例

本章导入

建筑物内的照明电气线路，是按照建筑物功能要求来设置的。本章中介绍了电气照明系统的基本知识，室内照明线路安装与调试，建筑电气照明施工图的识读方法。目前，我国提出了"绿色照明"的理念，其宗旨是节约能源、保护环境和提高照明质量。我国制定了不同房屋或场所一般照明功率密度(简称LPD)，作为照明节能的评价指标。照明功率密度值包括现行值和目标值。目标值比现行值降低10%~20%，是预测几年后随着照明科学技术的进步、电光源灯具等照明产品性能水平的提高，从而照明能耗会有一定程度的下降而制定的。

6.1 电气照明的基本知识

6.1.1 照明技术概述

电气照明设计的首要任务就是在缺乏自然光的工作场所或区域内,创造一个适宜进行视觉工作的环境。电气照明具有灯光稳定、色彩丰富、控制调节方便和安全经济等优点,因而成为现代人工照明中应用最为广泛的一种照明方式。

PPT 课件

配套资源

合理的电气照明是保证安全生产、提高劳动生产率和产品质量、保护工作人员视力健康及美化环境的必要措施。适用、经济和在可能条件下保证美观,是照明设计的一般原则。合理的电气照明还必须达到绿色照明的要求。所谓"绿色照明",是指节约能源、保护环境、有益于提高人们的生产、工作、学习效率和生活质量,保护身心健康的照明。我国大力提倡和实行节能减排、保护环境的方针,其中包括实施绿色照明。

6.1.2 照明技术的有关概念

电气照明是以光学为基础的,光是物质的一种形态,它是以电磁波的形式进行传播的。将各电磁波按照波长(或频率)依次排列,得到电磁波波谱图。其中波长为 380~780 nm 范围很小的一部分,能够引起人的视觉,称为可见光。将可见光展开,依次呈现红、橙、黄、绿、青、蓝和紫 7 种单色光。人眼对各种波长的可见光具有不同的敏感性。实验证明,正常人眼对于波长为 555 nm 的黄绿色光最敏感,也就是这种黄绿色光的辐射可引起人眼的最大视觉。因此,波长越偏离 555 nm 的光辐射,可见度越低。

1. 光通量(Φ)

光源在单位时间内,向周围空间辐射出使人眼产生光感的能量,称为光通量,符号为 Φ,单位为流明(lm)。光通量是表征光源发光能力大小的物理量,不同型号光源的额定光通量大小不同。光源的实际光通量大小会因维护程度和点燃时间等因素的变化而有所变化,如点燃时间越长,输出的光通量越低。

光源在单位时间内向四周空间辐射的能量叫作辐射通量。它由各种不同波长的辐射通量组成,各种波长的辐射通量相加,即总辐射通量。只有可见光区的辐射通量能转变为光通量。光通量的大小取决于辐射功率的大小和光谱光效率。波长为 555 nm 的辐射通量能够完全转变为光通量。

2. 光强(I)

光源在某一特定方向上单位立体角内(每球面度)辐射的光通量,称为光源在该方向上的发光强度,简称光强。它是表征光源(物体)发光能力大小的物理量,符号为 I,单位为坎德拉(cd)。

对于向各个方向均匀辐射光通量的光源,它在各个方向的发光强度均等,其值为

$$I = \frac{\Phi}{\Omega} \tag{6-1}$$

式中,Φ 为光源在立体角 Ω 内所辐射的总光通量。空间立体角 $\Omega = A/r^2$,其中 r 为球的半径,A 为与 Ω 相对应的球面积。

3. 照度(E)

当光通量投射到物体表面时,即可把物体表面照亮,因此对于被照面,常用落在它上面的光

通量多少来衡量它被照射的程度。受照物体表面单位面积投射的光通量，称为照度，符号为 E，单位为勒克斯(lx)。如果光通量 Φ 均匀地投射在面积为 A 的表面上，则该表面的照度值为

$$E=\frac{\Phi}{A} \tag{6-2}$$

1 lx 相当于 1 m² 上接受 1 lm 的照度。国家标准中规定了不同使用性质的建筑物照度设计标准值，以便规范照明设计。照度标准值是针对一定的参考面而言的，参考面可以是水平方向的，也可以是垂直方向的。例如，教室相对 0.75 m 的课桌面而言水平照度是 300 lx，相对于黑板而言垂直照度是 500 lx。在进行照明设计时，照度的大小是根据工作特点、保护视力的要求等确定的。

4. 亮度(L)

被视物体表面在某一视线方向或给定方向单位投影面上的发射或反射的光强，称为亮度，用符号 L 表示，单位为尼特(nt)，即 cd/m²(坎德拉每平方米)。计算公式为

$$L=\frac{I}{A} \tag{6-3}$$

亮度常用的单位是熙提(sb)，它是一个比尼特大一万倍的亮度单位，即 1 熙提(sb)＝10^4 尼特(nt)。

亮度可以用来表征光源表面的亮度或物体表面反射光的亮度。不同光源表面的亮度不同，如白炽灯表面亮度为 1.4×10^7 cd/m²，40 W 荧光灯表面亮度为 5 400 cd/m²，由于白炽灯表面亮度高，因此白炽灯比荧光灯显得刺眼。设计过程中要将表面亮度过高的光源进行遮挡，以免引起视觉的不适或导致视力下降。不同物体表面反射光的亮度不同，所以在相同照度下，白色物体比黑色物体看上去更亮些。

5. 色温(K)

当光源的发光颜色与黑体(能吸收全部光能的物体)加热到某一温度所发出的光的颜色相同时，称该温度为光源的颜色温度，简称色温，用符号 K 表示，单位为开尔文(K)。

将黑体加热，温度逐渐升高，显示由红—橙红—黄—黄白—白—蓝白的变化过程。当黑体加热到出现与光源相同或接近光色时的温度时，定义为该光源色温。例如，日光色荧光灯的色温是 6 500 K，白炽灯的色温为 2 400 K(15 W)～2 920 K(1 000 W)。

6. 色表

观察光源本身给人的颜色印象称为色表。根据色温的高低，光源色表可以分为三类：暖色、中间色和冷色，见表 6-1。色温、色表与环境照度有一定关系，经研究表明，低色温下的暖光在低照度下使人感觉舒适，高色温下的冷光在高照度时较受人欢迎。

表 6-1　光源的色温与色表

色温	色表	颜色	气氛效果
＜3 300	暖色	红、橙、黄	带红的白色感觉稳重
3 300～5 000	中间色	黑、白、灰	白色感觉爽快
＞5 000	冷色	青、蓝、紫	带蓝的白色感觉冷

7. 显色性、显色指数(Ra)

同一颜色的物体在具有不同光谱功率分布的光源照射下，会显示出不同的颜色。显色性是指在某种光源照射下，与作为标准光源的照明相比，各种颜色在视觉上的失真程度，用显色指数(Ra)来表示。一般将日光作为标准光源，显色指数定义为 100。不同光源的显色性不同，显色指数越高，显色性越好，被照物体颜色的失真程度越小，越接近物体本身的颜色。照明设计中应根据不同的使用环境选择相应显色性的光源。显色指数的选择应用见表 6-2。

表 6-2　显色指数的分级

显色指数(Ra)	等级	显色性	应用场所
90~100	1A	优良	需要色彩精确对比的场所
80~89	1B		需要色彩正确判断的场所
60~79	2	普通	需要中等显色性的场所
40~59	3		对显色性的要求较低，色差较小的场所
20~39	4	较差	对于显色性无具体要求的场所

8. 反射比(ρ)

当光通量 Φ 投射到被照物体表面时，一部分光通量从物体表面反射回去，一部分光通量被物体所吸收，而余下的一部分光通量则透过物体。这就是在相同照度下，不同物体有不同亮度的原因。

反射比又称反射系数，是反射光通量 Φ_ρ 与总投射光通量 Φ 之比，即

$$\rho = \frac{\Phi_\rho}{\Phi} \tag{6-4}$$

照明技术中要特别注意反射比这一参数，因为它直接影响到工作面上的照度。反射比与被照面的颜色和表面粗糙度有关，如果被照面的颜色深暗、表面粗糙或有灰尘，则反射的光通量少，反射比小。建筑物内墙壁、顶棚及地面的反射比近似值见表 6-3。

表 6-3　墙壁、顶棚及地面的反射比近似值(参考)

反射面情况	反射比/%
刷白的墙壁、顶棚，窗子装有白色窗帘	70
刷白的墙壁，但窗子未挂窗帘，或挂深色窗帘；刷白的顶棚，但房间潮湿；墙壁和顶棚虽未刷白，但洁净光亮	50
有窗子的水泥墙壁、水泥顶棚；木墙壁、木顶棚；糊有浅色纸的墙壁、顶棚；水泥地面	30
有大量深色灰尘的墙壁、顶棚；无窗帘遮蔽的玻璃窗；未粉刷的砖墙；糊有深色纸的墙壁、顶棚；较脏污的水泥地面；广漆、沥青等地面	10

9. 光源的发光效率

发光效率是指光源所发出的光通量与光源所消耗的电功率的比值，单位为 lm/W。也就是说，每 1 W 电力所发出的光通量，其数值越高表示光源的效率越高。对照明时间较长的场所，光源的发光效率是一个非常重要的因素。普通白炽灯的光效为 7.3~25 lm/W，而紧凑型荧光灯的光效达 44~87 lm/W，这说明后者的光效远高于前者，因此如以紧凑型节能荧光灯取代白炽灯，将大大节约电能。

6.1.3　照明方式和种类

1. 照明方式

在进行照明设计时，由于建筑物功能及生产工艺流程的要求不同，对照度的要求也会不同，因此，照明方式分以下三种：

(1) 一般照明。一般照明是指在整个场所或场所的某部分照度基本均匀的照明。一般照明可以获得均匀的照度，适宜用在工作位置密度很大而对光照方向无特殊要求或工艺上不适宜安装局部照明的场所。一般照明的优点是在工作表面和整个视界范围内，具有较佳的亮度

对比；可以采用较大功率的灯具，光效较高；使用照明装置数量少，投资费用小。

（2）局部照明。局部照明是指为增加某些固定的或移动的工作部位的照度而设置的照明。对于局部地点需要高照度并对照射方向有要求时，宜采用局部照明。但在整个照明场所不应单独使用局部照明。

（3）混合照明。混合照明是指由一般照明和局部照明共同组成的照明方式。对于工作位置需要较高照度并对照射方向有特殊要求的场所，宜采用混合照明。混合照明中一般照明的照度不应低于混合照明总照度值的5%～10%，并且其最低照度不应低于20 lx，否则会因为一般照明和局部照明对比过大和亮度分布不均匀而产生眩光。混合照明的优点是可以在工作平面、垂直或倾斜表面上，甚至工作的内腔里，获得高的照度；易于改善光色；减少装置功率；节约运行费用。

2. 照明种类

按照明的功能不同，照明可以分为工作照明、事故照明、值班照明、警卫照明、障碍照明和景观照明。

（1）工作照明。工作照明是正常工作时使用的室内、室外照明，属于永久性人工照明，必须满足正常活动时视觉所需的必要照明条件。

（2）事故照明。当电气照明因故断电后，供事故状态下暂时继续工作或从房间内疏散人员而设置的照明称为事故照明。事故照明又可分为备用照明、安全照明和疏散照明。

（3）值班照明。值班照明是在非生产时间内供值班人员使用的照明。一般在重要车间、仓库、大型商场、银行等处设置。值班照明应该利用正常照明的一部分或利用事故照明的一部分或全部。

（4）警卫照明。警卫照明是用于警卫地区周边附近的照明。警卫照明应尽量与室内或厂区的照明结合。

（5）障碍照明。障碍照明是指装设在高层建筑尖顶上作为飞机飞行障碍标志用的或者有船舶通行的两侧建筑物上做障碍标志的照明，具体应按照民航和交通部门的有关规定装设。

（6）景观照明。景观照明是指用于满足建筑规划、市容美化以及建筑物装饰要求的照明。

6.2 室内照明线路安装与调试

关于建筑照明供配电系统中使用的导线、电缆、设备及其图形符号和文字符号已在上一章中做了详尽叙述，下面重点介绍照明供配电线路安装与调试。

PPT课件

配套资源

照明供配电线路主要包括进户线、总（分）配电箱、室内线路（干、支线）、用户设备（灯具、开关、插座、风扇等）。照明线路组成示意如图6-1所示。

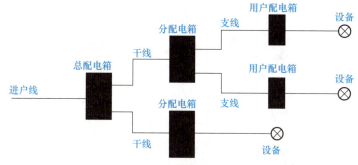

图6-1 照明线路组成示意

6.2.1　电源进线

(1) 供电电源与中性点运行方式。建筑内不同性质与功能的照明线路的负荷等级不同，对供电电源的要求也就不同。一级负荷的照明线路，应采用两路电源供电，电源线路取自不同的变电站。二级负荷采用两回线路供电，电源线路取自同一变电所不同的母线，但一般也设置柴油发电机组等应急电源。三级负荷对电源无特殊要求。

照明系统的供电一般应采用 380/220 V 三相四线制的 TN－C 接地系统，中性点直接接地的交流电源，需在进建筑物处作重复接地并引出中性线 N、保护线 PE，构成一个 TN－C－S 供电系统，也可采用三相五线制 TN－S 接地系统的电源。如果负荷电流小于等于 40 A，可采用 220 V 单相二线制的交流电源。

在易触电、工作面较窄、较潮湿的场所和局部移动式的照明，应采用 36 V、24 V、12 V 的安全电压供电。

(2) 电源进线线路敷设方式。电源进线的形式主要为架空进线和电缆进线。

架空进线由接户线和进户线组成。接户线是指建筑物附近，电网电杆上的导线引至建筑外墙进户横担的绝缘子上的一段线路；进户线是由进户横担绝缘子经穿墙保护套管引至总配电箱或配电柜内的一段线路。

电缆进线是由室外埋地进入室内总配电箱或配电柜内的一段线路，导线穿过建筑物基础时，要穿钢管保护，并做防水、防火处理。

6.2.2　照明配电箱

照明配电箱内装有电能表、断路器、漏电保护器、低压熔断器等电气设备。其安装方式有明装和暗装两种。配电箱有成套购置，也有现场组装的，有上进下出、上进上出、下进下出等几种接线型式。

(1) 配电箱的安装工艺流程：设备进场检查→弹线定位→固定配电箱→盘面组装→箱体固定→绝缘摇测。

(2) 照明配电箱的接线：某照明配电箱系统图及安装接线图如图 6-2 和图 6-3 所示。

(3) 配电箱的安装要求：

1) 配电箱的金属框架及基础型钢必须接地(PE)或接零(PEN)可靠；装有电器的可开启门，门和框架的接地端子间应用裸编制铜线连接，且有标志。

2) 配电箱内分别设置零线(N)和保护线(PE)接线端子汇流排，零线和保护线应在汇流排上连接，不得铰接。

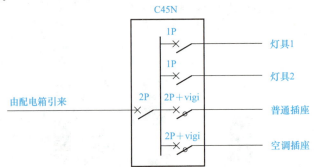

图 6-2　某照明配电箱系统图

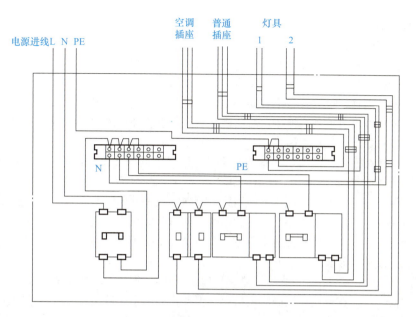

图 6-3 某照明配电箱安装接线图

3)配电箱内有漏电保护器时,应根据漏电保护器的极数正确接线。漏电保护器动作电流不大于 30 mA,动作时间不大于 0.1 s。

4)配电箱内应配线整齐,回路编号齐全,标志正确。

5)低压照明配电箱应有可靠的电击保护。

6)配电箱应安装牢固,垂直度允许偏差为 1.5%,一般暗装配电箱底边距地面为 1.5 m,明装配电箱底边距地面不小于 1.8 m。

7)二次回路连线应成束绑扎,不同电压等级、交流、直流线路及控制电路应分别绑扎,要有标志。

8)配电箱内配线无铰接现象,导线连接紧密,不伤芯线,不断股。垫圈下螺栓两侧压的导线截面积相同,同一端子上导线连接不多于两根,防松垫圈等零件齐全。

6.2.3 室内照明线路

室内线路敷设分明敷和暗敷,目前民用建筑物广泛应用暗敷。

(1)室内配线注意事项。

1)电线、电缆穿管前,应将管内杂物清理干净;钢管配线应先带护口后穿线。

2)穿入管中的导线,为保证运行安全可靠,不允许有接头、背花、死扣及绝缘损坏后又用胶带包扎等情况,接头需经专门的接线盒。三根相线(火线)颜色分别采用:L1——黄色,L2——绿色,L3——红色;中性线(N 线)采用淡蓝色;保护线(PE 线、地线)采用黄绿相间的双色导线。

3)布线时尽量减少导线的接头,导线与设备的连接按规范规定:截面为 10 mm² 以下的单股铜线采用直接连接,其余采用压接端子连接。

4)线盒及箱内导线的预留按照规范保证有足够的长度。

5)配线工程施工后必须进行各回路绝缘测试,保护地线连接可靠。照明线路绝缘电阻值不小于 0.5 MΩ,动力线路绝缘电阻值不小于 1 MΩ。

6)当导线管槽遇热水管、蒸汽管敷设时,应将导线管槽敷设在其下方;若有困难,敷设在其上方时,要增大距离或采取隔热措施。

(2)暗敷的基本要求。

1)在敷设过程中,要么一律使用钢管,要么一律使用硬塑料管,不能混用,还要采用同样的附件。管材质量要好,无裂纹、硬伤,内无杂物。

2)暗敷管的内径,可按管子中所安装的导线根数及截面积选定。

3)暗管管口应没有毛刺、锋口,弯曲程度不应大于管外径的10%,注意不可被机械力压扁,否则会拉伤导线,使穿线困难。

4)管内导线截面积,铜线不低于$1.0~mm^2$,铝线不低于$2.5~mm^2$;耐压等级不低于500 V(控制线除外)。

5)不同种类电流、不同电压、不同回路、不同电能表的导线不能穿在同一根管内。

6)三根及以上的绝缘导线穿于同一管内时,其总截面积不应超过管内有效面积的40%。

7)穿金属管或金属线槽的交流电路时,应将同一回路的所有相线、中性线穿在同一管、槽内,不能只穿部分导线。

(3)穿钢管布线。穿钢管布线对导线起到保护作用,使导线免受机械损伤、防潮、防尘,导线更换方便,目前在现代建筑中应用广泛,但要正确施工,避免带来触电危险。

布线用钢管有电线管(TC)和水煤气管(SC)两种。电线管适宜敷设在干燥场所,水煤气管适宜敷设在潮湿场所或埋地敷设。

钢管的安装工艺有弯管、截断、绞牙、连接。

(4)穿塑料管布线。硬塑料管(PC)具有质量小、阻止燃烧、绝缘、耐酸碱腐蚀等优点,目前在现代建筑中应用广泛。硬塑料管的安装工艺有连接、弯管、截断。

6.2.4 用户设备

用户设备包括灯具、开关、插座、风扇等,这里只介绍开关及插座的安装。

(1)开关的安装要求。

1)开关规格、型号符合设计要求,产品应有合格证,安装在同一建筑物的开关应采用同一系列的产品,开关的切断位置一致。

2)灯具的相线(火线)应经开关控制,单相插座应左零右火,三孔或三相插座接地保护均在上方。

3)翘板式开关距地面高度设计无要求时,应为1.4 m,距门口为15~20 cm,开关不得置于单扇门后。

4)开关位置应与灯位相对应,成排安装的开关高度应一致。

(2)插座的安装要求。

1)单相两孔插座有横装和竖装两种。横装时,面对插座的右极接相线,左极接中性线;竖装时,面对插座的上极接相线,下极接中性线。

2)单相三孔、三相四孔及三相五孔插座的保护线(PE)或接零线(PEN)均应接在上孔,插座的接地端子不应与零线端子连接。

3)保护线(PE)与接零线(PEN)在插座间不串联。

4)不同电源种类或不同电压等级的插座安装在同一场所时,外观和结构应有明显区别,不能互相代用,使用的插头与插座应配套。同一场所的三相插座,接线的相序一致。

5)插座箱内安装多个插座时,导线不允许拱头连接,宜采用接线帽或缠绕形式接线。

6)地面安装插座应有保护盖板,专用盒的进出导管及导线的孔洞,用防水密闭胶严密封堵。

7)在特别潮湿和有易燃易爆气体及粉尘的场所,不应装设插座,如有特殊要求应安装防爆型的插座,且必须有明显的防爆标志。

(3)开关及插座的安装方法。建筑物内使用的开关及插座,一般为定型产品。常用的有 86 系列(面板高度为 86 mm)和 120 系列(面板高度为 120 mm),如图 6-4 所示。

安装开关及插座时,应配专用的底盒。底盒在配管配线时用膨胀螺丝固定好,电线从底盒敲落孔穿入,留 15 mm 左右,剥去线头绝缘层,与接线桩压好,注意线芯不能外露。开关插座接好线后,用螺钉固定在底盒上,再盖上孔塞盖即可,如图 6-5 所示。

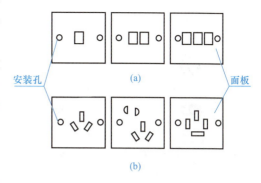

图 6-4 开关及插座外形
(a)开关;(b)插座

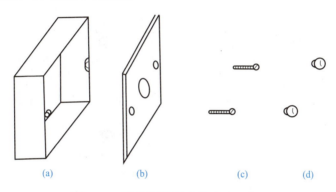

图 6-5 开关及插座的安装方法示意图
(a)底盒;(b)开关、插座;(c)螺钉;(d)孔塞盖

6.3 建筑电气照明施工图识读

6.3.1 常用建筑照明图例

常用建筑照明图例见表 6-4。

PPT 课件

表 6-4 常用建筑照明图例

图例	名称	图例	名称
▬	动力或动力-照明配电箱	▭▶	避雷器
▬	照明配电箱(屏)	⬤	壁灯
⊗	灯的一般符号	⊿	广照型灯(配照型灯)

续表

图例	名称	图例	名称
 ●	球形灯	 ⊗	防水防尘灯
 ◖	顶棚灯	 ○╱	开关一般符号
 ⊘	花灯	 ○╱	单极开关
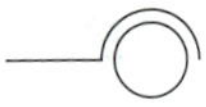 ⌒○	弯灯	 ○╱t	单极限时开关
 ⊢──⊣	单管荧光灯	 ○╱	调光器
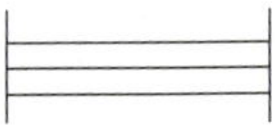 ⊢══⊣	三管荧光灯	 ●╱	单极开关(暗装)
 ⊢─5─⊣	五管荧光灯	 ○╱╱	双极开关
│	三极开关	 ●╱╱	双极开关(暗装)
 ●╱	三极开关(暗装)	 ⌒	密闭(防水)
 ⌒	单相插座	 ⌒	防爆
 ⬤	单相插座暗装	 ⩔	带接地插孔的三相插座
 ⬤	密闭(防水)	 ⩔	带接地插孔的三相插座(暗装)
 ⬤	防爆	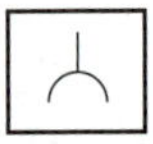 □	插座箱(板)
 ⌒	带保护接点插座	 ⊠	事故照明配电箱(屏)
 ⬤	单相接地插座(暗装)	 □	钥匙开关
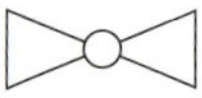 ▷◁	风扇	 ⌒	电铃

6.3.2 灯具的标注

灯具的标注主要表明照明器具的种类、安装数量、灯具的型号、灯具的功率、安装方式以及安装高度等。表达式为：$a-b\dfrac{c\times d\times L}{e}f$，式中 a 为某场所同类型照明器的套数，通常在一张平面图中各类型灯分别标注；b 为灯具型号或编号，可查阅产品样本或施工图册，平面图上可以不标；c 为每套照明器内安装的灯泡或灯管数，一个或一根可不标；d 为每个灯泡或灯管的功率，单位为瓦特（W）；e 为安装高度，单位为米（m）；"—"表示吸顶安装；f 为安装方式；L 为光源种类。如某图中灯旁边标注 $6\dfrac{100}{-}s$，表示共有 6 套灯，每盏灯 100 W，吸顶式安装，不必标注安装高度。常用电光源种类代号见表 6-5，常用灯具的文字代号见表 6-6，常用照明灯具安装方式的代号见表 6-7。

表 6-5 常用电光源种类代号

序号	电光源种类	代号	序号	电光源种类	代号
1	荧光灯	FL	4	高压钠灯	Na
2	白炽灯	IN	5	氙灯	Xe
3	卤（碘）钨灯	I	6	高压汞灯	Hg

表 6-6 常用灯具的文字代号

序号	灯具名称	代号	序号	灯具名称	代号
1	荧光灯	Y	6	搪瓷伞罩灯	S
2	吸顶灯	D	7	防水防尘灯	F
3	壁灯	B	8	工厂灯	G
4	花灯	H	9	投光灯	T
5	普通吊灯	P	10	卤钨探照灯	L

表 6-7 常用照明灯具安装方式的代号

序号	安装方式	代号	序号	安装方式	代号
1	线吊式	SW	7	嵌入式（嵌入不可进人的顶棚）	R
2	链吊式	CS	8	顶棚内安装（嵌入可进人的顶棚）	CR
3	管吊式	DS	9	墙壁内安装	WR
4	壁装式	W	10	支架上安装	S
5	柱上安装	CL	11	座装	HM
6	吸顶式	C			

6.3.3 建筑电气照明施工图的组成和内容

1. 建筑电气照明施工图的组成

建筑电气照明施工图组成主要有图样目录、设计说明、系统图、平面图、安装详图、大样图、主要设备材料表及标注。

2. 建筑电气照明施工图的内容

(1)电气照明系统图。电气照明系统图用来表明照明工程的供电系统、配电线路的规格，采用管径、敷设方式及部位，线路的分布情况，计算负荷和计算电流，配电箱的型号及其主要设备的规格等。

(2)电气照明平面图。电气照明平面图是按国家标准规定的图例和符号，画出进户点、配电线路及室内的灯具、开关、插座等电气设备的平面位置及安装要求。

通过对平面图的识读，具体可以了解以下情况：

1)进户线的位置，总配电箱及分配电箱的平面位置。

2)进户线、干线、支线的走向，导线的根数，支线回路的划分。

3)用电设备的平面位置及灯具的标注。

在阅读照明平面图过程中，要逐层、逐段阅读平面图，要核实各干线、支线导线的根数、管位是否正确，线路敷设是否可行，线路和各电器安装部位与其他管道的距离是否符合施工要求。

(3)设计说明。在系统图和平面图中未能说明而同时又与施工有关的问题，可在设计说明中予以补充。例如：

1)电源形式、电源电压等级、进户线敷设方法、保护措施等。

2)通用照明设备安装高度、方式及线路敷设方法。

3)施工时的注意事项及验收执行的规范。

4)施工图中无法表达清楚的内容。

(4)主要设备材料表。将电气照明工程中所使用的主要材料进行列表，便于材料采购，同时有利于检查验收。

6.3.4　建筑电气照明施工图识读实例

1. 工程概况

本建筑为一独立别墅，地下负一层，地上三层。结构形式为框架结构，基础采用筏板基础，属多层民用建筑。

2. 工程包括的电气系统

(1)220/380 V 低压配电系统。

(2)地下室及一、二、三层照明平面图。

3. 负荷分类及供电电源

(1)本工程用电负荷等级为三级。

(2)本工程从楼前就近分支箱引一路 220/380 V 电源，进线电缆从建筑物北侧直接引入住户入口电表箱。

4. 用电标准

根据建设单位及供电部门要求，本工程住宅用电标准为每户 40 kW。

5. 供电方式

本工程采用放射式的供电方式。

6. 照明配电

照明、插座均由不同支路供电；所有插座回路均设漏电断路器保护。

7. 设备安装

(1)电源总进线采用供电公司专用的计量箱,距地面 1.6 m 墙上明装。

(2)住户配电箱底边距地面 1.8 m 嵌墙暗装。

(3)壁装灯具除平面图中标注外,均为距地面 2.2 m;其余灯具均吸顶安装。

(4)除注明外,开关、插座分别距地面 1.3 m、0.3 m 暗装。在卫生间防护 0~2 区内,严禁设置电源插座(含照明开关)。在防护 0~2 区以外的插座线路应避开在防护 0~2 区范围内敷设。

(5)安装高度在 1.8 m 及以下的电源插座应采用安全型;卫生间电源插座(刮须插座除外)、非封闭阳台电源插座应采用防溅型;洗衣机、电热水器、空调电源插座应带开关。

8. 导线选择及敷设

(1)室外电源进线选用 YJV-0.6/1 kV 聚乙烯绝缘、聚氯乙烯护套铜芯电力电缆穿钢管引入。

(2)照明干线选用 BV-450/750 V 聚氯乙烯绝缘铜芯导线。所有干线均穿重型 PVC 管埋地暗敷或墙内暗敷。

(3)照明支线、空调风机回路选用 BV-450/750 V 聚氯乙烯绝缘铜芯导线。所有支路均穿重型 PVC 管沿墙及楼板暗敷。混凝土现浇板内的管线应根据结构情况,避免重叠,并防止管线外露。

(4)插座线路采用 BV-3×2.5 mm² 敷设在地坪下或楼面现浇板、垫层内。

(5)图中除标注者外,线路均为 BV-450/750-3×2.5 mm²。专用接地线(PE 线)采用绿/黄双色线并与馈电电线同穿一根保护管敷设。

9. 电气照明施工图

设备材料见表 6-8。图 6-6~图 6-10 所示分别为电气系统图、地下室照明平面图、一层照明平面图、二层照明平面图、三层照明平面图。

表 6-8 设备材料表

序号	图例	设备名称	型号规格	数量	单位	安装方式
1	TV	电视插座	JTV/FM	6	个	嵌墙,0.3 m
2	□	智能化户内终端接线盒	待定	1	个	嵌墙,0.5 m
3	RJX	多媒体层接线盒 RJX	200×150×120	2	个	嵌墙,0.3 m
4	TP	电话插座	Q5220TP	13	个	嵌墙,0.3 m
5	TO	计算机插座	Q52201P	7	个	嵌墙,0.3 m
6	▨	户用多媒体箱	待定	1	个	嵌墙,0.3 m
7	▥	空调出风口	详空施	11	个	详空施

续表

序号	图例	设备名称	型号规格	数量	单位	安装方式
8	D	电炊具插座	安全型～250 V，10 A	2	个	嵌墙，1.5 m
9	B	电冰箱插座	安全型～250 V，10 A	1	个	嵌墙，0.3 m
10	X	洗衣机插座	安全型～250 V，10 A	1	个	嵌墙，1.5 m
11	P	排油烟机插座	安全型～250 V，10 A	2	个	嵌墙，1.8 m
12	J	卷帘门插座	安全型～250 V，10 A	1	个	吸顶安装
13		单联单相三极防测暗插座	安全型～250 V，10 A	12	个	嵌墙，1.5 m
14		暗装单相二连加三安全型插座	安全型～250 V，10 A	45	个	嵌墙，0.3 m
15		空调调节器	设备配套	11	个	嵌墙，1.3 m
16		暗装二位单控开关	AP86K11-20 ～250 V，10 A	8	个	嵌墙，1.3 m
17		暗装一位双控开关	AP86K11-12 ～250 V，10 A	8	个	嵌墙，1.3 m
18		暗装一位单控开关	AP86K11-10 ～250 V，10 A	25	个	嵌墙，1.3 m
19		防水吸顶灯	1×22 W	18	个	吸顶安装
20	○	普通灯具	1×22 W	27	个	吸顶安装
21	AW	电能表箱 AW	见"系统图"	1	个	明装，1.6 m
22		等电位连接箱 MEB/LEB	详 15D502	1/5	个	嵌墙，0.3 m
23	RBAC	地热泵控制箱 RBAC	厂家负责	1	个	—
24		照明配电箱 BAL 1AL 2AL 3AL	见"系统图"	4	个	嵌墙，1.8 m

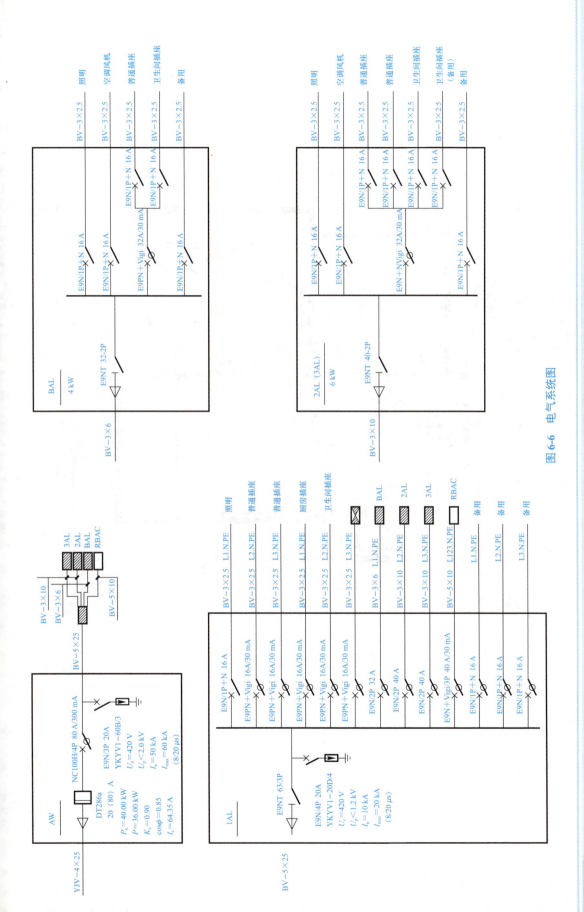

图 6-6 电气系统图

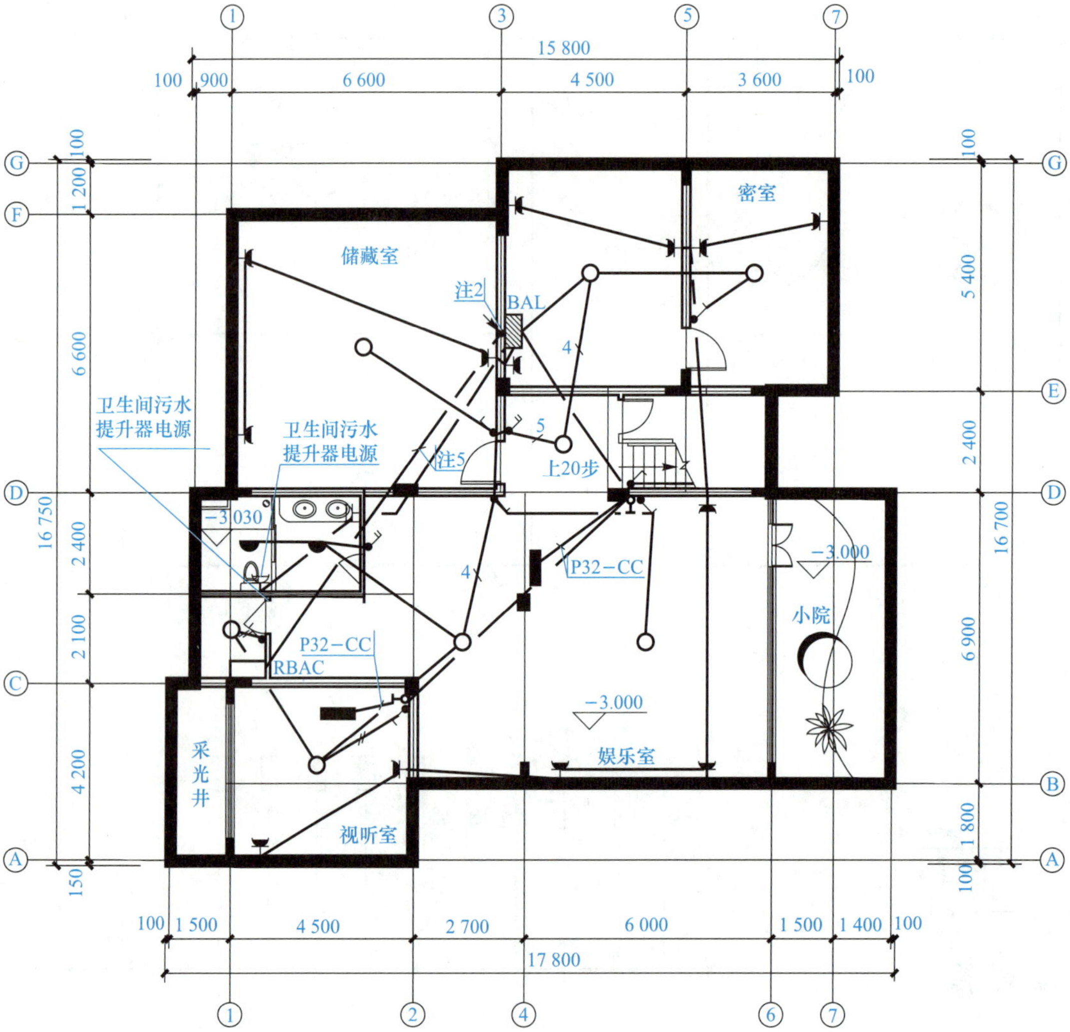

图 6-7 地下室照明平面图

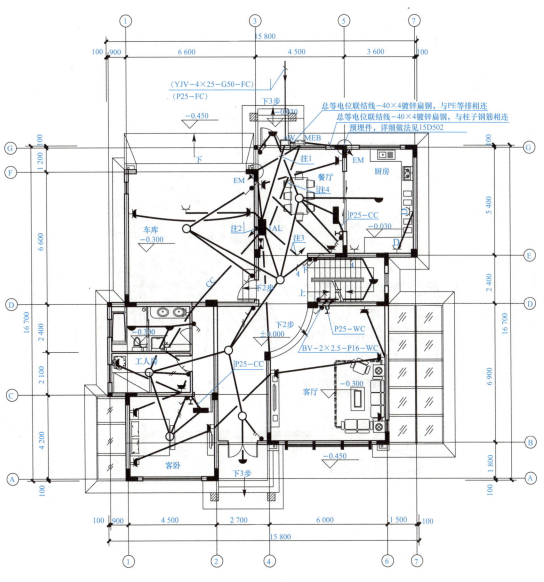

图 6-8 一层照明平面图

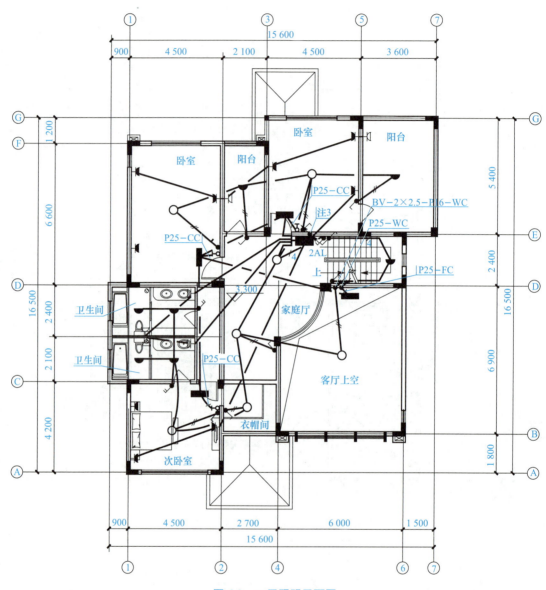

图 6-9　二层照明平面图

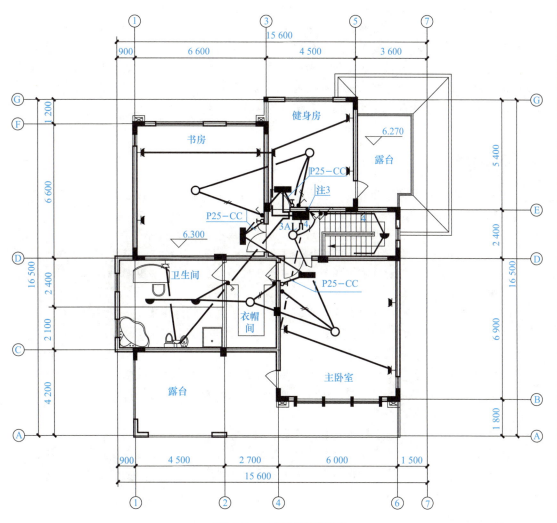

图 6-10 三层照明平面图

知识拓展

第5章的建筑变配电系统施工图、第6章的照明配电系统照度标准的计算及其布置均是编制照明工程施工方案和工程造价的基础，也是进行建筑电气安装施工的主要依据。随着照明技术的不断发展，照明控制系统已从传统控制方式发展到智能控制系统，智能照明控制系统按照网络的拓扑结构可以分为集中式和分布式；按其通信介质主要有总线型、电力线载波型和无线网络型等。绿色照明已正式列入国家计划，终端节能的观念已深入人心，在不久的将来，智能照明将取代普通照明，其各种优越性必然会得到充分的体现。

本章小结

电气照明具有灯光稳定、色彩丰富、控制调节方便和安全经济等优点，因而成为现代人工照明中应用最为广泛的一种照明方式。

照明技术的相关概念有：光通量、光强、照度、亮度、色温、色表、显色性、显色指数(Ra)、反射比(ρ)、光源的发光效能等；照明的方式分一般照明、局部照明和混合照明，照明的种类有工作照明、事故照明、值班照明、警卫照明、障碍照明和景观照明等。

室内照明线路主要包括进户线、总(分)配电箱、室内线路(干、支线)、用户设备(灯具、开关、插座、风扇等)。建筑内不同性质与功能的照明线路的负荷等级不同，对供电电源的要求也就会不同。电源进线线路敷设方式主要为架空进线和电缆进线。照明配电箱内装有电度表、断路器、漏电保护器、低压熔断器等电气设备，其安装方式有明装和暗装两种。室内照明线路敷设分明敷和暗敷，目前民用建筑物广泛应用暗敷。用户设备包括灯具、开关、插座、风扇等。

建筑电气照明施工图的组成主要有图样目录、设计说明、系统图、平面图、安装详图、大样图、主要设备材料表及标注。建筑电气照明施工图的内容包括电气照明系统图、电气照明平面图、设计说明、主要设备材料表。

自我测评

一、选择题

1. 民用照明电路电压是以下哪种？（　　）
   A. 直流电压 220 V　　　　　　　　　B. 交流电压 280 V
   C. 交流电压 220 V　　　　　　　　　D. 交流电压 380 V
2. 人员密集的公共建筑大型商场的走廊、楼梯口、安全门等处设置的指示灯为（　　）。
   A. 工作照明　　B. 事故照明　　C. 值班照明　　D. 障碍照明
3. 普通白炽灯的光效为 7.3～25 lm/W，而紧凑型荧光灯的光效达 44～87 lm/W，这说明（　　）。
   A. 后者的光效远高于前者　　　　　B. 前者的光效远高于后者
   C. 前者的光效等于后者　　　　　　D. 不好比较

4. 照明设计中，照度的单位是（　　）。
   A. lm　　　　　　B. lx　　　　　　C. cd　　　　　　D. J
5. 节约能源，保护环境，有益于提高人们生产、工作、学习效率和生活质量，保护身心健康的照明，称为（　　）。
   A. 一般照明　　　B. 工作照明　　　C. 绿色照明　　　D. 正常照明
6. 照明设计节能的基本原则应该是（　　）。
   A. 不能降低作业面的照度要求　　　B. 应低于照明设计标准照度值
   C. 应不高于照明设计标准的照度值　　D. 选用便宜的光源
7. 教室的光源宜采用（　　）。
   A. 荧光灯　　　　B. 白炽灯　　　　C. 高压钠灯　　　D. 碘钨灯
8. 照明灯具电压一般不高于其额定电压的（　　）。
   A. 5%　　　　　　B. 105%　　　　　C. 6%　　　　　　D. 106%
9. 室内线路敷设分为（　　）。
   A. 架空线和电缆　　　　　　　　　B. 电缆沟和电缆隧道
   C. 明敷和电缆沟　　　　　　　　　D. 明敷和暗敷
10. 三根相线（火线）颜色分别采用（　　）。
    A. 红、黄、蓝　　B. 黄、绿、红　　C. 黄、绿、蓝　　D. 红、黄、白

二、简答题

1. 简述光通量、照度、亮度的基本概念。
2. 照明方式有哪几种？
3. 照明的种类有哪些？
4. 照明供配电线路主要包括哪些组成部分？
5. 电源进线线路敷设方式有哪些？并简述其组成。
6. 简述照明配电箱的安装方式。
7. 简述配电箱安装的工艺流程。
8. 用户设备包括哪些？
9. 插座的安装要求有哪些？
10. 绿色照明的宗旨是什么？
11. 表达式 $a = b \dfrac{c \times d \times L}{e} f$ 中各字母所表示的含义是什么？
12. 简述建筑电气照明施工图组成。

第7章 建筑防雷接地系统与安全用电

学习目标

了解雷电现象及其危害，理解雷电过电压的类型，了解建筑物防雷等级分类及防雷装置，掌握建筑物外部和内部的防雷措施；理解接地和接地装置，熟悉接地装置的安装及电气工程安装与土建的配合要求。

内容概要

项　目	内　容
建筑防雷与过电压	雷电与雷电过电压
	建筑物防雷
	建筑物外部及建筑供配电系统防雷措施
	建筑物内部的防雷措施
电气装置的接地	电气装置接地概述
	接地装置的安装
电气安装工程与土建的配合	电气安装工程在施工前与土建的配合
	电气安装工程在基础施工阶段与土建的配合
	电气安装工程在主体施工阶段与土建的配合
	电气安装工程在装修阶段与土建的配合
	电气安装工程对土建的要求
建筑电气施工图识读	建筑电气施工图识读方法
	建筑电气施工图识读实例

本章导入

现代的摄影技术能够帮助人们更好地解读雷电现象。自然界中存在的雷电现象和电气设备使用中出现的各种不正常的状态，使得人们逐渐积累了接地的概念和知识，如人们日常居住的建筑，楼层下部有接地网，楼层里有等电位均压网，楼顶物体与避雷装置连接在一起形成等电位，在电气上成为法拉第笼式结构，人和设备在此环境中没有雷击危险。供用电工作中，必须特别注意电气安全。

7.1 建筑防雷与过电压

7.1.1 雷电与雷电过电压

过电压是指电气设备或线路上出现超过正常工作要求的电压升高。在电力系统中，按照过电压产生的原因不同，可分为内部过电压和雷电过电压两大类。由于雷电过电压倍数较高，所以过电压保护主要是指雷电过电压保护。

PPT 课件　　　配套资源

1. 雷电现象及其危害

(1) 雷电现象。雷电现象是自然界中大气层在特定条件下形成的一种自然放电现象。关于雷云的形成，普遍的看法是：地面的湿气受热上升，或空中不同冷热气团相遇，在高空低温影响下，水蒸气凝成冰晶。冰晶受到上升气流的冲击而破碎分裂，气流携带一部分带正电的小冰晶上升，形成"正雷云"，而另一部分较大的带负电的冰晶则下降，形成"负雷云"。由于高空气流的流动，正雷云和负雷云均在空中飘浮不定。据观测，在地面上产生雷击的雷云多为负雷云。

当空中的雷云靠近大地时，雷云与大地之间形成一个很大的雷电场。由于静电感应作用，地面出现与雷云的电荷极性相反的电荷。当雷云与大地之间在某一方位的电场强度达到 $25\sim30$ kV/cm 时，雷云就开始向这一方位放电，形成一个导电的空气通道，称为雷电先导。当其下行到离地面 $100\sim300$ m 时，就引起一个上行的迎雷先导。当上下行先导相互接近时，正、负电荷强烈吸引、中和而产生强大的雷电流，并伴有雷鸣电闪。放电通道所发出的这种强光，人们称为"闪"，而通道所发出的热，使附近的空气突然膨胀，发出霹雳的轰鸣，人们称为"雷"。这就是直击雷的主放电阶段，这一阶段的时间极短。主放电阶段结束后，雷云中的剩余电荷会继续沿主放电通道向大地放电，形成断续的隆隆雷声。这就是直击雷的余辉放电阶段，时间一般为 $0.03\sim0.15$ s，电流较小，约为几百安培。

(2) 雷电危害。

1) 雷电流的热效应。雷电流的数值很大，高达几万安，会在很短的时间内转换成大量的热能，造成金属熔化、飞溅，从而引起火灾或爆炸。为预防雷电危害，防雷导线用钢线时，其截面积应大于 16 mm^2，用铜线时应大于 6 mm^2。

2) 雷电流的机械效应。雷电的机械破坏力是很大的，它又可分成电动力和非电动力。电动力是由于雷电流的电磁作用所产生的冲击性机械力。在导线的弯曲部分电动力特别大。有些雷击现象，如树木被劈裂、烟囱和墙壁被劈倒等，属于非电动机械力的破坏作用。

3) 雷电反击。当建筑物遭受雷击时，在整个防雷装置中的接闪器、引下线、接地体上都将产生很高的电位，如果防雷装置与建筑物内外的电气设备、电气线路、金属管线之间的绝缘距离不够，它们之间就会产生放电，这种现象称为雷电反击。雷电反击可能引起电气设备绝缘破坏，金属管道烧穿，甚至引起火灾和爆炸，并危及人身安全。

防止雷电反击的措施是，按照《建筑物防雷设计规范》(GB 50057—2010)中的相关规定，对不同类别的防雷建筑物，选取不同的接地电阻值；对与防雷装置相连或不相连的金属物体(含钢筋)、电气线路，按规定与接闪器、引下线保持最小距离。这是由于雷击时防雷装置与被保护建筑物的金属物体间的电位差，取决于雷电流在引下线、接地体上的电压降，以及金属物体(含地下各种金属管道)与防雷装置间的距离。

4) 雷电跨步电压和接触电压。当雷击发生时，巨大的雷电流流过引下线，经接地体向大地流散，使引下线、接地体本身和接地点周围带有较高的电位，如果此时人畜接触引下线、接地体或在接地范围内行走，就会发生雷电接触电压、跨步电压触电事故。

为了避免跨步电压、接触电压造成的触电危险，应将明装的防雷引下线和接地装置安装在人们不易走近或接触到的地方，距离建筑物出入口及人行横道至少 3 m；接地装置最好做成环形围合式的；人工水平接地网埋深应为 0.8～1.0 m；在人员经常出入处，地面应敷设 50～80 mm 厚沥青卵石层，宽度超过接地装置 2 m，以改善接地装置附近地面的电位分布，减少跨步电压的危险；规定明装的引下线在地面上 1.7 m 至地下 0.3 m 的一段接地线应采取暗敷、穿管等保护措施。

5) 球雷的危害。球雷大多出现在雷雨天，它是一种紫色或灰红色的发光球形体，直径在 10～20 cm，存在的时间从百分之几秒到几分钟，一般是 3～5 s。球雷通常是沿地面滚动或在空气中飘行，它能够通过烟囱、开着的窗户、门和其他缝隙进入室内。球雷碰到人畜，会造成严重烧伤或死亡事故，碰到建筑物也会造成严重的破坏。

防球雷的最好措施是安装金属屏蔽网，并可靠接地。若达不到这种要求，最低限度门窗应安装玻璃，使其不要有孔洞，以防球雷沿孔洞钻进室内。此外，还应注意附近高大树木引来的球雷，因此必须考虑高大树木距建筑物的距离。

2. 雷电过电压

雷电过电压又称大气过电压或外部过电压，是指雷云放电现象在电力网中引起的过电压。雷电过电压一般分为直击雷过电压、感应雷过电压和雷电波侵入三种类型，简称为直击雷、感应雷和雷电波侵入。

(1) 直击雷。它是指直接遭受雷击时产生的过电压。经验表明，直击雷过电压时雷电流可高达几百千安，雷电电压可达几百万伏。电力线路及设备直接遭受雷击时均难免产生灾难性后果，因此必须采取防御措施。

(2) 感应雷。它是指雷电对设备、线路或其他物体的静电感应或电磁感应所引起的过电压。感应过电压的示意如图 7-1 所示。

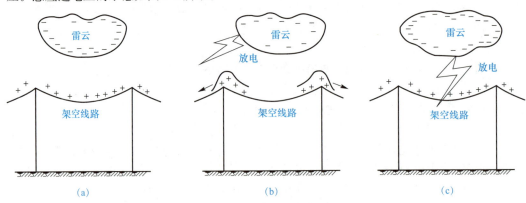

图 7-1 架空线路上的感应过电压

(a) 雷云在线路上方时；(b) 雷云对地或对其他雷云放电时；(c) 雷云对架空线路放电时

(3) 雷电波侵入。它是感应雷的另一种表现形式，是由于直击雷或感应雷作用在电力线路的附近、地面或杆塔顶点，从而在导线上感应产生的冲击电压波，它沿着导线快速向两侧流动，故又称为过电压行波。行波沿着电力线路侵入变配电所或其他建筑物，并在变压器内部引起行波反射，产生很高的过电压。据统计，雷电波侵入造成的雷害事故，占所有雷害事故的 50%～70%。

7.1.2 建筑物防雷

1. 建筑物防雷的分类

根据建筑物重要性、使用性质、发生雷电事故的可能性和后果,建筑物的防雷分级,按《建筑物防雷设计规范》(GB 50057—2010)规定,可划分为如下三类:

(1)在可能发生对地闪击的地区,遇下列情况之一时,应划为第一类防雷建筑物:

1)凡制造、使用或贮存火炸药及其制品的危险建筑物,因电火花而引起爆炸、爆轰,会造成巨大破坏和人身伤亡者。

2)具有 0 区或 20 区爆炸危险场所的建筑物。

3)具有 1 区或 21 区爆炸危险场所的建筑物,因电火花而引起爆炸,会造成巨大破坏和人身伤亡者。

(2)在可能发生对地闪击的地区,遇下列情况之一时,应划为第二类防雷建筑物:

1)国家级重点文物保护的建筑物。

2)国家级的会堂、办公建筑物、大型展览和博览建筑物、大型火车站和飞机场、国宾馆、国家级档案馆、大型城市的重要给水泵房等特别重要的建筑物。

注:飞机场不含停放飞机的露天场所和跑道。

3)国家级计算中心、国际通信枢纽等对国民经济有重要意义的建筑物。

4)国家特级和甲级大型体育馆。

5)制造、使用或贮存火炸药及其制品的危险建筑物,且电火花不易引起爆炸或不致造成巨大破坏和人身伤亡者。

6)具有 1 区或 21 区爆炸危险场所的建筑物,且电火花不易引起爆炸或不致造成巨大破坏和人身伤亡者。

7)具有 2 区或 22 区爆炸危险场所的建筑物。

8)有爆炸危险的露天钢质封闭气罐。

9)预计雷击次数大于 0.05 次/a 的部、省级办公建筑物和其他重要或人员密集的公共建筑物,以及火灾危险场所。

10)预计雷击次数大于 0.25 次/a 的住宅、办公楼等一般性民用建筑物或一般性工业建筑物。

(3)在可能发生对地闪击的地区,遇下列情况之一时,应划为第三类防雷建筑物:

1)省级重点文物保护的建筑物及省级档案馆。

2)预计雷击次数大于或等于 0.01 次/a,且小于或等于 0.05 次/a 的部、省级办公建筑物和其他重要或人员密集的公共建筑物,以及火灾危险场所。

3)预计雷击次数大于或等于 0.05 次/a,且小于或等于 0.25 次/a 的住宅、办公楼等一般性民用建筑物或一般性工业建筑物。

4)在平均雷暴日大于 15 d/a 的地区,高度在 15 m 及以上的烟囱、水塔等孤立的高耸建筑物;在平均雷暴日小于或等于 15 d/a 的地区,高度在 20 m 及以上的烟囱、水塔等孤立的高耸建筑物。

注意,0 区、1 区、2 区等的具体解释可查阅《爆炸危险环境电力装置设计规范》(GB 50058—2014)的相关规定。

2. 防雷装置

防雷装置的作用是将雷击电荷或建筑物感应电荷迅速引入大地,以保护建筑物、电气设备及人身不受损害。一个完整的防雷装置都是由接闪器、引下线和接地装置三部分组成的。

(1)接闪器。接闪器是专门用来接受直击雷的金属物体。接闪的金属杆称为避雷针；接闪的金属线称为避雷线，或称为架空地线；接闪的金属带、网称为避雷带、避雷网。

1)避雷针。避雷针一般采用镀锌圆钢(针长 1 m 以下时，直径不小于 12 mm；针长 1~2 m 时，直径不小于 16 mm)，或镀锌钢管(针长 1 m 以下时，直径不小于 20 mm；针长 1~2 m 时，直径不小于 25 mm)制成。它的下端通过引下线与接地装置可靠连接，如图 7-2 所示。它通常安装在电杆、构架或建筑物上。

避雷针的功能实质是引雷作用。它能对雷电场产生一个附加电场(该附加电场是由于雷云对避雷针产生静电感应引起的)，使雷电场畸变，从而改变雷云放电的通道。雷电流经避雷针、引下线和接地装置，泄放到大地中去，使被保护物免受雷击。避雷针的保护范围，一般采用 IEC 推荐的"滚球法"来确定。

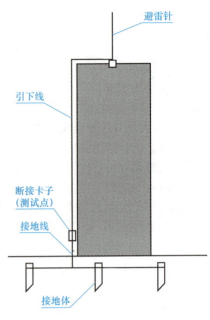

图 7-2 避雷针防护示意图

2)避雷线。避雷线一般用截面不小于 35 mm² 的镀锌钢绞线，架设在架空线或建筑物的上面，以保护架空线或建筑物免遭直击雷击。由于避雷线既是架空的又是接地的，故称为架空地线，高压架空线路的避雷线如图 7-3 所示。架设避雷线是防雷的有效措施，但造价高，因此只在 66 kV 及以上的架空线路上才全线架设，在 35 kV 的架空线路上，一般只在进出变配电所的一段线路上装设，而 10 kV 及以下的架空线路上一般不装设。

3)避雷网和避雷带。避雷网和避雷带主要用来保护高层建筑物免遭直击雷击和感应雷击。利用建筑钢筋设置的避雷带(网)如图 7-4 所示。

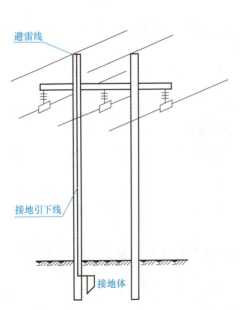

图 7-3 高压架空线路的避雷线

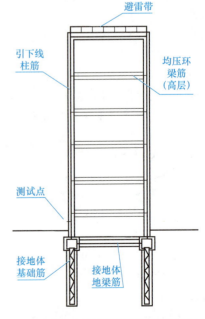

图 7-4 利用建筑钢筋设置的避雷带(网)

避雷网和避雷带宜采用圆钢和扁钢，优先采用圆钢。圆钢直径不小于 8 mm，扁钢截面不小于 48 mm²，其厚度不小于 4 mm。当烟囱上采用避雷环时，其圆钢直径不小于 12 mm，扁钢截面不小于 100 mm²，其厚度不小于 4 mm。避雷网的网格尺寸按建筑物防雷等级要求有所不同，见表 7-1。

表 7-1 不同建筑物防直击雷措施要求

建筑物防雷等级	防雷措施		
	屋面避雷网格尺寸/(m×m)	引下线间距/m	冲击接地电阻值/Ω
一类	≤5×5 或 ≤6×4	≤12	≤10
二类	≤10×10 或 12×8	≤18	≤10
三类	≤20×20 或 24×16	≤25	≤30

(2) 引下线。引下线是敷设在房顶和房屋墙壁上的导线，它把接闪器"接"来的雷电流引入接地装置。引下线一般用圆钢或扁钢制成，其截面大小应能承受大的雷电流，保证雷电流通过时不被熔化；引下线也可以利用建筑物钢筋混凝土屋面板、梁、柱、基础内的钢筋，但必须保证焊接成可靠的电气通路。

引下线可分明装和暗装两种。明装时一般采用直径 8 mm 的圆钢或截面 12 mm×4 mm 的扁钢。在易受腐蚀部位，截面适当加大。引下线应沿建筑物外墙敷设，应敷设于人们不易触及之处，敷设时应保持一定的松紧度。从接闪器到接地装置，引下线的敷设应尽量短而直；若必须弯曲时，弯角应大于 90°。由地下 0.3 m 到地上 1.7 m 的一段引下线应加保护设施，以避免机械损伤。利用钢筋混凝土中的钢筋作暗装引下线时，最少应利用四根柱子，每柱中至少用到两根主筋。引下线最小间距符合表 7-1 中所列数据。

(3) 接地装置。接地装置可迅速使雷电流在大地中泄放，其冲击接地电阻值必须满足表 7-1 规定的大小。

(4) 避雷器。避雷器用来防止雷电产生的过电压波沿线路侵入变配电所或其他建筑物内，以免危及被保护设备的绝缘。避雷器的接线图如图 7-5 所示。避雷器主要有阀式避雷器、氧化锌(ZnO)避雷器等。ZnO 避雷器外形结构如图 7-6 所示。

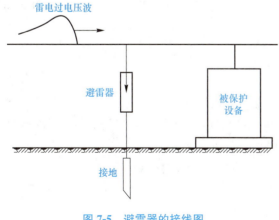

图 7-5 避雷器的接线图

图 7-6 ZnO 避雷器外形结构

7.1.3 建筑物外部及建筑供配电系统防雷措施

1. 直击雷的防御措施

直击雷的一般防御措施是：在建筑物上装设避雷网(带)或避雷针，或两者混合组成的接闪器，并通过引下线与接地装置相连，这样通过把雷电引向避雷网(带)或避雷针并安全导入地下，从而保护建筑物免遭雷击。

避雷网(带)应沿屋角、屋檐、屋脊、女儿墙等易受雷击的部位敷设；对屋面接闪器保护范围之外的非金属物体，如水箱、烟囱、设备房屋面等，也应装设接闪器，并和屋面避雷网、带、针相连通；凸出屋面的金属构件，如水管、气管、栏杆等也应与避雷网、带、针相连接，并按照建筑物的防雷等级在整个屋面构成不同尺寸要求的网格，见表7-1。

引下线应不少于两根，沿建筑物四周均匀或对称布置，引下线最小间距及每根引下线冲击接地电阻值，应按建筑物防雷等级要求设置，见表7-1。根据建筑物结构形式，引下线可以明装，也可利用钢筋混凝土柱或剪力墙内两条以上主筋全长焊通作为暗引下线。有条件时应优先考虑采用建筑物基础中的钢筋作为接地装置，如利用基础地梁内两主筋沿四周边通长焊通，或利用桩基中钢筋作为自然接地体，大底板的钢筋网作水平接地体，相互焊接或可靠绑扎形成接地装置。

2. 感应雷的防御措施

(1)在建筑物屋面沿周边装设避雷带，每隔20 m左右引出接地线一根。

(2)建筑物内所有金属物，如设备外壳、管道、构架等均应接地，混凝土内的钢筋应绑扎或焊成闭合回路。

(3)将凸出屋面的金属物接地。

(4)对净距离小于100 mm的平行敷设的长金属管道，每隔20～30 m用金属线跨接，避免因感应过电压而产生火花。

3. 雷电波侵入的防御措施

(1)架空线。对6～10 kV架空线，如有条件时可采用30～50 m的电缆段埋地引入，在架空线终端杆装避雷器，避雷器的接地线应与电缆金属外壳相连后直接接地，并连入公共地网。

对没有电缆引入段的6～10 kV架空线，在终端杆处装避雷器，在避雷器附近除了装设集中接地线外，还应连入公共地网。

对低压进出线，应尽量用电缆线，至少应有50 m的电缆段经埋地引入，在进户端将电缆金属外壳架相连后直接接地，并连入公共地网。

(2)变配电所。

1)在总电源进线处装设避雷器。主变压器的高压侧应装设避雷器(如阀式避雷器)。要求避雷器与主变压器尽量靠近安装，相互间最大电气距离不超过表7-2的规定，同时，避雷器的接地端与变压器的低压侧中性点及金属外壳均应可靠接地。

表7-2 阀式避雷器至3～10 kV主变压器的最大电气距离

雷雨季节经常运行的进线路数	1	2	3	≥4
避雷器至主变压器的最大电气距离/m	15	23	27	30

2)3～10 kV高压配电装置。要求它在每路进线终端和各段母线上都装有避雷器。避雷器

的接地端与电缆头的外壳相连后需可靠接地。

3)在变压器低压侧装设避雷器。在多雷区、强雷区及向一级防雷建筑供电的 Yyn0 和 Dyn11 联结的配电变压器,应装设一组低压避雷器。

7.1.4 建筑物内部的防雷措施

建筑物内部防雷主要是防高电压的侵入。高电压侵入是指雷电过电压通过金属线引导到室内或其他地方造成破坏的雷害现象。现代建筑中除上述外部防雷措施外,内部还采取了安装电涌保护器和等电位联结等措施。

1. 安装电涌保护器(SPD)

电涌保护器(SPD),又称浪涌保护器。根据 IEC 标准规定,电涌保护器主要是指抑制传导来的线路过电压和过电流的装置。它的组成器件主要包括放电间隙、压敏电阻、二极管、滤波器等。根据构成组件和使用部位的不同,电涌保护器可分为电压开关型 SPD、限压型 SPD 和组合型 SPD。而根据应用场合分类,电涌保护器又可分成电力系统 SPD 和信息系统 SPD。这里主要阐述电涌保护器在建筑物电力系统防雷设计中的应用。

为避免高电压经过避雷器对地泄放后的残压过大,或避免更大的雷电流在击毁避雷器后继续毁坏后续设备,以及防止线缆遭受二次感应,依照《建筑物防雷设计规范》(GB 50057—2010)和《建筑物电子信息系统防雷技术规范》(GB 50343—2012),应采取分级保护、逐级泄流的原则。具体做法:一是在大楼电源的总进线处安装放电电流较大的一级电源避雷器,这里一般要用三相电压开关型 SPD;二是在重要楼层或重要设备电源的进线处加装二或三级电源避雷器,一般用限压型 SPD;三是在末端配电处安装四级电源避雷器或称为末端电源避雷器,一般用限压型 SPD。究竟使用几级 SPD,由建筑防雷等级确定。一般一类防雷建筑需要四级,二类需要三级,三类需要二级。为了确保遭受雷击时,高电压首先经过一级电源避雷器,然后再经过二、三级或末级电源避雷器,一级电源避雷器和二级电源避雷器之间的距离要大于 10 m,如果两者间距不够,可采用带线圈的防雷箱,这样可以避免二级或三级电源避雷器首先遭受雷击而损坏。

2. 等电位联结

等电位联结是建筑物内电气装置的一项基本安全措施,可以消除自建筑物外从电源线路或金属管道引入建筑物的危险电压。《建筑物防雷设计规范》(GB 50057—2010)强调了等电位联结在内部防雷中的作用。等电位联结是为减小在需要防雷的空间内发生火灾、爆炸、生命危险的一项很重要的措施,特别是在建筑物内部防雷空间防止发生生命危险的最重要的措施。

建筑物的等电位联结设计主要有以下几种:

(1)总等电位联结和局部等电位联结。

1)总等电位联结(MEB)的作用在于降低建筑物内间接接触电压和不同金属部件间的电位差,并消除自建筑物外经电气线路和各种金属管道引入的危险故障电压的危害。它主要通过进线配电箱近旁的总等电位联结端子板(接地母排)将下列导电部分互相连通:进线配电箱的 PE(PEN)母排;公用设施的金属管道(除可燃气体管道外),如上、下水等管道;建筑物金属结构;如果做了人工接地,也包括其接地极引线。建筑物每一电源进线都应做总等电位联结,各个总等电位联结端子板应互相连通。建筑物内总等电位联结示意图如图 7-7 所示。

2)局部等电位联结(LEB)是指当电气装置或电气装置的某一部分的接地故障保护不能满足切断故障回路的时间要求时,应在局部范围内做的等电位联结。它包括 PE 母线或 PE 干线；公用设施的金属管道（除可燃气体管道外）；如果可能，也包括建筑物金属结构。局部等电位联结示意图如图7-8所示。

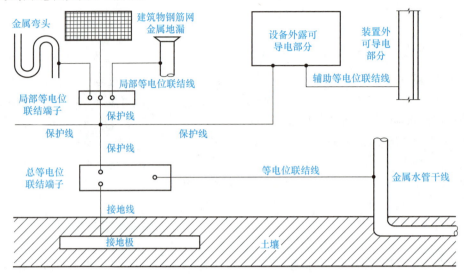

图7-7　建筑物内总等电位联结示意

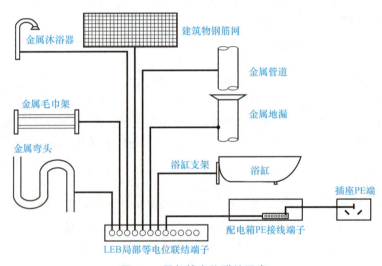

图7-8　局部等电位联结示意

（2）**建筑物内部导电部件的等电位联结**。等电位联结不仅仅是针对雷电暂态过电压的，还包括其他如工作过电压、操作过电压等暂态过电压的防护，特别是在有过电压的瞬间对人身和设备的安全防护。因此，有必要将建筑物内的设备外壳、水管、暖气片、金属梯、金属构架和其他金属外露部分与共用接地系统做等电位联结。需要注意的是，绝不能因检修等原因切断这些联结。

（3）**信息系统的等电位联结**。对信息系统的各个外露可导电部件也要建立等电位联结网络，并与共用接地系统相连。接至共用接地系统的等电位联结网络有两种结构，S形（星形）结构和M形（网格形）结构。对于工作频率小于0.1 MHz的电子设备，一般采用S形（星形）结构；对于频率大于10 MHz的电路，一般采用M形（网格形）结构。

（4）**各楼层的等电位联结**。将每个楼层的等电位联结与建筑物内的主钢筋相连，并在每个房间或区域设置接地端子,由于每层的所有接地端子彼此相连,而且又与建筑物主钢筋相连,这就使每个楼层成了等电位面。再将建筑物所有接地极、接地端子连接形成等电位空间。最后,将屋顶上的设备和避雷针等与避雷带连接,形成屋面上的等电位。

(5)接地网的等电位联结。从某种意义上说,建筑物的共用接地系统在大范围内即等电位联结,比如常见的计算机房的工作接地、屏蔽接地和防雷接地等采用同一接地系统的原理,就是避免各接地间产生的暂态过电压差对设备造成影响,因此,钢筋混凝土结构建筑物利用基础钢筋网作接地体时,一般要围绕建筑物四周增设环形接地体,并与建筑物柱内被用作引下线的柱筋焊接,这样就大大降低了接地网由于雷电流造成地电位不均衡的概率。

综上所述,楼层下部有接地网,楼层里有等电位均压网,楼顶物体与避雷装置连接在一起形成等电位,这样就在电气上成为法拉第笼式结构,人和设备在此环境中没有雷击危险。等电位联结在建筑物及其电子信息系统中是最重要的一项电气安全措施。注意:为保证等电位联结的可靠导通,等电位联结线和接地母排应分别采用铜线和铜板。

7.2 电气装置的接地

7.2.1 电气装置接地概述

当电气设备发生碰壳短路或电网相线断线并且触及地面时,故障电流就从电气设备外壳经接地体或电网相线的触地点向大地流散,使附近的地表面上和土壤中各点出现不同的电位。当人体接近触地点的区域

PPT 课件

配套资源

或触及与触地点相连的可导电物体时,接地电流和流散电阻产生的流散电场会对人身造成危害。

为保证人身安全和电气系统、电气设备的正常工作需要,采取保护措施很有必要。一般将电气设备的外壳通过一定的装置(人工接地体或自然接地体)与大地直接连接。采取保护接地措施后,当相线发生碰壳故障时,该线路的保护装置则视其为单相短路故障,并及时将线路切断,使短路点接地电压消失,确保人身安全。

1. 接地和接地装置

电气设备的某部分与大地之间做良好的电气连接,称接地。埋入地中并直接与土壤相接触的金属导体,称接地体或接地极,如埋地的钢管、角钢等。电气设备应接地部分与接地体(极)相连接的金属导体(线),称为接地线。接地线又分为接地干线和接地支线,接地线在设备正常允许情况下是不载流的,但在故障情况下要通过接地故障电流。接地体与接地线总称为接地装置。由若干接地体在大地中用接地线相互连接起来的一个整体,称为接地网,如图 7-9 所示。接地干线一般应不少于两根导体,在不同地点与接地网连接。

2. 接地电流和对地电压

电气设备发生接地故障时,电流经接地装置流入大地并作半球形散开,这一电流称接地电流,如图 7-10 中所示的 I_E。由于该半球距接地体越远的地方球面越大,所以距接地体越远的地方,散流电阻越小。试验表明,在单根接地体或接地故障点 20 m 处,实际散流电阻已趋近于零。电位为零的地方,称为电气上的"地"或"大地"。

电气设备接地部分与零电位的"大地"之间的电位差,称为对地电压,如图 7-10 中所示的 U_E。

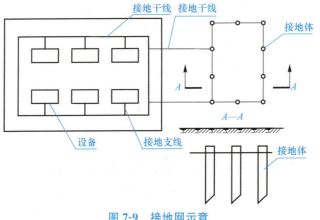

图 7-9 接地网示意

3. 接触电压和跨步电压

当电气设备绝缘损坏时,人站在地面上接触该电气设备,人体同时触及的两部分所承受的电位差称为接触电压 U_{tou}。例如,当设备发生接地故障时,以接地点为中心的地表半径约 20 m 的圆形范围内,便形成一个电位分布区。这时,如果有人站在该设备旁边,手触及带电外壳,那么手与脚之间所呈现的电位差,即接触电压 U_{tou},如图 7-11 所示。

人在接地故障点附近行走,双脚(或牲畜前后脚)之间所呈现的电位差称为跨步电压 U_{step},如图 7-11 所示。跨步电压的大小与离接地点的远近及跨步的长短有关,离接地点越近,跨步越长,跨步电压就越大。离接地点达 20 m 时,跨步电压为零。

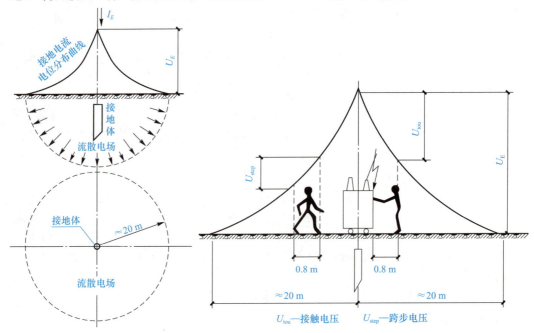

图 7-10 接地电流、对地电压及接地电流电位分布曲线

图 7-11 接触电压和跨步电压

4. 工作接地、保护接地与保护接零、重复接地

(1)工作接地。工作接地是为了保证电力系统和设备达到正常工作要求而进行的一种接

地。例如，电源中性点的接地、防雷装置的接地等，将电力系统中的变压器低压侧中性点直接接地，能在运行中维持三相系统中相线对地电压不变，而防雷装置的接地，是为了对地泄放雷电流，实现防雷保护的要求。工作接地如图7-12所示。

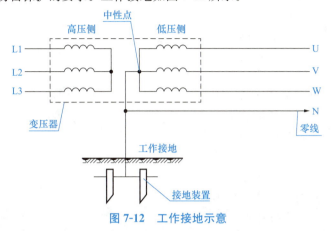

图7-12 工作接地示意

(2) 保护接地与保护接零。为了防止电气设备由于绝缘损坏而造成的间接触电事故，将电气设备的金属外壳通过接地线与接地装置连接起来，这种保护人身安全的接地方式称为保护接地，其连接线称为保护线(PE)。保护接地如图7-13所示。

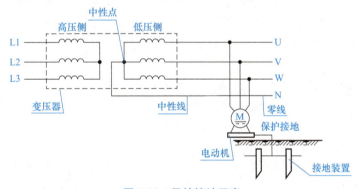

图7-13 保护接地示意

为了防止电气设备因绝缘损坏而使人身遭受触电危险，将电气设备的金属外壳经公共的PE线或经公共的PEN线接地，这种接地形式在我国电工界过去习惯称为"保护接零"。上述的PE线和PEN线就称为"零线"。保护接零如图7-14所示。

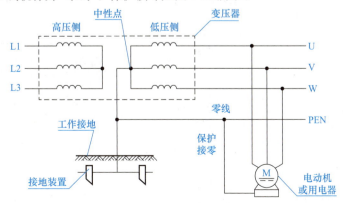

图7-14 保护接零示意

237

注意：同一低压配电系统中，不能有的设备采取保护接地，而有的设备采取保护接零；否则，当采取保护接地的设备发生单相接地故障时，采取保护接零的设备外露可导电部分（外壳）将带上危险的电压。

(3) 重复接地。为确保公共 PE 线或 PEN 线安全可靠，将零线上的一点或多点与地再次做电气连接，称为重复接地。R_r 表示重复接地的接地电阻，不应大于 10 Ω。例如，架空线路沿线每一公里处以及在引入大型建筑物等处的零线都要重复接地。重复接地可以降低漏电设备的对地电压；减轻断线时的触电危险和三相负荷不对称时对地电压的危险性；缩短碰壳或接地短路持续时间；改善架空线路的防雷性能。重复接地如图 7-15 所示。

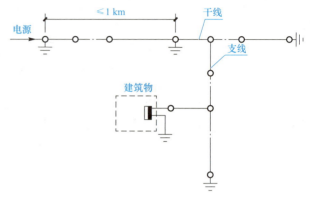

图 7-15 重复接地示意

7.2.2 接地装置的安装

接地体与接地线的总体称为接地装置。

1. 接地体的安装

接地体是接地装置的主要部分，其选择与装设是能否获得合格接地电阻的关键。接地体可分为自然接地体和人工接地体。

(1) 自然接地体。凡是与大地有可靠而良好接触的设备或金属构件，大都可以作为自然接地体，如与大地有可靠连接的建筑物的钢结构、混凝土基础中的钢筋；敷设于地下而数量不少于两根的电缆金属外皮；敷设于地下的金属管道及热力管道。但输送可燃性气体或液体（如煤气、石油）的金属管道除外。

利用自然接地体不但可以节约钢材，节省施工费用，还可以降低接地电阻，因此有条件的建筑物应当优先利用自然接地体。经实地测量，可利用的自然接地体接地电阻如果能满足要求，而且又满足热稳定条件时，就不必再装设人工接地装置，否则应增加人工接地装置。

利用自然接地体，必须保证良好的电气连接，在建筑物钢结构结合处凡是用螺栓连接的，只有在采取焊接与加跨接线等措施后方可利用。

(2) 人工接地体。人工接地体一般采用镀锌的钢材，如钢管、圆钢、角钢或扁钢。一般情况下，人工接地体都采取垂直敷设；特殊情况如多岩石地区，可采取水平敷设，如图 7-16 所示。

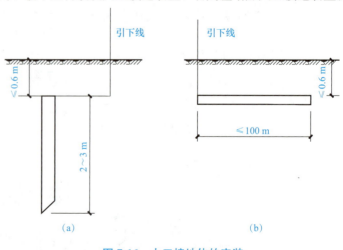

图 7-16 人工接地体的安装
(a) 垂直埋设的棒形接地体；(b) 水平埋设的带形接地体

人工接地体在土中的埋设深度不应小于 0.5 m，一般埋设深度为 0.6～0.8 m。人工垂直接地体的长度宜为 2.5 m，人工垂直接地体之间的距离及人工水平接地体之间的距离宜为 5 m，当受地方限制时适当减小。埋于土中的人工垂直接地体宜采用角钢、钢管或圆钢，埋于土中的人工水平接地体宜采用扁钢或圆钢，圆钢直径不应小于 10 mm，扁钢截面不应小于 100 mm^2，其厚度不应小于 4 mm，角钢厚度不应小于 4 mm，钢管壁厚不应小于 3.5 mm；在腐蚀性较强的土壤中，应采取热镀锌防护措施或加大截面，接地线应与水平接地体的截面相同。埋于土中的接地装置，其连接方式应采用焊接，并在焊接处作防腐处理，在接地电阻检测点和不允许焊接的地方，才允许用螺栓连接。注意：采用螺栓连接时，接地线间的接触面、螺栓螺母和垫圈均应镀锌。

(3) 环路式接地装置。由于单根接地体周围地面电位分布不均匀，在接地电流或接地电阻太大时，容易使人受到危险的接触电压或跨步电压的威胁。特别是在采用接地体埋设点距被保护设备较远的外引式接地时，情况就更严重（若相距 20 m 以上，则加到人体上的电压将为设备外壳上的全部对地电压）。此外，单根接地体或外引式接地的可靠性也较差，万一引线断开就极不安全。针对上述情况，可采用环路式接地装置，如图 7-17 所示。

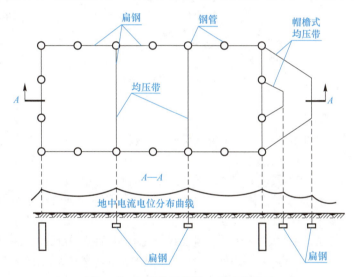

图 7-17 加装均压带的环路式接地网

在变配电所和建筑物内，应尽可能采用环路式接地装置，即在变配电所和建筑物四周，距墙角 2～3 m 处打入一圈接地体，再用扁钢连成环路。这样，接地体间的散流电场将相互重叠而使地面上的电位分布较均匀，因此跨步电压及接触电压就很低。当接地体之间距离为接地体长度的 1～3 倍时，这种效应就更明显。若接地区范围较大，可在环路式接地装置范围内，每隔 5～10 m 宽处增设一条水平接地带作为均压连接线，该均压连接线还可作为接地干线用，以使各被保护设备的接地线连接更为方便可靠。在经常有人出入的地方，应加装帽檐式均压带或采用高绝缘路面。

2. 接地线的安装

接地线包括接地引线、接地干线和接地支线等。为了使接地可靠并具有一定的机械强度，人工接地线一般均采用镀锌扁钢或镀锌圆钢制作。移动式电气设备或钢质导线连接困难时，可采用有色金属作为人工接地线，但严禁使用裸铝导线作接地线。

(1) 接地干线的安装。接地干线应水平或垂直敷设，在直线段不应有弯曲现象。接地干线通常选用截面不小于 12 mm×4 mm 的镀锌扁钢或直径不小于 6 mm 的镀锌圆钢。安装的位置应便于维护检修,且不妨碍电气设备的拆卸和检修。接地干线与建筑物或墙壁间应留有 10~15 mm 的间隙。水平安装时离地面的距离一般为 250~300 mm,具体数据由设计决定。接地线支持卡子之间的距离:水平部分为 0.5~1.5 m;垂直部分为 1.5~3 m;转弯部分为 0.3~0.5 m。设计要求接地的幕墙金属框架和建筑物的金属门窗,应就近与接地干线连接可靠,连接处不同金属间应有防电化腐蚀措施。室内接地干线安装如图 7-18 所示。接地线在穿越墙壁、楼板和地坪处应加钢套管或其他坚固的保护套管,钢套管应与接地线作电气连通。

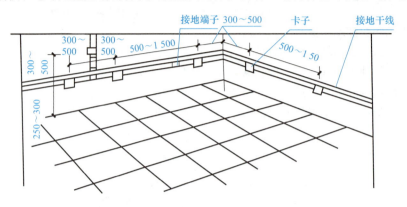

图 7-18 室内接地干线安装

(2)接地支线的安装。

1)接地支线与干线的连接。当多个电气设备均与接地干线相连时,每个设备的连接点必须用一根接地支线与接地干线相连接,不允许用一根接地支线把几个设备接地点串联后再与接地干线相连,也不允许几根接地支线并联在接地干线的一个连接点上。

2)接地支线与金属构架的连接。当接地支线与电气设备的金属外壳及其他金属构架连接时,应采用螺钉或螺栓进行压接;但若是软性接地线,则应在两端装设接线端子板。

3)接地支线与变压器中性点的连接。接地支线与变压器中性点及外壳的连接方法是将接地支线与干线用并沟线夹连接,其材料在户外一般采用多股铜绞线,户内多采用多股绝缘铜导线。

4)接地支线的穿越与连接。明装敷设的接地支线,在穿越墙壁或楼板时,应穿管加以保护。当接地支线需要加长时,若固定敷设时必须连接牢固;若用于移动电气的接地支线,则不允许有中间接头。接地支线的每一个连接点都应置于明显处,便于维护和检修。

3. 接地装置的检验和涂色

接地装置安装完毕后,必须按施工规范要求经过检验合格方能正式运行。检验除要求整个接地网的连接完整牢固外,还应按照规定进行涂色,标志记号应鲜明齐全。明敷接地线表面应涂以 15~100 mm 宽度相等的绿黄色相间条纹。在每个导体的全部长度上,或在每个区间,或每个可接触到的部位上宜做出标志。当使用胶带时应选择双色胶带,中性线宜涂淡蓝色标志。在接地线引向建筑物内的入口处和在检修用临时接点处,均应刷白色底漆后标以黑色接地符号。

4. 接地电阻的测试

接地装置的接地电阻是接地体的对地电阻和接地线电阻的总和。接地电阻的数值等于接地装置对地电压与通过接地体流入大地中电流的比值。《建筑电气工程施工质量验收规范》(GB 50303—2015)中要求:人工接地装置或利用建筑物基础钢筋的接地装置必须在地面以上按设计要求位置设测试点。测试接地装置的接地电阻值必须符合设计要求。接地电阻可以用接地电阻测量仪来测量，常用接地电阻测量仪有ZC－8型和ZC－9型。

7.3 电气安装工程与土建的配合

电气安装工程是整个建筑工程项目的一个重要组成部分，它与土建、给水排水、采暖、通风等专业工种有着千丝万缕的联系，尤其和土建施工配合关系最为密切。

PPT课件

配套资源

7.3.1 电气安装工程在施工前与土建的配合

在土建施工之前，电气安装人员应会同土建施工技术人员共同审核土建和电气施工图样，以防遗漏和发生差错。电气安装人员应了解土建施工进度计划和施工方法，尤其是梁、柱、地面、屋面的做法和相互间的连接方式，校核拟采用的电气安装工艺与此项目的土建施工是否适应。施工前，还必须加工制作和备齐土建施工阶段中电气工程所需的预埋件、预埋管道和零配件。

7.3.2 电气安装工程在基础施工阶段与土建的配合

在基础工程施工时，电气安装人员应及时配合土建做好强电、弱电专业的进户电缆穿墙管及止水挡板的预留、预埋工作。这一方面要求，电气专业应在土建做墙体防水处理之前完成，避免电气施工破坏防水层造成墙体渗漏；另一方面要求，格外注意预留的轴线、标高、位置、尺寸、数量、用材、规格等方面是否符合图样要求。按惯例，尺寸大于300 mm的孔洞一般在土建图样上标明，由土建负责预留，这时电气工长应主动与土建工长联系，并核对图样，保证土建施工时不会遗漏。另外，电气工长应配合土建施工进度，及时做好尺寸小于300 mm的土建施工图样上未标明的预留孔洞及需在底板和基础垫层内暗配的管线及稳盒的施工。对需要预埋的铁件、吊卡、木砖、吊杆基础螺栓及配电柜基础型钢等预埋件，电气施工人员应配合土建，提前做好准备，土建施工到位及时埋入，不得遗漏。根据图样要求，做好基础底板中的接地措施，如需利用基础主筋作接地装置，要将选定柱子内的主筋在基础根部散开与底筋焊接，并做好标记，引上并留出测接地电阻的干线及测试点。如还需设置人工接地极，在条件许可情况下，尽量利用土建开挖基础沟槽，把接地极和接地干线做好。

7.3.3 电气安装工程在主体施工阶段与土建的配合

在主体施工阶段，电气安装人员应根据土建浇筑混凝土的进度要求及流水作业的顺序，逐层逐段地做好电管暗敷工作，这是整个电气安装工程的关键工序，做不好不仅影响土建施工进度与质量，而且也影响整个电气安装工程后续工序的质量与进度，应引起足够的重视。现浇混凝土楼板内配管时，在底层钢筋绑扎完后，上层钢筋未绑扎前，根据施工图尺寸位置配合土建进行施工，注意不要踩坏钢筋。土建浇筑混凝土时，电工应留专人看守，以免振捣时损坏配管或使得接线盒移位。遇有管路损坏时，应及时修复。对于土建结构图上已标明的预埋件（如电梯井道内的轨道支架预埋铁件，尺寸大于300 mm的预留孔洞）应由土建负责施工，但电气工长应随时检查，以防遗漏。对于要求专业施工的预留孔洞及预埋的铁件、吊卡、吊杆、木砖等，电气施工人员应配合土建施工，提前做好准备，土建施工一到位就及时将其埋设到位。配合土建结构施工进度，及时做好各层的防雷引下线焊接工作，如利用柱子主筋作防雷引下线时，应按图样要求将对应柱子的两根主筋用红漆做好标记。在每层对该柱子中用作引下线主筋的接头要按工艺要求处理，一直到顶层，再用不小于 ϕ12 镀锌圆钢与柱子主筋焊接，引出女儿墙并与屋面防雷网连接。

7.3.4 电气安装工程在装修阶段与土建的配合

在土建工程砌筑隔断墙之前，电气安装人员应与土建工长及放线员将水平线及隔墙线核实一遍，因为电气安装人员要按此线确定管路预埋位置及确定各种灯具、开关插座的位置和标高。

在土建抹灰之前，电气施工人员应按内墙上弹出的水平、墙面线（冲筋）将所有电气工程的预留孔洞按设计要求查对核实一遍，符合要求后将箱盒装好。将全部暗配管路也检查一遍，然后扫通管路，穿上带线，堵好管盒。抹灰时，配合土建做好配电箱的贴门脸及箱盒的收口，箱盒处抹灰收口应光滑平整，不允许留大敞口。做好防雷的均压线与金属门窗、玻璃幕墙金属框架的接地连接。配合土建安装轻质隔板与外墙保温板，在隔墙板与保温板内接管与稳盒时，应使用开口锯，尽量不开横向长距离槽口，而且应保证开槽尺寸准确合适。电气施工人员应积极主动与土建人员联系，等待喷浆或涂料刷完后进行照明器具安装；安装时，电气施工人员一定要保护好土建成品，防止墙面弄脏碰坏。当电气器具安装完毕，土建修补喷浆时，一定要保护好电气器具，防止器具锈染。

7.3.5 电气安装工程对土建的要求

(1) 电气安装的房屋应满足的要求。
1) 结束室内屋面的土建工作。
2) 结束粗制地面的工作，并在墙上标明最后抹光地面的标高。
3) 设备的混凝土基础及构架应达到允许进行安装的强度。
4) 对于需要进行修饰的墙壁、柱子及基础的表面，应在电气装置安装之前结束修饰工作。
5) 对电气装置安装有影响的建筑部分的模板、脚手架应当拆除，并清除废料。但对电气装置安装可以利用的脚手架等，可根据工作需要逐步加以拆除。

(2) 电气安装的户外土建工程应满足的要求。
1) 电气装置安装所用的混凝土基础及构架，已达到允许进行安装的规定强度。
2) 模板和建筑废料已经拆除，有足够的安装用场地，施工用道路畅通。
3) 基坑已回填夯实。

(3) 电气装置安装时允许进行的土建工作。
1) 电气装置所用的金属构架安装后，允许进行抹灰工作。
2) 电气装置安装后，允许进行建筑物部分表面的涂色及粉刷，但要注意不应使已安装的装置遭受污损。

(4) 电气装置投入运行前应结束的工作。
1) 清除电气装置及构架上的污垢，结束修饰工作（如粉刷、涂漆、补洞、抹制地面、表面修饰等）。
2) 户外变电站区域的永久性围墙和场地平整。
3) 拆除临时设施，更换为永久设施（如永久性梯子、栏杆等）。

7.4 建筑电气施工图识读

建筑电气施工图包含的内容已在前面章节作了详尽阐述,下面介绍建筑电气施工图的识读方法和识读实例。

7.4.1 建筑电气施工图识读方法

PPT 课件

识读电气工程图的方法和步骤没有统一规定,可根据实际情况自己分析掌握。对于初学者,可以按以下方法练习。

(1)熟悉图例符号及含义,熟悉电气设备和线路的标注方式。

(2)读图顺序一般按照"进户线→总配电箱→干线→分配电箱→支线→用户配电箱→各路用电设备"的顺序来阅读。

(3)将所有有关图纸联系起来细读,特别是配电系统图和电气平面图。一般先看系统图,了解系统组成概况,再具体熟读平面图。读图中,把握如下要点:供电方式和电压;进户线方式;干线及支线情况,主要是干线在各配电箱之间的连接情况、敷设方式及部位;布线方式;电气设备的平面布置、安装方式和高度等。

(4)结合实际看图是识图最有效的方法。一边看图,一边看施工现场实际情况,一个工程下来,既能掌握很多电气工程知识,又能熟悉电气施工图纸的读图方法。

7.4.2 建筑电气施工图识读实例

1. 工程概况

本建筑为一独立别墅,地下负一层,地上三层。结构形式为框架结构,基础采用筏板基础,属多层民用建筑。

2. 工程包括的电气系统

220/380 V 低压配电系统。

(1)地下室及一、二、三层照明平面图。

(2)卫生间局部等电位及地下室等电位联结平面图。

(3)基础接地平面图。

(4)屋面防雷平面图。

3. 负荷分类及供电电源

(1)本工程用电负荷等级为三级。

(2)本工程从楼前就近分支箱引一路 220/380 V 电源,进线电缆从建筑物北侧直接引入住户入口电表箱。

4. 用电标准

根据建设单位及供电部门要求,本工程住宅用电标准为每户 40 kW。

5. 供电标准

本工程采用放射式的供电方式。

6. 照明配电

照明、插座均由不同支路供电;所有插座回路均设漏电断路器保护。

7. 设备安装

(1)电源总进线采用供电公司专用的计量箱,距地面 1.6 m 墙上明装。

(2)住户配电箱底边距地面 1.8 m 嵌墙暗装。

(3)壁装灯具除平面图中标注外,均为距地面 2.2 m;其余灯具均吸顶安装。

(4)除注明外,开关、插座应分别距地面 1.3 m、0.3 m 暗装。在卫生间防护 0~2 区内,严禁设置电源插座(含照明开关)。在防护 0~2 区以外的插座线路应避开在防护 0~2 区范围内敷设。

(5)安装高度在 1.8 m 及以下的电源插座应采用安全型;卫生间电源插座(刮须插座除外)、非封闭阳台电源插座应采用防溅型;洗衣机、电热水器、空调电源插座应带开关。

8. 导线选择及敷设

(1)室外电源进线选用 YJV-0.6/1 kV 聚乙烯绝缘、聚氯乙烯护套铜芯电力电缆穿钢管引入。

(2)照明干线选用 BV-450/750 V 聚氯乙烯绝缘铜芯导线。所有干线均穿重型 PVC 管埋地暗敷或墙内暗敷。

(3)照明支线、空调风机回路选用 BV-450/750 V 聚氯乙烯绝缘铜芯导线。所有支路均穿重型 PVC 管沿墙及楼板暗敷。混凝土现浇板内的管线应根据结构情况,避免重叠,并防止管线外露。

(4)插座线路采用 BV-3×2.5 mm² 敷设在地坪下或楼面现浇板内、垫层内。

(5)图中除标注者外,线路均为 BV-450/750-3×2.5 mm²。专用接地线(PE 线)采用绿/黄双色线并与馈电电线同穿一根保护管敷设。

(6)设计图纸中穿管及敷设方式标注:

G—水煤气镀锌钢管;　　　S—普通碳素钢电线套管;　　　P—PVC 阻燃塑料管;
WC—墙内暗射;　　　　　FC—地面及地坪内暗设;　　　CC—顶板内暗设;
ACC—吊顶内暗设;　　　　WE—沿墙明敷;　　　　　　CE—沿顶板明敷;
CLC—沿柱内暗敷;　　　　CT—沿桥架敷设;

PVC 管管径选择:BV-450/750-2.5 mm²:2~3 根 P16;4 根 P20;其余 P25。

9. 建筑物防雷、接地系统及安全措施

(1)建筑物防雷。

1)本工程年预计雷击次数为 0.026 次,防雷等级为三类。建筑物防雷装置应满足防直击雷、防雷电感应及雷电波的侵入,并设置总等电位联结。

2)接闪器:在屋顶采用 ϕ10 热镀锌圆钢作避雷带,屋顶避雷带连接线网格不大于 20 m×20 m 或 24 m×16 m。

3)引下线:利用建筑物钢筋混凝土柱子或剪力墙内两根 ϕ16 以上主筋通长焊接作为引下线,引下线间距不大于 25 m。所有外墙引下线在室外地面下 1 m 处引出一根 40 mm×4 mm 热镀锌扁钢,扁钢伸出室外,据外墙皮的距离不小于 1 m。

4)接地极:为建筑物基础底梁上的上下两层钢筋中的两根主筋通长焊接形成的基础接地网。

5)引下线上端与避雷带焊接,下端与接地极焊接。建筑物四角的外墙引下线在室外地面上 0.5 m 处设测试卡子。

6)凡凸出屋面的所有金属构件、金属通风管、金属屋面、金属屋架等均与避雷带可靠焊接。

(2) 接地系统及安全措施。

1) 本工程防雷接地、电气设备的保护接地共用统一的接地极,要求接地电阻不大于1Ω。实测不满足要求时,增设人工接地极。

2) 室外接地凡焊接处均应刷沥青防腐。

3) 凡正常不带电,而当绝缘破坏有可能呈现电压的一切电气设备金属外壳均应可靠接地。

4) 本工程采用总等电位联结,总等电位板由紫铜板制成,应将建筑物内保护干线、设备进线总管等电位联结,总等电位联结线采用40 mm×4 mm热镀锌扁钢,总等电位联结均采用等电位卡子,禁止在金属管道上焊接。

5) 过电压保护:在电源总计量箱装电涌保护器(SPD),标称放电电流不小于50 kA或12.5 kA;在住户一层配电箱处安装第二级电涌保护器(SPD),标称放电电流不小于10 kA。

6) 接地形式采用TN-C-S系统,电源在进户处做重复接地,并与防雷接地共用接地极。自计量箱后采用TN-S系统,即PE线与N线严格分开。

10. 建筑电气施工图

图7-19～图7-22所示分别为卫生间局部等电位联结平面详图、地下室等电位联结平面图、基础接地平面图和屋面防雷平面图。

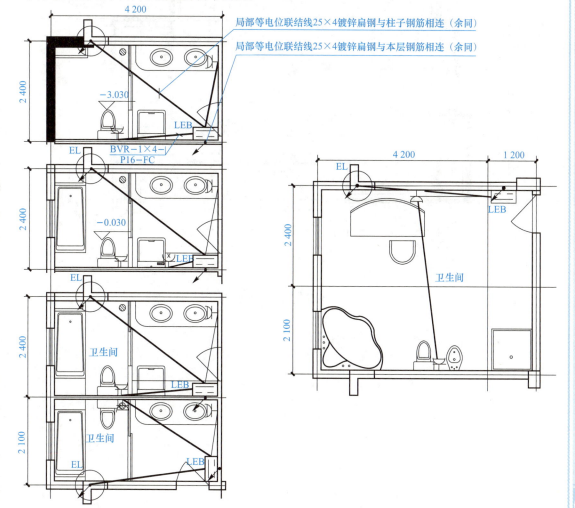

图7-19 卫生间局部等电位联结平面详图

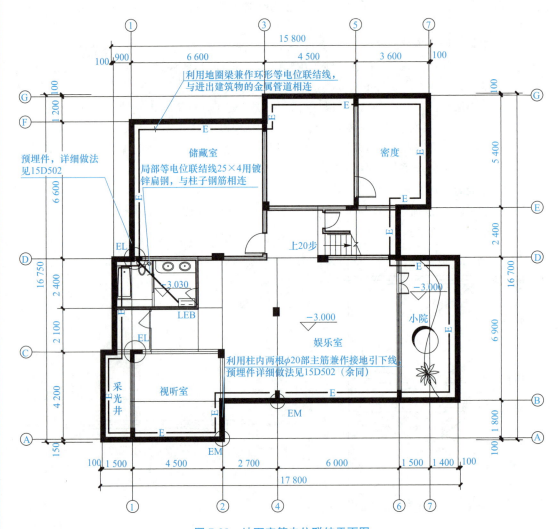

图 7-20 地下室等电位联结平面图

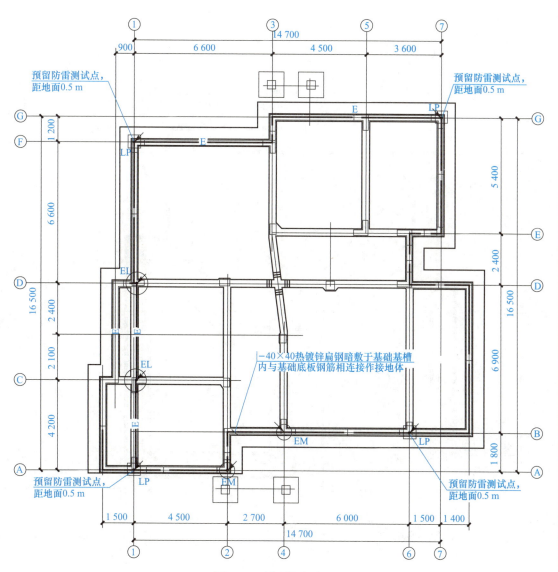

图 7-21 基础接地平面图

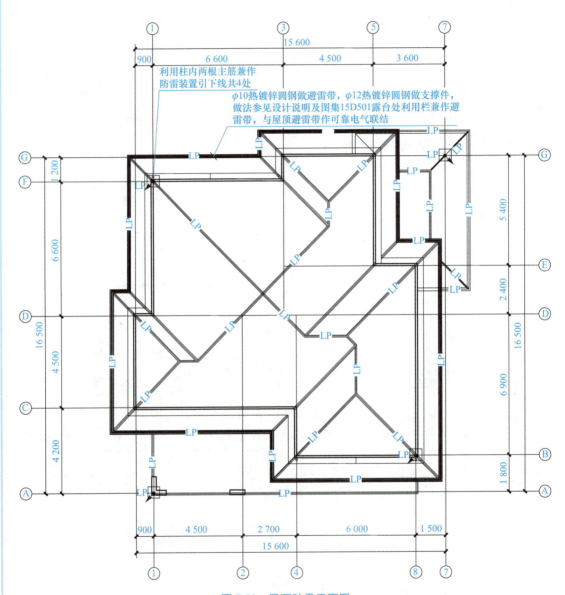

图 7-22 屋面防雷平面图

知识拓展

随着高层建筑及智能化的发展，各种电气设备不断增多，一旦电子设备和网络系统受到雷击，后果将会十分严重，这些都对建筑防雷保护带来新的挑战。因此，设计好安全可靠的防雷接地系统并确保其施工质量，是保证高层建筑安全使用的关键阶段。

据统计，雷电对电子设备的损坏占设备损坏因素的比例高达26%，防雷电过电压已成为具有时代特点的一项迫切要求。因此在智能建筑的设计施工中，不仅要重视智能建筑的性能指标和设备的先进性，更要注意做好建筑物的防雷接地。如果建筑物的防雷接地没有处理好，不管是雷电的直击、串击还是反击，轻则会造成设备不能有效传输数据，降低智能建筑设备的可靠性；重则会损坏设备的部件，甚至导致设备瘫痪并危及人员的安全。

本章小结

雷电是自然界中存在的一种现象，雷电流是一种幅值很大、陡度很高的冲击波电流，因此它的危害相当严重，主要体现在雷电流的热效应和机械效应上。由雷电现象产生的过电压冲击波，其电压幅值可高达1亿伏，其电流幅值可高达几十万安，对供电系统的危害极大。雷电过电压有三种形式：直击雷、感应雷和雷电波侵入。

建筑物按防雷要求分成三个等级，即一类、二类和三类。建筑物的防雷设备包括接闪器和避雷器，接闪器又包括避雷针、避雷线、避雷带和避雷网等。接地装置由接地线和接地体组成。

建筑物外部及建筑供配电系统的防雷措施主要有直击雷的防御措施、感应雷的防御措施和雷电波侵入的防御措施。建筑物内部的防雷措施主要有安装电涌保护器和等电位联结，等电位连接包括总等电位联结、局部等电位联结、建筑物内部导电部件的等电位联结、信息系统的等电位联结、各楼层的等电位联结以及接地网等电位联结。

注意电气安装工程在施工前、基础施工阶段、主体施工阶段和装修阶段与土建的配合。

自我测评

一、选择题

1. 国际规定，电压（　　）V以下不必考虑防止电击的危险。
   A. 36　　　　　　　　B. 65　　　　　　　　C. 25

2. 三线电缆中的红线代表（　　）。
   A. 零线　　　　　　　B. 火线　　　　　　　C. 地线

3. 对需要确保处于危险中的人员的安全场所照明是（　　）。
   A. 正常照明　　　　　　　　　　　　B. 备用照明
   C. 疏散照明　　　　　　　　　　　　D. 安全照明

4. 单相两孔插座有横装和竖装两种。横装时，面对插座的右极、左极分别接（　　）。
   A. L、N　　　　　B. L、PE　　　　　C. N、L　　　　　D. N、PE

5. 一般人触电死亡危险线为( )mA/s。
   A. 5　　　　　B. 10　　　　　C. 30　　　　　D. 50
6. 避雷针(带)的引下线及接地装置使用的坚固件应采用( )。
   A. 刷章丹油的铁件　　　　　B. 刷满防锈漆的铁件
   C. 镀锌制品
7. 土壤中接地体的连接方法应采用( )。
   A. 铆接　　　　　　　　　　B. 焊接
   C. 可靠绑扎　　　　　　　　D. 螺栓连接
8. 建筑用电规范安全电压的三个等级是( )。
   A. 12　　　　　B. 24　　　　　C. 36　　　　　D. 48

二、简答题

1. 什么叫作过电压？过电压有哪些类型？其中雷电过电压有哪些形式？各是如何产生的？
2. 什么叫作接闪器？其功能是什么？
3. 建筑物按防雷要求分哪几类？各类防雷建筑物各应采取哪些防雷措施？
4. 什么叫作接地？什么叫作接地装置？什么叫作人工接地体和自然接地体？
5. 什么叫作接地电流和对地电压？什么叫作接触电压和跨步电压？
6. 什么叫作工作接地和保护接地？什么叫作保护接零？为什么同一低压配电系统中不能有的设备采取保护接地，有的设备采取保护接零？
7. 在TN系统中为什么要采取重复接地？哪些情况需重复接地？
8. 什么叫作接地电阻？人工接地电阻主要指的是哪部分电阻？
9. 什么叫作总等电位联结和局部等电位联结？其功能是什么？

第8章 智能建筑系统

学习目标

了解智能建筑定义，智能化系统工程组成、架构和系统配置；理解信息化应用系统的组成，住宅小区物业智能卡应用系统图示例；熟悉智能化信息集成(平台)系统的组成、架构、通信互联及通信内容；掌握信息设施系统，包括信息接入系统、布线系统、用户电话交换系统、信息网络系统、有线电视及卫星电视接收系统、公共广播系统、会议系统等；理解建筑设备管理系统，包括建筑设备监控系统、建筑能效监管系统；掌握公共安全系统，包括火灾自动报警系统、安全技术防范系统等。

内容概要

项 目	内 容
智能建筑系统概述	智能建筑定义
	建筑智能化系统工程
信息化应用系统	信息化应用系统的组成
	住宅小区物业智能卡应用系统图示例
智能化集成系统	智能化信息集成(平台)系统的组成
	智能化集成系统架构
	智能化集成系统通信互联
	通信内容
信息设施系统	信息接入系统
	综合布线系统
	用户电话交换系统
	信息网络系统
	有线电视及卫星电视接收系统
	公共广播系统
	会议系统
建筑设备管理系统	建筑设备监控系统
	建筑能效监管系统
公共安全系统	火灾自动报警系统
	安全技术防范系统

> **本章导入**
>
> 本章介绍的建筑电气是建筑系统的弱电部分，包括智能建筑系统、信息化应用系统、智能化集成系统、信息设施系统、建筑设备管理系统以及公共安全系统等。弱电系统对于建筑物内的信息传递、安全防范等起重要作用。智能建筑比传统建筑更能为人们提供理想、舒适的工作和生活环境。

8.1 智能建筑系统概述

8.1.1 智能建筑定义

以建筑物为平台，基于对各类智能化信息的综合应用，集架构、系统、应用、管理及优化组合为一体，具有感知、传输、记忆、推理、判断和决策的综合智慧能力，形成以人、建筑、环境互为协调的整合体，为人们提供安全、高效、便利及可持续发展功能环境的建筑。

PPT 课件　　配套资源

8.1.2 建筑智能化系统工程

（1）智能化系统工程组成。智能化系统工程组成宜包括信息化应用系统、智能化集成系统、信息设施系统、建筑设备管理系统、公共安全系统、机房工程等。

（2）建筑智能化系统工程的架构和系统配置。建筑智能化系统工程的架构分别以基础设施、信息服务设施及信息化应用设施为设施分项展开。与基础设施层相对应，基础设施为公共环境设施和机房设施；与信息服务层相对应，信息服务设施为应用信息服务设施的信息应用支撑设施部分；与信息化应用设施层相对应，信息化应用设施为应用信息服务设施的应用设施部分（见智能化系统工程设施架构图 8-1）。

与智能化系统工程设施架构相对应，智能化系统工程的系统配置详见表 8-1。

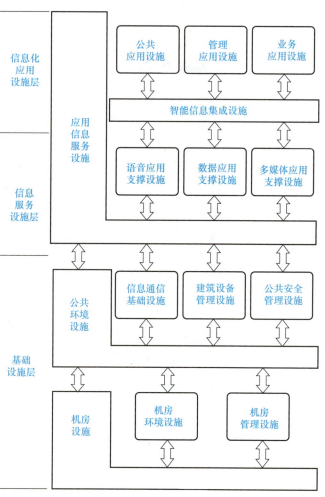

图 8-1　智能化系统工程设施架构图

表 8-1 智能化系统工程的系统配置

信息化应用设施	应用信息服务设施	公共应用设施	信息化应用系统	公共服务系统
				智能卡应用系统
		管理应用设施		物业管理系统
				信息设施运行管理系统
				信息安全管理系统
		业务应用设施		通用业务系统
				专用业务系统
		智能信息集成设施	智能化集成系统	智能化信息集成(平台)系统
				集成信息应用系统
信息服务设施		语音应用支撑设施	信息设施系统	用户电话交换系统
				无线对讲系统
		数据应用支撑设施		信息网络系统
		多媒体应用设施		有线电视系统
				卫星电视接收系统
				公共广播系统
				会议系统
				信息导引及发布系统
				时钟系统
基础设施		信息通信基础设施		信息接入系统
				布线系统
				移动通信室内信息覆盖系统
				卫生通信系统
		建筑设备管理系统	建筑设备管理系统	建筑设备监控系统
				建筑能效监管系统
		公共安全管理设施	公共安全系统	火灾自动报警系统
			安全技术防范系统	入侵报警系统
				视频安防监控系统
				出入口控制系统
				电子配套系统
				访客对讲系统
				停车库(场)管理系统
				安全防范综合管理(平台)系统
				应急响应系统
		机房环境设施	机房工程	信息接入机房
				有线电视前端机房
				信息设施系统总配线机房
				智能化总控室
				信息网络机房
				用户电话交换机房
				消防监控室
				安防监控中心
				智能化设备间(弱电间)
				应急响应中心
		机房管理设施		机房安全系统
				机房综合管理系统

8.2 信息化应用系统

信息化应用系统是以信息设施系统和建筑设备管理系统等智能化系统为基础，为满足建筑物的各类专业化业务、规范化运营及管理的需要，由多种类信息设施、操作程序和相关应用设备等组合而成的系统。

PPT 课件

8.2.1 信息化应用系统的组成

信息化应用系统宜包括公共服务、智能卡应用、物业管理、信息设施运行管理、信息安全管理、通用业务和专业业务等。

8.2.2 住宅小区物业智能卡应用系统图示例

住宅小区物业智能卡应用系统图示例如图 8-2 所示，该系统集成了能耗计量、收费、访客对讲、考勤、电子巡查（在线式）、停车场管理系统。

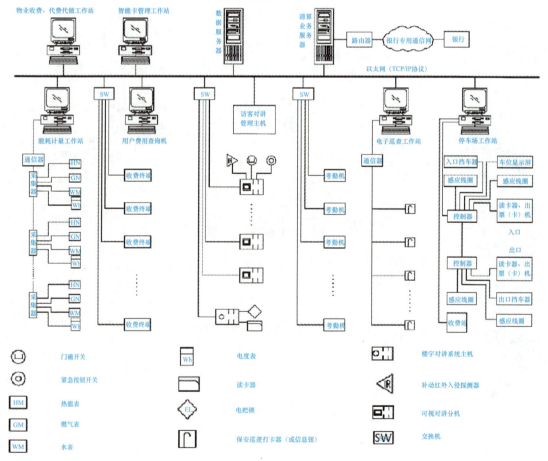

图 8-2 住宅小区物业智能卡应用系统

8.3 智能化集成系统

智能化集成系统是为实现建筑物的运营及管理目标,是基于统一的信息平台,以多种类智能化信息集成方式,形成的具有信息汇聚、资源共享、协同运行、优化管理等综合应用功能的系统。

PPT 课件

配套资源

8.3.1 智能化信息集成(平台)系统的组成

智能化信息集成(平台)系统包括操作系统、数据库、集成系统平台应用程序、各纳入集成管理的智能化设施系统与集成互为关联的各类信息通信接口等。该系统采用合理的系统架构形式和配置相应的平台应用程序及应用软件模块,实现智能化系统信息集成平台和信息化应用程序运行的建设目标。

8.3.2 智能化集成系统架构

(1)集成系统平台,包括设施层、通信层、支撑层。
1)设施层:包括各纳入集成管理的智能系统设施及相应运行程序等。
2)通信层:包括采取标准化、非标准化、专用协议的数据库接口,用于与基础设施或集成系统的数据通信。
3)支撑层:提供应用支撑框架和底层通用服务,包括:数据管理基础设施(实时数据库、历史数据库、资产数据库)、数据服务(统一资源管理服务、访问控制服务、应用服务)、基础应用服务(数据访问服务、报警事件服务、信息访问门户服务等)、基础应用(集成开发工具、数据分析和展现等)。

(2)集成信息应用系统,包括应用层、用户层。
1)应用层:是以应用支撑平台和基础应用构件为基础,向最终用户提供通用业务处理功能的基础应用系统,包括信息集中监视、事件处理、控制策略、数据集中存储、图表查询分析、权限验证、统一管理等。管理模块具有通用性、标准化的统一监测、存储、统计、分析及优化等应用功能,例如,电子地图(可按系统类型、地理空间细分)、报警管理、事件管理、联动管理、信息管理、安全管理、短信报警管理、系统资源管理等。
2)用户层:以应用支撑平台和通用业务应用构件为基础,具有满足建筑主体业务专业需求功能及符合规范化运营及管理应用功能,一般包括综合管理、公共服务、应急管理、设备管理、物业管理、运维管理、能源管理等,例如,面向公共安全的安防综合管理系统,面向运维的设备管理系统,面向办公服务的信息发布系统、决策分析系统等,面向企业经营的ERP 业务监管系统等。

(3)系统整体标准规范和服务保障体系,包括标准规范体系、安全管理体系。
1)标准规范体系,是整个系统建设的技术依据。
2)安全管理体系,是整个系统建设的重要支柱,贯穿于整个体系架构各层的建设过程中,该体系包含权限、应用、数据、设备、网络、环境和制度等。运维管理系统包含组织、人员、流程、制度和工具平台等层面的内容。智能化集成系统架构如图 8-3 所示。在工程设计中根据项目实际状况采用合理的架构形式和配置相应的应用程序及应用软件模块。

8.3.3 智能化集成系统通信互联

智能建筑工程的多种类智能化系统之间的信息互通需要标准化的数据通信接口，以实现智能化系统信息集成平台和信息化应用的整体建设目标。

通信接口程序可包括实时监控数据接口、数据库互联数据接口、视频图像数据接口等类别，实时监控数据接口应支持 RS232/485、TCP/IP、API 等通信形式，支持 BACNet、OPC、Modbus、SNMP 等国际通用通信协议，数据库互联数据接口应支持 ODBC、API 等通信形式；视频图像数据接口应支持 API、控件等通信形式，支持 HAS、RTSP/RTP、HLS 等流媒体协议。

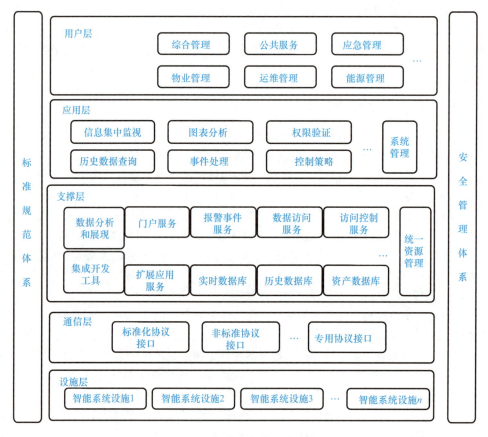

图 8-3 智能化集成系统架构

当采用专用接口协议时，接口界面的各项技术指标均应符合相关要求，由智能化集成系统进行接口协议转换以实现统一集成。

8.3.4 通信内容

通信内容应满足智能化集成系统的业务管理需求，包括实时对建筑设备各项重要运行参数以及故障报警的监视和相应控制，对信息系统定时数据汇集和积累，对视频系统实时监视和控制与录像回放等。

8.4 信息设施系统

信息设施系统是为满足建筑物的应用与管理对信息通信的需求,将各类具有接收、交换、传输、处理、存储和显示等功能的信息系统整合,形成建筑物公共通信服务综合基础条件的系统。

PPT 课件　　　配套资源

信息设施系统包括信息接入系统、布线系统、移动通信室内信号覆盖系统、卫星通信系统、用户电话交换系统、无线对讲系统、信息网络系统、有线电视及卫星电视接收系统、公共广播系统、会议系统、信息导引及发布系统、时钟系统等。

8.4.1 信息接入系统

(1)信息接入系统是外部信息引入建筑物及建筑内的信息融入建筑外部更大信息环境的前端结合环节。满足建筑物内各类用户对信息通信的需求,并应将各类公共信息网和专用信息网引入建筑物内,支持建筑物内各类用户所需的信息通信业务。

(2)在现代电信网中,根据所采用的传输媒介,可分为有线接入网和无限接入网。有线接入网又分为铜线接入网(图8-4)、光纤接入网(图8-5)、混合光纤/同轴电缆接入网(图8-6)等。无线接入网又分为固定无限接入网和移动接入网。

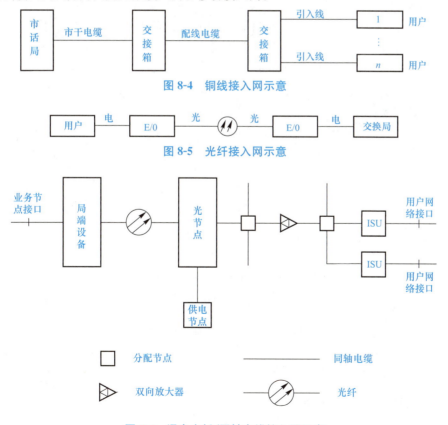

图 8-4　铜线接入网示意

图 8-5　光纤接入网示意

图 8-6　混合光纤/同轴电缆接入网示意

8.4.2 综合布线系统

综合布线是一种模块化的、灵活性极高的建筑物内或建筑群之间的信息传输通道。通过它可使话音设备、数据设备、交换设备及各种控制设备与信息管理系统连接起来,同时也使这些设备与外部通信网络相连。它还包括建筑物外部网络或电信线路的连接点与应用系统设备之间的所有线缆及相关的连接部件。综合布线系统是一种标准通用的信息传输系统。其组成可划分成七部分,包括工作区、配线子系统、干线子系统、建筑物群子系统、设备间、进线间、管理。

(1) 工作区。工作区是一个独立的需要设置终端设备(TE)的区域,由配线子系统的信息插座模块(TO)延伸到终端设备处的连接缆线及适配器组成。

(2) 配线子系统。它是由工作区用的信息插座模块、信息插座模块至楼层配线设备(FD)的配线电缆或光缆、楼层配线设备及设备缆线和跳线等组成的系统。

(3) 干线子系统。它是由设备间至电信间的干线电缆和光缆、安装在设备间的建筑物配线设备(BD)及设备缆线和跳线组成的系统。

(4) 建筑群子系统。将一座建筑物中的缆线延伸到另一座建筑物的布线部分,由建筑群配线设备(CD)、建筑物之间的干线电缆或光缆、设备缆线、跳线等组成。

(5) 设备间。在每幢建筑物的适当地点进行了网络管理和信息交换的场地;对于综合布线系统工程设计,设备间主要安装建筑物配线设备。

(6) 进线间。建筑物外部通信和信息管线的入口部分,并可作为入口设施和建筑群配线设备的安装场地。

(7) 管理。对工作区、电信间、设备间、进线间的配线设备、缆线、信息插座模块等设施按一定的模式进行标识与记录,并形成文档。

综合布线系统组成示意如图8-7所示。

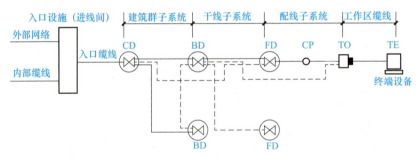

注:配线子系统中可以设置集合点(CP点);
建筑物BD之间、建筑物FD之间可以设置主干缆线互通;
建筑物FD也可以经过主干缆线连至CD,TO也可以经过水平缆线连至BD;
设置了设备间的建筑物,设备间所在楼层的FD可以和设备间中的BE或CD及入口设施安装在同一场地。
TE:终端设备　CP:集合点　TO:信息插座　CD:建筑物群配线设备　BD:建筑物配线设备
FD:楼层配线设备

图8-7 综合布线系统组成示意

综合布线系统设置示意如图8-8所示。

8.4.3 用户电话交换系统

用户电话交换系统应适应建筑物的业务性质、使用功能、安全条件,并应满足建筑内语

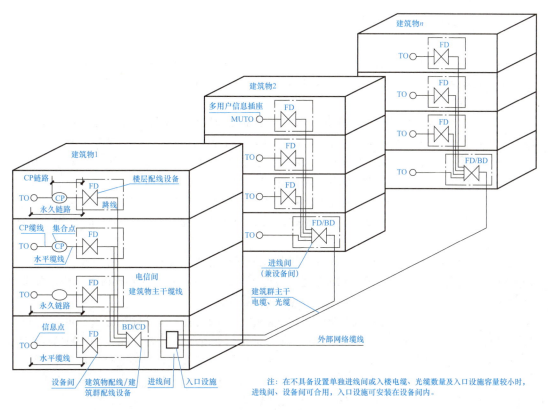

图 8-8 综合布线系统设置示意

音、传真、数据等通信需求;系统的容量、出入中继线数量及中继方式等应按使用需求和话务量确定,并应留有富余量;应具有拓展电话交换系统与建筑内业务相关的其他增值应用的功能;系统设计应符合现行国家标准《用户电话交换系统工程设计规范》(GB/T 50622—2010)的有关规定。

1. 用户电话交换机的种类及发展过程

(1)用户电话交换机从人工交换发展为自动交换,从空分制交换发展为时分制交换,从模拟交换发展为数字交换,从单一电话交换发展为语音/数据/图像的综合业务。

(2)数字程控时分制电话交换机,以大规模集成电路和数字通信理论为基础,将模拟的语音信号进行取样、量化、数字编码、模数转换,再经过解码、数模转换,还原成语音信号。

(3)电话模块局方式,目前公用电话网更新换代快,通信质量好、可靠性高。不少单位和大型建筑的业主,不再自设电话站,而采用电话模块局的方式。将电话模块局建于大型建筑物或建筑物群内,业主提供机房,所有设备由电信部门出资并负责安装管理。开通后,电信部门按照直拨线路收取通信月租费,给予内部通话不收通话费的优惠政策。

2. 程控数字交换机系统

(1)1970年,法国开通了世界上第一部程控数字交换机,采用时分复用技术和大规模集成电路。随后世界各地都大力开发,进入20世纪80年代,程控数字交换机开始在世界上普及。程控数字交换机实质上是采用计算机进行"存储程序控制"的交换机,它将各种控制功能、方法编成程序,存入存储器,利用对外部状态的扫描数据和存储程序来控制,管理整个交换系统的工作。

(2)用户程控交换机应根据工程的需求,以模拟或数字中继方式,通过用户信令、中继随路信令或公共信道信令方式与公用电话网相连。

3. 电话通信的设备和安装

(1)交接箱。交接箱主要由接线模块、箱架结构和机箱组成。它是设置在用户线路中主干电缆和配线电缆的接口装置,主干电缆线可在交接箱内与任意的配线电缆线连接。

电缆交接箱主要供电话电缆在上升管路及楼层管路内分支、接续,安装分线端子排用。交接箱可设置在建筑物的底层或二层,其安装高度宜为其底边距地面 0.5～1.0 m。

(2)分线箱和分线盒。分线箱和分线盒是用来承接配线架或上级分线设备来的电缆,并将其分别馈送给各个电话出线盒(座),是在配线电缆的分线点所使用的设备。

分线箱和分线盒的区别在于前者带有保安装置而后者没有。因此,分线箱主要用于用户引入线为明线的情况,保安器的作用是防止雷电或其他高压从明线进入系统。分线盒主要用于引入线为导线或小对数电缆等不大可能有强电流流入电缆的情况。

(3)过路箱。过路箱一般作暗配线时电缆管线的转接或接续用,箱内不应有其他管线穿过。

直线(水平或垂直)敷设电缆管和用户线管,长度超过 30 m 应加装过路箱(盒),管路弯曲敷设两次也应加装过路箱(盒),以方便穿线施工。过路箱应设置在建筑物内的公共部分:宜为底边距地面 0.3～0.4 m;住户内过路盒安装在门后时。

(4)电话出线盒。电话出线盒是连接用户线和电话机的装置。按其安装方式不同,可分为墙式和地式两种。住宅楼房电话分线盒安装高度应为上边距顶棚 0.3 m。电话出线盒宜暗设,且应为专用出线盒或插座,不得用其他插座代用。如采用地板式电话出线盒时,宜设在人行通路以外的隐蔽处,其盒口应与地面平齐。电话机一般由用户将其直接连接在电话出线盒上。传真机可以与电话机共用一个电话交换网络和双向专用线路,安装方法与电话机相同。

(5)用户终端设备。用户终端设备包括电话机、电话传真机和用户保安器等。

8.4.4 信息网络系统

信息网络系统是由计算机、有(无)线通信、接入、处理、控制设备及其相关的配套设备、综合布线等构成按照一定应用目的和规则对信息进行采集、加工、交换、存储、传输、检索等处理的人机系统。

1. 信息网络系统在智能建筑中的应用

(1)互联网信息服务:如电子政务、电子商务等。

(2)公共事业信息服务:如开通 IP 电话(VOIP)、IP 电视(IPTV)等。

(3)公共资源共享服务:建立数据资源库,向建筑物内的公众提供信息检索、查询、发布和引导等功能。如视频点播(VOP)、网络教育、网络医疗等。

(4)业务应用:对于不同类型的智能建筑(如医院、航站楼、校园、博物馆、体育场馆、剧院),建立在信息网络平台上的业务应用系统是不同的。

(5)内部管理信息系统:如企业内部的财务、人事、生产、销售等部门的计算机管理在信息网络平台上构成一个整体的管理信息系统。

(6)内部办公自动化:可以在信息网络平台上进行公文传阅、领导批示、电子文档、报表打印等功能,进一步实现无纸化办公。

(7)物业运行管理:对建筑物内各类设施的资料、数据、运行和维护进行管理。

(8)智能化系统集成平台:如 IBMS,在集成平台上进一步建立"应急指挥系统"等。

2. 信息(通信)网络系统示意图

信息网络系统示意如图 8-9 所示;通信网络系统示意如图 8-10 所示。

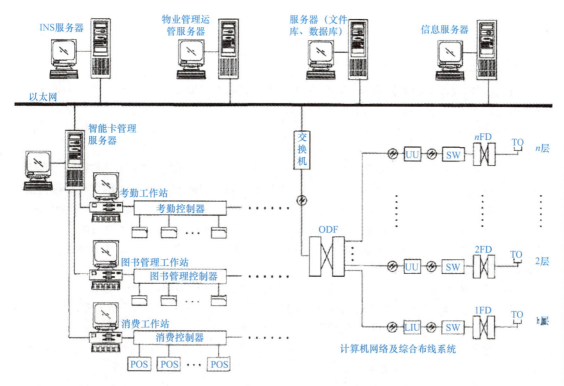

图 8-9 信息网络系统示意

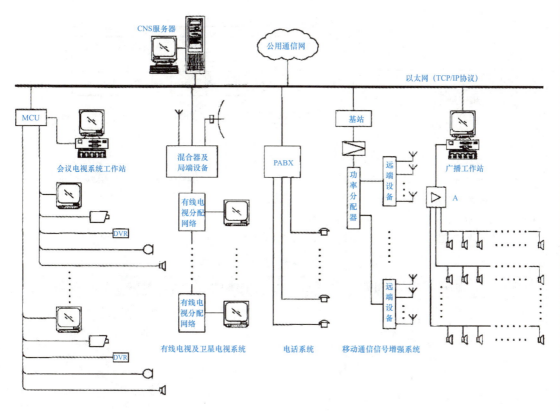

图 8-10 通信网络系统示意

8.4.5 有线电视及卫星电视接收系统

1. 有线电视

(1) 有线电视系统相关概念及分类。共用天线电视系统(Community Antenna Television)或电缆电视系统(Cable Television)简称有线电视系统(CATV 系统),它是采用缆线作为传输媒质来传送电视节目的一种闭路电视系统 CCTV(Closed Circuit Television)。所谓闭路,是指不向空间辐射电磁波。

CATV 系统是在早期的共享天线电视系统基础上发展为多功能、多媒体、多频道、高清晰和双向传输等技术先进的有线数字电视网。如"双向传输系统"可以在每个用户终端设置摄像机、变换器等设备,来满足用户对电视节目的不同要求,综合开展电视教育、资料索取、防火、防盗、报警等业务,形成一个功能日趋完善的闭路电视服务网。有线电视的发展之所以迅速,主要在于它具有高质量、带宽性、保密性和安全性、反馈性、控制性、灵活性,以及发展性等特性。

按系统规模和用户数量来分,有线电视系统有大型、中型、中小型和小型等。

按工作频段分,有线电视系统有 VHF 系统、UHF 系统、VHF+UHF 系统等几种。

按功能分,有线电视系统有一般型和多功能型两种。

按用途分,有线电视系统有广播有线电视和专用有线电视(即应用电视)两类。随着技术的发展,这两种有线电视的界限已不十分明显,有逐渐融合交叉的趋势。

(2) 基本构成。有线电视系统由接收信号源、前端设备、干线传输系统、用户分配网络及用户终端几部分构成,其组成框图如图 8-11 所示。

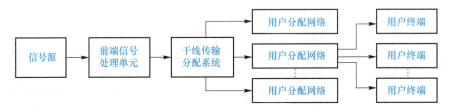

图 8-11 有线电视系统的基本组成框图

2. 卫星电视接收系统

(1) 卫星电视接收系统由抛物面天线、馈源、高频头、功率分配器和卫星接收机组成;设置卫星电视接收系统时应得到国家有关部门的批准。

(2) 卫星接收示例(中星 9)如图 8-12 所示。

注:1. 上卫星电视网查出:偏馈天线接收中星 9 号的 Ku 波段信号,查出的参数见表 8-2。

表 8-2 中星 9 号的 Ku 波段信号参数

地名	南偏东	南偏西	仰角	信号强度	天线口径	极化方式
北京	—	35.9°	37.2°	48 dBW	长轴 1.5 m	左旋
广州	—	45.4°	53.5°	52 dBW	长轴 0.9 m	左旋
哈尔滨	—	44.4°	27.1°	44 dBW	长轴 2.0 m	左旋
乌鲁木齐	5.51°	—	39.4°	46 dBW	长轴 1.5 m	左旋

2. 接收 Ku 波段信号使用偏馈天线。它的口面是椭圆，以长轴标示天线口径。其值在 2 m 以下。偏馈天线可以挂装在墙壁上，也可以架设在水平面上。

3. 馈源、波导和高频头为一体结构。波导与高频头之间有一个镀金探针，把电磁场转换成高频电信号。波导中间有一块绝缘板，把左旋极化信号变成线极化信号。

4. 有源 4 路功率分配器，其 4 个输出口分别与 4 台数字接收机相接。高频头的供电来自数字接收机，有源功率分配器实现自动选择供电线路功能。抵消无源分配电路的损耗，信号通过有源功率分配器的损耗为 0。

5. 4 台数字调制器统收到 40 套节目。1 台数字接收机输出的传输码流承载着 10 套节目。

6. 偏馈天线安装图见产品说明书。

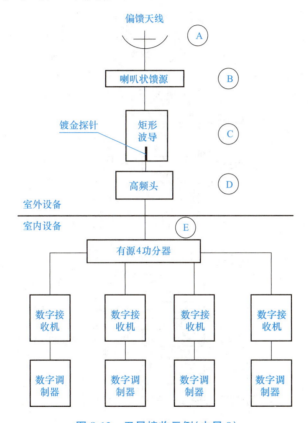

图 8-12　卫星接收示例（中星 9）
（A、B、C、D、E 五种设备组成卫星电视地面接收站）

8.4.6　公共广播系统

公共广播系统已成为各类建筑应用信息服务设施建设的基本配置，系统提高技术性能的相关功能包括：分区播放、分区语音寻呼、分区及全区紧急广播、消防信号联动、多级音源优先级设定。还包括：系统功放热备份、开放通信协议、网络化音频信号和控制信号的传输、音频网络化传输及控制、图形化操作界面、集中控制与分散控制相兼容、分区音频信号处理、可编程多音源播放列表；还可包括：多路分区并行总线能力、远程监控、时钟协议同步、自动生成日志文件、环境噪声监测及自动音量补偿、中心音源与本地音源可路由调配、设备故障报警等。

消防应急广播是紧急广播中的一种形式。

1. 公共广播系统分类

公共广播系统应包括业务广播、背景广播和紧急广播。

业务广播应根据工作业务及建筑物业管理的需要，按业务区域设置音源信号，分区控制呼叫及设定播放程序。业务广播宜播发的信息包括通知、新闻、信息、语音文件、寻呼、报时等。

背景广播应向建筑内各功能区播送渲染环境气氛的音频信号。背景广播宜播发的信息包括背景音乐和背景音响等。

紧急广播应满足应急管理的要求，紧急广播应播发的信息为依据相应安全区域划分规定的专用应急广播信令。紧急广播应优先于业务广播、背景广播。

在工程中可根据需要将业务性广播系统、服务性广播系统和火灾应急广播系统合并为一套系统，或共用一部分设备(扩音设备、馈电线路和扬声器等装置)。

2. 公共广播系统的设计

系统设计应符合现行国家标准《公共广播系统工程技术规范》(GB 50526—2010)的有关规定。校园广播作为公共广播系统的系统图如图 8-13 所示。

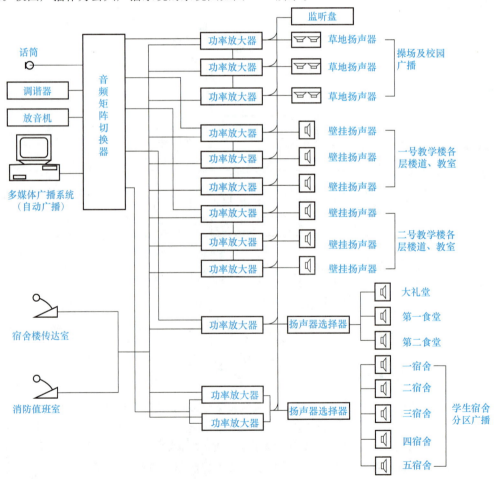

图 8-13 校园广播系统图

注: 1. 对各教室、各办公室、走廊、食堂、礼堂、操场等公共场所提供广播信号,可依需要进行广播。

2. 为操场提供会议、广播操等信号。
3. 用于全校范围内的广播找人,发布通知、通告、开会等。
4. 具有遥控分区、全呼广播、监听各区等多种功能。
5. 各区域消防值班室的遥控传声器进行火灾应急广播,享有最高优先权。
6. 多媒体广播系统可以定时广播,具有编辑功能。

8.4.7 会议系统

(1) 会议系统应按使用和管理等需求对会议场所进行分类,并分别按会议(报告)厅、多功能会议室和普通会议室等类别组合配置相应的功能。会议系统的功能宜包括音频扩声、图像信息显示、多媒体信号处理、会议讨论、会议信息录播、会议设施集中控制、会议信息发布等。

(2) 系统设计应符合现行国家标准《电子会议系统工程设计规范》(GB 50799—2012)、《厅堂扩声系统设计规范》(GB 50371—2006)、《视频显示系统工程技术规范》(GB 50464—2008)和《会议电视会场系统工程设计规范》(GB 50635—2010)的有关规定。

(3) 图 8-14 所示为视频会议室系统图。

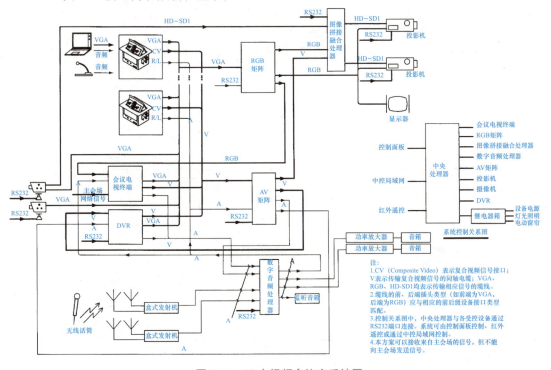

图 8-14 50 人视频会议室系统图

8.5 建筑设备管理系统

建筑设备管理系统是对建筑设备监控系统和公共安全系统等实施综合管理的系统。

建筑设备管理系统包括建筑设备监控系统、建筑能效监管系统,以及需纳入管理的其他业务设施系统等。

建筑设备管理系统是确保建筑设备运行稳定、安全及满足物业管理的需求，实现对建筑设备运行优化管理及提升建筑用能功效，并且达到绿色建筑的建设目标的系统。系统应成为建筑智能化系统工程营造建筑物运营条件的基础保障设施。

PPT 课件

8.5.1 建筑设备监控系统

（1）监控的设备范围宜包括冷热源、供暖通风和空气调节、给水排水、供配电、照明、电梯等，并宜包括以自成控制体系方式纳入管理的专项设备监控系统等。

（2）采集的信息宜包括温度、湿度、流量、压力、压差、液位、照度、气体浓度、电量、冷热量等建筑设备运行基础状态信息。

（3）监控模式应与建筑设备的运行工艺相适应，并应满足对实时状况监控、管理方式及管理策略等进行优化的要求。

（4）应适应相关的管理需求与公共安全系统信息关联。

（5）宜具有向建筑内相关集成系统提供建筑设备运行、维护管理状态等信息的条件。

住宅小区建筑设备监控系统如图 8-15 所示。

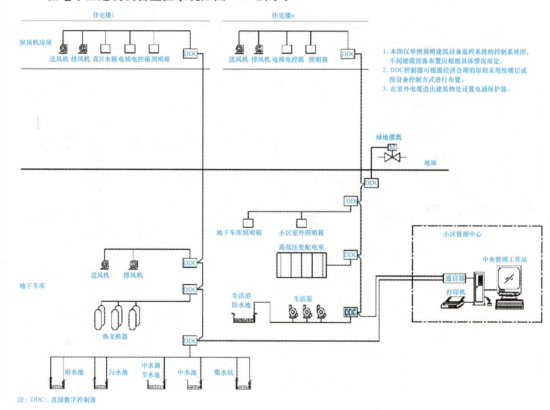

图 8-15 住宅小区建筑设备监控系统

8.5.2 建筑能效监管系统

（1）基于建筑设备监控系统的信息平台实现对建筑进行综合能效监管，提升建筑设备系统协调运行和优化建筑综合性能,为实现绿色建筑提供辅助保障。

(2)基于建筑内测控信息网络等基础设施,对建筑设备系统运行信息进行积累,并基于对历史数据规律及趋势进行分析,使设备系统在优化的管理策略下运行,以形成在更优良品质的信息化环境测控体系调控下,具有获取、处理、再生等运用建筑内外环境信息的综合智能,建立绿色建筑高效、便利和安全的功能条件。

(3)通过对能耗系统分项计量及监测数据统计分析和研究,对系统能量负荷平衡进行优化核算及运行趋势预测,从而建立科学有效的节能运行模式与优化策略方案,为达到绿色建筑综合目标提供技术途径。

(4)通过对可再生能源利用的管理,为实现低碳经济下的绿色环保建筑提供有效支撑。

8.6 公共安全系统

公共安全系统是为维护公共安全,运用现代科学技术,具有以应对危害社会安全的各类突发事件而构建的综合技术防范或安全保障体系综合功能的系统。

公共安全系统包括火灾自动报警及消防联动控制系统、安全技术防范系统和应急响应系统等。

PPT 课件　　　　配套资源

8.6.1 火灾自动报警及消防联动控制系统

火灾自动报警及消防联动控制系统能有效检测火灾、控制火灾、扑灭火灾,对保障人民的生命和财产安全起着非常重要的作用。随着我国经济建设的发展,各种高层建筑对火灾自动报警与自动灭火系统提出了较高的要求。国家相关部门对建筑火灾防范和消防也极为重视,特别是在《建筑设计防火规范》(GB 50016—2014)、《火灾自动报警系统设计规范》(GB 50116—2013)、《火灾自动报警系统施工及验收规范》(GB 50166—2007)等消防技术法规的出台和强制执行以来,火灾自动报警与消防联动控制系统在国民经济建设中,特别是在现代工业、民用建筑的防火工作中,发挥了非常重要的作用,已经成为现代建筑不可缺少的安全技术措施。

8.6.2 安全技术防范系统

安全技术防范系统应根据防护对象的防护等级、安全防范管理等要求,以建筑物自身物理防护为基础,运用电子信息技术、信息网络技术和安全防范技术等进行构建。

安全技术防范系统包括入侵报警系统、视频安防监控系统、出入口控制系统、电子巡查系统、访客对讲系统、停车库(场)管理系统及各类建筑安全管理所需的其他特殊要求的安全技术防范系统等。

安全技术防范系统的设防区域及部位:

(1)周界,包括建筑物(建筑物群)外层周界、楼外广场、建筑物周边外墙、建筑物地面层、建筑物顶层等。

(2)出入口,包括建筑物(建筑物群)周界出入口、建筑物地面层出入口、办公室门、建筑物内和楼群间通道出入口、安全出口、疏散出口、停车场(库)出入口等。

(3)通道,包括周界内主要通道、门厅(大堂)、楼内各层内部通道、各层电梯厅、自动扶梯口等。

(4)公共区域,包括会客厅、商务中心、购物中心、会议厅、酒吧、咖啡厅、功能转换层、避难层、停车场(库)等。

(5) 重要部位，包括重要工作室、重要厨房、财务出纳室、集中收款处、建筑设备监控中心、信息机房、重要物品库、监控中心、管理中心等。

知识拓展

人类建筑的发展轨迹始终围绕着人们的生活、生产需求。随着节能环保成为中国可持续发展的重要国策和方向，智能建筑的发展方向必将走向精细化管理，楼宇控制的设计原则将由传统的设备管理的集中型为主转向以人为本的以本地化控制为主的设计准则，实现真正意义上的集成智慧型控制管理，同时在满足以人为本的前提下将以更多手段、更多模式、更多设备来满足中国节能环保新时代发展对现代化智能建筑的基本要求。

本章小结

本章介绍的是建筑电气的弱电部分。

智能建筑是以建筑物为平台，基于对各类智能化信息的综合应用，集架构、系统、应用、管理及优化组合为一体，具有感知、传输、记忆、推理、判断和决策的综合智慧能力，形成以人、建筑、环境互为协调的整合体，为人们提供安全、高效、便利及可持续发展功能环境的建筑。智能化系统工程组成宜包括信息化应用系统、智能化集成系统、信息设施系统、建筑设备管理系统、公共安全系统、机房工程等。

信息化应用系统是以信息设施系统和建筑设备管理系统等智能化系统为基础，为满足建筑物的各类专业化业务、规范化运营及管理的需要，由多种类信息设施、操作程序和相关应用设备等组合而成的系统。

智能化集成系统是为实现建筑物的运营及管理目标，是基于统一的信息平台，以多种类智能化信息集成方式，形成的具有信息汇聚、资源共享、协同运行、优化管理等综合应用功能的系统。

信息设施系统是为满足建筑物的应用与管理对信息通信的需求，将各类具有接收、交换、传输、处理、存储和显示等功能的信息系统整合，形成建筑物公共通信服务综合基础条件的系统。信息设施系统包括信息接入系统、布线系统、移动通信室内信号覆盖系统、卫星通信系统、用户电话交换系统、无线对讲系统、信息网络系统、有线电视及卫星电视接收系统、公共广播系统、会议系统、信息导引及发布系统、时钟系统等。

建筑设备管理系统是对建筑设备监控系统和公共安全系统等实施综合管理的系统，包括建筑设备监控系统、建筑能效监管系统，以及需纳入管理的其他业务设施系统等，是确保建筑设备运行稳定、安全及满足物业管理的需求，实现对建筑设备运行优化管理及提升建筑用能功效，并且达到绿色建筑的建设目标的系统。系统应成为建筑智能化系统工程营造建筑物运营条件的基础保障设施。

公共安全系统是为维护公共安全，运用现代科学技术，具有以应对危害社会安全的各类突发事件而构建的综合技术防范或安全保障体系综合功能的系统。公共安全系统包括火灾自动报警及消防联动控制系统、安全技术防范系统和应急响应系统等。

自我测评

一、选择题

1. 我国智能建筑设计标准是（　　）年颁布的。
   A. 1984　　　　　　　　　　B. 1994
   C. 2000　　　　　　　　　　D. 2002

2. 智能建筑工程的多种类智能化系统之间的信息互通需要标准化的数据（　　），以实现智能化系统信息集成平台和信息化应用的整体建设目标。
   A. 交换　　　　　　　　　　B. 通信接口
   C. 信息平台　　　　　　　　D. 信息

3. 闭路电视系统CCTV的闭路，是指不向空间辐射（　　）。
   A. 光通量　　　　　　　　　B. 电磁波
   C. 磁场能　　　　　　　　　D. 电场能

4. （　　）年，法国开通了世界上第一部程控数字交换机，采用时分复用技术和大规模集成电路。
   A. 1970　　　　　　　　　　B. 1984
   C. 1986　　　　　　　　　　D. 1990

5. 电缆交接箱主要供电话电缆在上升管路及楼层管路内分支、接续，安装分线端子排用。交接箱可设置在建筑物的底层或二层，其安装高度宜为其底边距地面（　　）。
   A. 0.1~0.5 m　　　　　　　B. 0.3~0.5 m
   C. 0.3~1.0 m　　　　　　　D. 0.5~1.0 m

6. 住宅楼房电话分线盒安装高度应为上边距顶棚（　　）。
   A. 0.1 m　　　　　　　　　B. 0.3 m
   C. 0.5 m　　　　　　　　　D. 0.7 m

7. 共用天线电视系统或电缆电视系统简称（　　）
   A. 有线电视系统　　　　　　B. 无线电视系统
   C. 有线电话系统　　　　　　D. 有线视频系统

8. 公共广播系统设计应符合现行国家标准《公共广播系统工程技术规范》（　　）的有关规定。
   A. GB 50506　　　　　　　　B. GB 50516
   C. GB 50526　　　　　　　　D. GB 50536

9. 《建筑设计防火规范》是（　　）年颁布的。
   A. 2014　　　　　　　　　　B. 2015
   C. 2016　　　　　　　　　　D. 2017

10. 《火灾自动报警系统设计规范》是（　　）年颁布的。
    A. 2011　　　　　　　　　　B. 2013
    C. 2015　　　　　　　　　　D. 2017

二、简答题

1. 简述智能建筑的定义。

2. 建筑智能化系统工程的组成有哪些？
3. 简述信息化应用系统的组成。
4. 智能化信息集成（平台）系统的组成有哪些？
5. 概述信息设施系统的组成。
6. 信息综合布线系统有哪七大部分？
7. 用户电话交换系统设计应符合的现行国家标准是什么？
8. 简述有线电视的概念和传输方式。
9. 建筑设备监控系统采集的基础状态信息有哪些？
10. 公共安全系统的含义是什么？

附 录

各种管材公称直径与外径对照表

mm

序号	公称直径DN	外径De								
		焊接钢管	无缝钢管	螺旋管	UPVC管	PP-R管	PB管	铝塑管	铸铁排水管	高密度聚乙烯管(HDPE)
1	15	21.3			20	20	20	20		
2	20	26.8	28		25	25	25	25		
3	25	33.5	32		32	32	32	32		
4	32	42.3	38		40	40	40	40		
5	40	48	48		50	50	50	50		
6	50	60	57		63	63	63	63	50	50
7	65	75.5	76			75	75	75		75
8	80	88.5	89		75	90	90	90	75	
9	100	114	108		110	110	110	110	100	110
10	125	140	133						125	
11	150	165	159		160				150	160
12	200		219	219	200				200	200
13	250		273	273	250					
14	300		325	325	300					
15	350		377	377	350					
16	400		426	426	400					
17	450		480	480						
18	500		530	530						
19	600		630	630						

参考文献

[1] 文桂萍. 建筑设备安装与识图[M]. 北京：机械工业出版社，2017.

[2] 张东放. 建筑设备工程[M]. 北京：机械工业出版社，2012.

[3] 陈妙芳. 建筑设备[M]. 上海：同济大学出版社，2002.

[4] 岳秀萍. 建筑给水排水工程[M]. 北京：中国建筑工业出版社，2011.

[5] 汤万龙. 建筑给水排水系统安装[M]. 2版. 北京：机械工业出版社，2015.

[6] 原口秀昭. 建筑设备[M]. 北京：中国建筑工业出版社，2012.

[7] 刘源全. 建筑设备[M]. 3版. 北京：北京大学出版社，2017.

[8] 李祥平，闫增峰. 建筑设备[M]. 2版. 北京：中国建筑工业出版社，2013.

[9] 中华人民共和国住房和城乡建设部，中华人民共和国国家质量监督检验检疫总局. GB/T 50106—2010 建筑给水排水制图标准[S]. 北京：中国建筑工业出版社，2010.

[10] 中华人民共和国住房和城乡建设部，中华人民共和国国家质量监督检验检疫总局. GB/T 50114—2010 暖通空调制图标准[S]. 北京：中国建筑工业出版社，2010.

[11] 中华人民共和国住房和城乡建设部. GB/T 50786—2012 建筑电气制图标准[S]. 北京：中国建筑工业出版社，2012.

[12] 中华人民共和国住房和城乡建设部. GB 50015—2003(2009年版)建筑给水排水设计规范[S]. 北京：中国计划出版社，2012.

[13] 中华人民共和国建设部. GB 50013—2006 室外给水设计规范[S]. 北京：中国计划出版社，2006.

[14] 中华人民共和国建设部. GB 50014—2006 室外排水设计规范(2016年版)[S]. 北京：中国计划出版社，2012.

[15] 中华人民共和国建设部. GB 50336—2002 建筑中水设计规范[S]. 北京：中国计划出版社，2002.

[16] 中华人民共和国住房和城乡建设部. 09X700 智能建筑弱电工程设计与施工[S]. 北京：中国计划出版社，2010.

[17] 中华人民共和国住房和城乡建设部. 12DX603 住宅小区建筑电气设计与施工[S]. 北京：中国计划出版社，2012.

[18] 中华人民共和国住房和城乡建设部. GB 50314—2015 智能建筑设计标准[S]. 北京：中国计划出版社，2015.